법과 정책의 시선으로 본 4차산업혁명   제2판

4차산업혁명의 이해

4차산업혁명 융합법학회

박영사

이 책의 초판이 출간되던 2020년 즈음 한국 사회는 4차산업혁명에 대한 기대가 높았습니다. 자동화로 인한 산업구조와 일자리 혁신, 인공지능과 디지털 기술 발달로 인한 초지능화, 만물이 서로 연결되는 초연결사회, 접속과 공유를 기반으로 하는 공유경제를 향한 대전환의 계기가 될 것이라는 전망 때문이었습니다. 아울러 새로운 세계적 산업혁명이 가져올 긍정적 효과는 증진하고 우려되는 부작용은 최소화하는 방향으로 개인 간 격차와 사회적 갈등의 문제를 해결하기 위해서 합리적인 법과 제도의 중요성이 강조되었습니다. 그런 점에서 초판은 4차산업혁명의 핵심표지인 인공지능, 빅데이터, 사이버보안, 자율주행차, 지능형 로봇, 사물인터넷, 가상현실, 생명공학, 공유경제 문제를 법과 정책의 시각에서 살펴본 국내 최초의 시도로서 학생과 일반인의 호응을 크게 얻었습니다.

이후 불과 4년여 지나는 동안 4차산업혁명의 양상은 디지털 대전환Digital Transformation, 국가 차원의 인공지능전략 추진, 국제사회의 인공지능법AI Act 제정 움직임, 디지털 정부 혁신으로 폭넓게 전개되는 한편, AI 표절, 딥 페이크, 다크웹, 가상화폐 사기, 드론 무기와 같은 현실 문제들도 빠르게 확산되고 있습니다. 그 어느 때보다도 최신 기술에 대한 지식 못지 않게 규범적 기준과 합리적 규제에 대한 관점이 필요한 이유라 하겠습니다. 이에 2024년 제2판은 4차산업혁명의 주요 특징과 최근 흐름을 쉽게 이해할 수 있도록 초판의 제1부 「4차산업혁명을 어떻게 이해할 것인가」, 제2부 「4차산업혁명은 어떻게 실현되고 있는가」의 체계를 유지하면서, 대학 한 학기 강의진행 방식을 감안하여 개강부터 종강까지 14개 주제로 증보하였습니다.

제2판에서는 생성형 인공지능(제2강), 클라우드컴퓨팅(제9강), 3D 프린팅과 스마트팩토리(제11강) 주제를 새롭게 추가하였으며, 초판에서의 인공지능과 알고리듬, 인공지능과 빅데이터, 지능형 로봇 3개 주제를 인공지능 이론과 기술(제1강)

로 통합·증보하였습니다. 특히 다양한 그림과 도표, 관련 YouTube 정보로 직접 연결되는 QR코드를 활용하면서, 독자의 심화학습을 위해 각 주제별로 학습 과제와 더 읽어볼 만한 자료도 업데이트 하였습니다.

더욱 새롭고 충실한 내용으로 채워진 이 책을 통해 4차산업혁명의 특징과 법적·정책적 과제, 그리고 사회제도의 발전방향에 대한 시야가 넓어지고 이해가 깊어질 수 있으리라 기대합니다.

끝으로 이 책의 기획과 출간을 성원해주신 4차산업혁명융합법학회 한명관, 김주현 전 회장님을 비롯한 학회 회원 여러분께 깊은 감사의 말씀을 드립니다. 초판에 이어 정성껏 책을 만들어 준 박영사 안상준 대표님과 편집팀께도 다시 한 번 고마운 마음을 전합니다.

2024년 9월
저자들을 대표하여
4차산업혁명융합법학회 회장 정웅석

4차산업혁명이란 무엇인가

김남진(대한민국학술원 회원/전 고려대 법대 교수)

이 책은 4차산업혁명에 대하여 처음으로 공부하는 사람을 위하여 쓰는 글이라고 할 수 있다. 4차산업혁명을 통해 과학기술이 급격하게 변화하면서 동시에 이를 규율하기 위한 법제도와 법이론 및 행정이론들이 크게 출렁이고 있다. 이에 따라 우리 사회와 산업은 물론 생활까지도 함께 변화하고 있다. 본인은 일찍이 행정법학은 젊고, 따라서 활력에 넘치는 학문임을 자랑하는 개강사를 쓴 적이 있다. 이제는 4차산업혁명시대를 맞이해서 행정법학은 물론 헌법학, 형사법학, 민사법학, 상사법학은 물론 행정학, 사회학, 정치학을 넘어 과학이론까지도 다시 젊어지고 활력이 넘칠 수 있다고 말하고 싶다. 이글의 독자들에게 4차산업혁명을 이해하지 못하면 앞으로의 세상과 학문을 읽어내지 못한다는 말을 해 주고 싶다.

4차 산업혁명을 올바로 이해하기 위해서는, 1차, 2차, 3차 및 4차 산업혁명의 구분부터 살펴 볼 필요가 있다.

1차 산업혁명은, 18세기에 일어난 증기기관 기반의 기계화혁명이다. 수작업으로 이루어지던 직조기의 자동화로 방직산업이 급격히 성장하고, 증기기관 기차와 선박의 출현으로 교통수단이 발전하여 신속한 대량물류의 이동이 가능해졌다. 2차 산업혁명은, 19세기에 일어난 전기화혁명이다. 발전기의 발명에 의한 전기에너지의 보급과 전기모터에 의한 모든 산업의 자동화 혁신이 이루어졌고, 각종 전기제품의 출현으로 인류의 생활이 극적으로 향상되었다. 3차 산업혁명은, 20세기 중반에 일어난 정보화 혁명이다. 즉, 컴퓨터와 인터넷 기반의 지식정보혁명을 말한다. 이러한 3차 산업혁명에 빅데이터 기술과 인공지능 기술을 적용한 초지능 혁명이 4차 산업혁명이다.

4차산업혁명을 보다 구체적으로 설명하면, 사물과 사람과 공간을 네트워크로 연결하여 사이버공간에서 정보를 수집하고, 빅데이터 기술 또는 인공지능 기술을 이용하여 자료를 분석하여 최적해법을 도출한 다음, 실사회 또는 물리시스템에 feedback하는 혁명이다. 우리는, 2016년 3월에 이루어진 이세돌 9단과 알파고의 바둑대결에서 예상을 뒤엎고 알파고가 이세돌 9단에 4대 1로 승리한 사건을 접하고, 인공지능의 위력을 실감한바 있었다.

Klaus Schwab 세계경제포럼WEF 회장은 "4차산업혁명이 가져올 혁신은 이전의 산업혁명과는 전혀 차원이 다르다", "4차산업혁명은 우리가 '하는 일'을 바꾸는 것이 아니라, '우리 인류 자체'를 바꿀 것이다"라고 예견한바 있다.

우리 대한민국 국민들은 "산업화(1차, 2차 혁명)에는 뒤졌지만, 정보화(3차, 4차 혁명)에는 앞서자"라는 구호 하에 노력을 경주하기 시작하고 있다. 이 책은, 그러한 거국적인 운동에 훌륭한 길잡이가 될 것을 의심치 않는다. 저자들의 전문적인 지식과 노력에 대해 깊은 경의와 뜨거운 감사를 드리는 바이다.

김명자
한국과학기술단체총연합회 회장(2017~20), 서울국제포럼 회장(2020~),
환경부 장관(1999~2003), 국회의원(2004~08)

세상이 기술혁신에 의해 문명사적 대전환기를 맞고 있다. 세계에서 최초로 덴마크는 작년 9월에 기술 대사Technology Ambassador를 임명했다. 바야흐로 기술 외교Technology Diplomacy 또는 디지털 외교가 새로운 영역으로 부상한 것이다. 싱가포르, 스위스 등도 기술 대사를 임명한다고 발표했다. 이른바 4차산업혁명의 파고가 외교 분야에까지 쓰나미를 일으키고 있는 것이다. 미국과 중국 사이의 통상 갈등도 그 본질은 기술패권과 저작권 갈등을 비롯해 인공지능 개발 경쟁에서의 기술 외교 성격으로 규정되는 상황이다.

디지털 물리학의 선구자(MIT 교수 역임)인 에드 프레드킨은 138억년의 우주 역사에서 3대 사건을 빅뱅, 생명의 탄생, 인공지능의 출현이라고 했다. 영국 BBC는 2012년에 제작한 다큐멘터리 8부작 「세계의 역사History of the World」에서 1989년 베를린 장벽 붕괴와 1991년 소련의 해체를 기점으로 인류 역사가 종언을 고하고, 1997년 IBM의 수퍼컴 딥 블루Deep Blue가 인간 고수 개리 카스파로프를 이긴 사건을 계기로 새로운 역사가 시작되었다고 규정했다. 그로써 인류 문명이 알고리즘이 여는 새로운 역사로 전환되었다는 것이다.

이후 2016년 서울 한복판에서 벌어진 이세돌 9단과 구글의 알파고의 세기적 바둑 대국은 우리에게 4차산업혁명의 쇼크로 닥쳤다. 인공지능을 핵심으로 하는 기술융합은 4차산업혁명의 핵심으로 초지능, 초연결, 초융합의 세상을 열고 있다. 인공지능은 인간의 사고와 활동의 모든 영역에 파고들어 앞날의 변화를 예측하기조차 힘들다. 그리고 그 성격이 인터내셔널이 아니라 트랜스내셔널이라

파급력이 막강하다. 스탠포드 대학은 인공지능 윤리지수Ethical Index를 설계하고 연구를 계속하고 있다. 그러나 가장 중요한 교육 부문은 별로 바뀌지 않고 있다. 그 가운데 4차산업혁명의 기술혁신은 법률, 의료, 교육, 금융, 정치·군사, 예체능, 일상생활 등 모조리 바꿀 것으로 예상되고 있다.

이런 시점에서 4차산업혁명융합법학회가 이 중요한 주제에 대한 총서 격으로 제1권을 펴냈으니 그 의미가 실로 크다. 이 책은 인공지능에 대해 알고리즘과 빅데이터를 다루고, 블록체인과 암호화폐는 물론 자율주행자동차, 지능형 로봇을 다루면서, 사물인터넷과 스마트시티, 가상현실과 증강현실, 생명공학까지 주제별로 다룬다. 그리고 이들 기술혁신이 제기하는 개인정보 이슈, 사이버보안, 공유경제 등 기존 시스템과 새로운 시스템 사이의 불가피한 갈등 관계에 대해 다룬다. 책의 서술은 강의 형식으로 하면서, 그림과 동영상 소개로 흥미를 끌게 했고, 참고자료와 과제를 아울러 곁들였다. 인류 문명의 대전환기에서 그 방대한 내용과 속도를 한 권의 책이 모두 커버하기에는 한계가 있을 것이나. 이 책의 저술이 특히 젊은이들의 폭넓은 관심과 이해를 촉발하리라 믿으며 후속작업을 기대한다.

초판 간행사

한명관(4차산업혁명융합법학회 회장/세종대 교수)

인류의 역사와 우리나라의 역사를 돌아보면 산업혁명이라는 큰 변화의 흐름을 먼저 인식하고 공부하여 대비하며, 적극적으로 참여한 경우에는 오랫동안 그 나라와 사회 구성원들이 풍요로움과 행복을 함께 공유할 수 있었다고 할 것입니다.

이제 우리들 주변에는 인공지능을 이용한 구글맵, 카카오내비, T맵, 네이버지도 등 실시간으로 정보를 알려주는 위치정보어플리케이션이 광범위하게 활용되고 있습니다. 대중교통 도착 알리미가 각종 시설과 어플리케이션의 형태로 옆에 와 있습니다. 또한 핸드폰으로 텔레비전이나 집, 자동차, 드론 등을 연결하기 시작하고 있습니다. 에어비앤비를 이용해서 비어있는 집을 저렴하게 활용할 수도 있습니다. 우버나 쏘카 등을 통해서 부족한 차량을 공유하기도 합니다. 인공지능을 활용해서 주식투자나 보험 등 금융거래를 보다 성공적으로 수행하기도 합니다. 로봇을 활용해서 인체에 유해한 환경 속에서 사람을 대체해서 공장을 가동할 수도 있습니다. 사물인터넷과 빅데이터를 활용해서 시간과 장소에 구애받지 않고 우리들의 사회와 환경을 개선시킬 수도 있습니다. 인공지능과 빅데이터를 이용해서 환자를 직접 방문하지 않고도 원격진료가 가능해지기 시작했습니다. 심지어 인공지능을 이용해서 자율주행자동차가 운전자 없이 스스로 운행이 가능해지기 시작하고 있습니다. 이러한 급격한 사회변화를 통칭해서 '4차산업혁명'이라고 합니다. 이 글을 읽는 학생들이나 일반인들은 물론 과학자들이나 법률 전문가들마저도 이러한 세상의 변화를 제대로 이해할 수 있고 대비할 수 있어야 합니다.

그렇지만 4차산업혁명은 밝은 모습만 가지고 있는 것은 아닙니다. 새로운 기술과 지식을 습득하지 못하는 사람들은 더욱 소외되고 차별받게 될 수 있습니다. 또한 새로운 과학기술에 의하여 사생활의 비밀과 자유 및 개인정보자기결정권도 은연중에 침해받을 수도 있습니다. 기존의 전통적인 직업이나 산업에 속하던 사람들은 새로운 형태의 직업이나 산업군에 속하는 사람들과 갈등과 경쟁에 시달리게 될 수도 있습니다. 나아가서 국제적인 경쟁에 휘말리게 될 지도 모릅니다. 동전의 뒷면에 대한 생각도 함께 많이 해 두어야 할 것입니다.

이러한 생각들과 연구들을 담아 우리 4차산업혁명융합법학회의 전문연구진들께서 일반인들과 학생들을 위한 쉬운 개론서를 재미있게 설명하였습니다. 우리 학회의 첫 번째 연구총서로서 일반인들과 학생들을 위한 쉬운 해설서가 발간되게 되어 무엇보다도 기쁩니다. 새로운 지식은 함께 나눌수록 더욱 큰 의미를 가질 수 있게 되기 때문입니다. 이 책을 발간하기 위해 함께 노력해주신 연구진들에게 깊은 감사의 말씀을 드립니다.

부디 독자분들께서 이 책의 지식을 활용해서 새로운 세상에서 더욱 창의적인 인생을 설계할 수 있게 되기를 소망합니다. 또한 새로운 세상을 더욱 행복하고 따뜻하게 바꾸어 줄 수 있는 주역이 되어주시기를 부탁드립니다.

초판 서문

21세기 4차산업혁명은 과학기술혁명을 넘어 사회와 문화 전반에 걸쳐 혁신적 변화를 일으키고 있습니다. 급속도로 기술이 발전하고 엄청나게 많은 지식정보가 생산·유통되면서, 정치·경제·법·학문·교육·의료·예술 등 영역이 더욱 다원화·전문화되고 있기 때문에 그 어느 때보다도 융합적인 관점이 필요합니다. 4차산업혁명으로 인한 국민적 혜택이 기대되지만 한편으로 사회적 갈등도 일어날 수 있기 때문에 합리적인 제도와 규율의 중요성도 커지고 있습니다.

그런 점에서 이 책은 법과 정책의 시각에서 4차산업혁명의 핵심표지인 인공지능, 빅데이터, 사이버보안, 자율주행차, 지능형 로봇, 사물인터넷, 가상현실, 생명공학, 공유경제 문제를 풀어 본 국내 최초의 시도입니다. 4차산업혁명융합법학회가 기획한 「4차산업혁명융합법연구총서」의 첫 결실이기도 합니다.

이 책은 학생과 일반인을 대상으로 4차산업혁명의 주요 특징을 쉽게 이해할 수 있도록 제1부 「4차산업혁명을 어떻게 이해할 것인가」, 제2부 「4차산업혁명은 어떻게 실현되고 있는가」로 구성됩니다. 특히 대학 한 학기 강의진행을 염두에 두고 개강부터 종강까지 13개 주제 강의로 편집하였고, 다양한 그림과 도표, 관련 YouTube 정보로 직접 연결되는 QR코드를 활용하며, 각 주제별로 학습과제와 더 읽어볼만한 자료도 제공합니다.

정웅석이 집필한 「개강: 4차산업혁명이란 무엇인가」와 「종강: 4차산업혁명의 미래」에서는 4차산업혁명의 특징과 문제점을 개관하고, 융합법 연구의 필요성을 제시하며, 혁명적 변화의 미래를 전망함으로써 이 책의 틀을 잡아 줍니다.

제1부는 김한균이 집필한 「제1강: 인공지능과 알고리즘」과 「제2강: 인공지능과 빅데이터」로 시작합니다. 인공지능의 주요 특징을 알고리즘과 빅데이터를 핵심개념으로 삼아 설명합니다. 이어서 홍선기가 집필한 「제3강: 빅데이터와 개인정보」에서는 빅데이터의 유용성과 함께 개인정보와 관련된 문제점을 짚어보고,

「제4강: 블록체인과 암호화폐」에서는 블록체인과 암호화폐를 둘러싼 사회적 현안들을 살펴봅니다. 성봉근이 집필한 「제5강: 사이버보안」에서는 4차산업혁명의 주무대인 사이버공간의 보안 문제가 얼마나 중요한지 설명합니다.

제2부는 이경렬이 집필한 「제6강: 자율주행자동차」에서 자율주행운송수단의 발전동향과 현실적인 윤리문제를 점검하고, 「제9강: 가상현실과 증강현실, 혼합현실」에서 현실공간이 가상공간과 함께 혼합하고 확장되는 변화를 이해해 봅니다. 이어서 김현철이 집필한 「제7강: 지능형 로봇」에서는 로봇의 활용현황과 함께 그 순기능과 역기능에 관한 정책적 쟁점을 짚어보고, 「제10강: 첨단생명공학」에서는 생명공학에 대한 낙관론과 비관론 사이에서 법적·윤리적 함의를 살펴봅니다. 오승규가 집필한 「제8강: 사물인터넷과 스마트시티」에서는 초연결사회를 상징하는 사물인터넷의 발달과 스마트시티 구현에 대해 설명합니다. 정웅석이 집필한 「제11강: 4차산업혁명과 공유경제」에서는 4차산업혁명으로 각광받는 공유경제의 장단점을 살펴보고 정책방향을 제시해 봅니다.

특히 이 책의 기획을 적극 격려해주신 4차산업혁명융합법학회 한명관 회장님, 그리고 흔쾌히 추천사를 써 주신 우리 학회 고문 두 분, 김남진 학술원 회원님과 김명자 과학기술단체총연합회장님께 깊은 감사의 말씀을 드립니다. 끝으로 연구총서 발간을 적극 후원해 주시는 박영사 안상준 대표님과 편집팀, 그리고 이 책의 기획편집에 애써 준 김한균 학회 편집위원장에게도 고마운 마음을 전합니다.

2020년 2월
저자들을 대표하여
정웅석

차례

개강

4차산업혁명이란 무엇인가

1 서 론

1.1. 4차산업혁명과 법의 이해 – 이야기를 시작해 봅시다

과거 공유경제와 관련된 '타다 금지법' 사례에서 보는 것처럼, 사회는 다양한 이해관계를 가진 사람들로 구성되고, 그 사람들은 때로는 화합하고 때로는 갈등한다. 화합과 갈등, 그 안에서의 공존을 위해 규칙이 만들어지고, 그 규칙들은 하나의 법질서를 이룬다. 이렇게 형성된 법질서는 사회구성원들의 평화로운 공존을 위해서 존중되어야 하며, 이는 소수자 및 사회적 약자에게도 동일하게 적용되어야 한다. 즉 소수자나 사회적 약자를 차별해서는 안 되며, 그들의 차이와 특수성을 존중하여야 한다. 따라서 인간의 존엄성을 침해하는 법질서는 지양되어야 하고, 사회 발전에 따라 변화하고 넓어지는 인간다운 삶의 기준에 뒤떨어진 법질서는 새로이 정립되어야 한다. 더욱이 4차산업혁명* 시대를 맞이하여 엄청나게 많은 정보가 매일 생산되면서, 정치·경제·법·학문·교육·의료·예술 등의 영역이 점점 다원화·전문화 경향을 띠고 있다. 따라서 법이 없다면, 사람들은 저마다 자신의 이익만을 주장하게 되어 서로의 의견이 조정되지 않아 사회가 큰 혼란에 빠질지도 모른다. 또 법의 내용이 자신의 가치관이나 취향에 맞지 않는다는 이유로 사람들이 법을 지키지 않는다면 사회의 질서는 유지될 수 없을 것이다.

> * 산업혁명이라는 용어는 옥스퍼드 대학교의 경제사학자 아놀드 토인비(1852~1883)의 연설문 등에 기록된 내용 등을 수록한 "영국의 18세기 산업혁명 강의(Lectures on the Industrial Revolution of the Eighteenth Century in England)"에 처음 등장하는데, 통상 '근대의 정치경제가 시작된 시기'로 정의된다.

1.2. 4차산업혁명과 융합법학의 필요성에 대해 알아보자

기존 법학교육이 헌법·민법·형법 등 법의 종류에 따라 따로 따로 연구되었다면, 융합법학은 미래기술과 특정 산업에 연관된 다양한 법을 유기적으로 엮어서 연구하는 것이다. 교육에서도 융합은 실천과제이지만, 대학에서 전공간 벽이 너무 높다. 기초의 축적이 없는 융합은 없으며, 전공의 정체성이 지금까지 학문의 발전을 이끌어온 것은 맞지만, 이제는 기초를 기반으로 융합하는 일도 그만큼 중요한 시기가 됐다.

이러한 융합을 위해서 변해야 하는 필수적인 분야가 법이다. 시장에서는 법이 발목을 잡는다는 불만이 팽배해 있기 때문이다. 물론 법은 안정성을 중시하기 때문에 본질적으로 보수적일 수밖에 없다. 그렇다고 해도 '이상한 나라의 앨리스'처럼 세상의 흐름을 외면한 채 뒷전에 물러나 있을 수는 없다. 또한 새로운 분야라 규율할 법이 없는 경우도 있다. 언뜻 생각하면 규제가 없으면 뭐든지 할 수 있을 것 같지만, 기업의 입장에서는 규제하는 법이 없으면 아무것도 못하는 것이 현실이다. 무턱대고 했다가 나중에 무슨 불이익을 받을지 모르기 때문이다. 그래서 융합을 활성화하기 위해서는 불확실성을 조기에 제거해 주는 일이 필요하다.

문제는 현대 사회가 다양한 부분체계로 기능적으로 분화되면서, 개개인에게 사회의 모든 현상을 읽어낼 수 있는 능력을 요구할 수 없게 되었다는 점이다. 이에 '집단지성'의 힘을 빌어서 현상을 고민하고 해결하는 구조로 변모되었고, 그 기반으로 융합법학의 중요성이 강조될 수밖에 없게 된 것이다.

2.1. 논의 배경을 알아봅시다

2016년 1월 다보스Davos 포럼*에서 클라우스 슈밥Klaus Schwab이 "기술혁명이 우리의 삶을 근본적으로 바꿔놓고 있다"며 의제로 제시한 제4차 산업혁명the 4th industrial revolution에 대한 논의가 세계적으로 주목을 받은 바 있다. 이는 로봇Robot, 인공지능artificial intelligence, 사물인터넷Internet of Things; 일명 IOT의 기술 융합에 의한 사이버 – 실물세계cyber-physical 연계 시스템이 중심이 되는 기술혁명을 말한다.

*다보스포럼은 매년 스위스의 다보스에서 개최되는 "세계경제포럼" 연차총회를 통칭해서 부르는 것이다. 「세계경제포럼」(World Economic Forum)이 회의를 주최한다. 4차 산업혁명이라는 이름을 부르기 시작한 클라우스 슈밥(Klaus Schwab)이 이끌고 있다.

☐ 표 1 다포스 포럼 의제[1]

연 도	의 제
2013(43회)	대전환(Great Transformation)
2014(44회)	유연한 역동성(Resilient Dynamism)
2015(45회)	세계의 재편(Reshaping of the World)
2016(46회)	새로운 세계 상황(The New Global Context)
2017(47회)	4차산업혁명의 이해(Mastering the Fourth insdustrial Revolution)
2018(48회)	소통과 책임의 리더십(Responsive and Responsible Leadership)
2019(49회)	세계화 4.0: 산업혁명시대 세계질서구축(Globalization: Shaping a Global Architecture in the Age of the Fourth Industrial Revolution)
2020(50회)	결속력 있고 지속가능한 세계를 위한 이해관계자들(Stakeholders for Cohesive and sustainable world)
2021(51회)	넷제로(Net – Zero, 탄소중립)
2022(52회)	전환점에 선 역사: 정부 정책과 기업 전략(History at a Turning Point: Government and Business Strategies)
2023(53회)	분열된 세계에서의 협력(Cooperation in a fragmented world)
2024(54회)	신뢰의 재구축(Rebuilding Trust)

후술하는 로봇공학, 컴퓨터화된 알고리듬, 인공지능, 증강현실, 의료용 센서, 기계－대－기계 커뮤니케이션, 사물인터넷, 3D 프린트, 자율주행차량 등이 글로벌 경제의 양상을 바꾸어 놓으리라는 것이다. 이처럼 4차산업혁명 시대에서는 기존과는 다른 고도의 디지털기술을 활용하여 기술의 융합, 기술과 산업의 융합 기반으로 산업사회의 복잡한 문제를 해결하고 있다.

역사상 그 어느 때보다 인공지능이 빠르게 똑똑해지고 있는 이유는 이세돌과 알파고AlphaGo의 바둑 대결*에서 본 것처럼, 기계적 알고리듬이 파악하는 정보량이 폭증했기 때문이다. 흔히 이야기되는 'Deep Learning'이 2014년 무렵 개발된 이래, 유용한 정보 패턴을 입력하거나 가르쳐 주지 않아도 스스로 알아서 정보를 습득하도록 설계된 알고리듬 덕분인 것이다.

하지만, 신기술 적용에 있어서 법률적 관점에서의 규제이슈가 존재하여 국가/기업 차원에서 경쟁력 있는 추진의 어려움도 발생하고 있다. 특히 선진국 대비 우리나라는 새로운 기술과 패러다임을 따라오지 못하는 규제로 기업이 사업을 진행하는 데 어려움을 겪고 있다.

* 이세돌과 알파고 (AlphaGo)의 바둑 대결 알파고 대 이세돌 혹은 딥마인드 챌린지 매치(Google Deepmind Challenge match)는 2016년 3월 9일부터 15일까지, 하루 한 차례의 대국으로 총 5회에 걸쳐 진행되었는데, 최고의 바둑 인공지능 프로그램과 바둑의 최고 인간 실력자의 대결로 주목을 받았으며, 최종 결과는 알파고가 4승 1패로 이세돌에게 승리하였다.

▣ 표 2 규제에 가로막힌 ICT 융합신기술

규제에 가로막힌 ICT 융합 신기술, 신산업 사례[2]

 바이오/원격의료
디지털 기기로 병원 밖에서도 진료 (원격 진료 등)
'의료법' 상 의료인 사이에서만 의료 정보 교환 허용

 로보어드바이저
로봇 기술 업체가 직접 고객에 투자 자문
'자본시장법' 상 투자자문업 하려면 라이선스 받아야 함

 택시용 앱미터기
앱으로 요금 정산하고 신용카드로 자동 결제
'여객운수사업법' 상 일반택시에는 전자식 미터기 장착하도록 규정

카풀 서비스
자기 차량으로 요금 받고 카풀 영업
서울시, 여객자동차운수사업법 위반으로 고발 조치

 온라인 중고차 거래 플랫폼
온라인 장터에서 중고차 거래
'자동차관리법' 상 일정 규모 이상 주차장과 성능검사 설비, 인력 갖추도록 제한

국가별 기업 규제 부담 순위[3]

순위	국가	규제 수준
1	싱가포르	5.6
2	UAE	5.4
3	르완다	5.3
4	홍콩	5.3
5	말레이시아	4.8
18	중국	4.4
32	영국	4.0
59	일본	3.6
75	스리랑카	3.3
87	이집트	3.2
95	한국	3.1

※ 숫자가 7에 가까울수록 규제 부담이 낮고 1에 가까울수록 높음

□ 표 3 스마트시티 사업 추진 사례

스마트 가로등	에너지 절감형 LED, 공공와이파이, CCTV, 비콘 등 다양한 장비의 융복합 서비스가 가능하나, CCTV운영(지자체 – 경찰) 및 전기요금산정(한전)문제 등으로 사업 확대가 되지 않음
스마트 파킹	위치기반 서비스 및 모바일 앱으로 노상 및 공지 등을 활용한 수요 대응형 주차사업이 추진되었으나, 주차장은 실선이 그려져야 한다는 현행법으로 인해 실현 불가
자율주행	시범도시 적용안을 요구하나, 실제 적용을 위한 도로의 기술적·물리적 가이드라인과 사고 발생시 책임에 대한 기준이 불분명하여 구체적인 진행이 어려움
드론	도심은 원칙적으로 비행금지구역이라 시범 서비스 운영이 불가능함 비행승인은 국토부, 촬영허가는 국방부 등 담당 부처가 이원화되어 있어 불편 가중
스마트 팜	도심형 버티컬 팜 도입에 대한 컨셉은 있으나, '도심 내 농업용 시설' 및 '농업인'의 인정 범위에 따른 전기요금 및 초기투자 지원 등이 불분명하여 추진이 안 되고 있음
블록체인 – 지역화폐	○○페이 등으로 추진계획은 난립하고 있으나 기술 표준화는 안 되어 있는 상황 암호화폐의 제도권화 금지, ICO 전면금지, 주무부처의 혼선 등으로 사업 추진 지연
데이터 활용	강력한 개인정보보호법으로 비식별 데이터의 활용조차 어려우며, 상호 연계를 위한 데이터 수집·분석 방식 정의 및 표준화가 미흡하여 실질적 활용이 어려운 상황

더욱이 실증을 거쳐 확산 단계에 들어서야 할 산업들이 단순히 '쇼케이스'로 전락하는 사례가 반복되고 있다. 왜냐하면 정부 중심의 규제는 아무리 잘 하려고 해도 신기술 개발의 속도를 따라 잡을 수 없기 때문이다.

무엇보다도 인공지능형 로봇이 화재 진압용이나 재난 구조용으로 이용될 수 있지만, 비용 대비 효율성과 산업적 유용성만을 중시하여 로봇 인공지능이 군사적 대량 살상 목적으로 사용된다면 인류의 비극이 초래될 것이다. 자동적으로 살상을 하도록 프로그램된 킬러 로봇Killer-Robot이나 드론drone이 전장을 누비는 문제는 인권 침해 소지가 있으므로 규제적 규범이 성립되어야 하는 이유가 여기에 있다.

2.2. 산업혁명의 분류 및 특징을 정리해 보자.

그간의 산업혁명은 기술 및 동력원의 발전을 통해 자동화Automation와 연결성Connectivity을 발전시켜온 과정으로 축약되는 반면, 제4차 산업혁명은 정보통신기술Information & Communication Technology; 일명 ICT을 바탕으로 한 제3차 산업혁명의 연장선에 위치하면서도, 기존 산업혁명과 차별화를 두고 있다. 즉, 제1차, 제2차, 제3차 산업혁명은 손과 발을 기계가 대체하여 자동화를 이루고 연결성을 강화하여온 과정인 반면, 제4차 산업혁명은 인공지능의 출현으로 사람의 두뇌를 대체하는 시대의 도래를 포함하기 때문이다.

▢ 표 4 산업혁명 분류 및 특징

산업혁명		특 징		관련 용어들
		자동화	연결성	
1차	1784년	기계생산 (mechanical production)	증기에너지 (steam power energy)	증기기관, 압연기술, 정련기술
2차	1870년	대량생산 (mass production)	전기에너지 (electric energy)	내연기관, 포드자동차
3차	1969년	전자제품 (elecronics)	IT(정보통신)	디지털시대, 무어의 법칙, 전자회로
4차	현 재	인공지능 (Artificial intelligence)	빅데이터 (Big data)	바이오공학, 로봇공학, 자율주행자동차, 사물인터넷, 3D프린팅

즉, 종래 인간이 규칙을 만들어 컴퓨터에 입력하는 방법론인 '규칙기반 중심의 자동시스템automated system 인공지능'이 아니라, 인간이 모든 프로그램을 수행하는 대신에 대략적인 얼개만 잡아 두면 기계가 데이터를 통해 프로그램을 완성하는 '학습기반 중심의 자율시스템autonomous system 인공지능'이 탄생한 것으로, 이런 방법론을 '머신러닝machine learning'이라고 한다. 그리고 이러한 머신러닝machine learning과 빅데이터Big data가 발전함에 따라 인공지능의 수준 또한 급속도로 발전하고 있다. 예컨대 인공지능을 활용한 자율

주행자동차, 지능형 로봇,* 드론 등의 분야가 빠르게 발전하여 상용화를 앞두고 있다.

더욱이 현대사회에서 비약적으로 발전하고 있는 정보통신기술ICT은 과학기술 영역의 발전을 넘어서 제4차 산업혁명을 통해 '초연결사회hyper-connected society'나 '지능정보사회intelligent information society'와 같은 새로운 패러다임을 창출하고 있다.

반면에 일부에서는 '4차산업혁명'의 이름으로 거론되는 내용이 새로울 것이 없거나 정작 과학적인 거론대상이 아니거나 또는 각 국에서 보편적으로 인정된 용어가 못 된다는 점에서, 한국 사회에서의 유행현상에 대해 회의적인 시각이 존재하는 것도 사실이다. 이에 제4차 산업혁명이 금융위기 이후 침체국면을 지속하고 있는 세계경제에 새로운 활력이 될 것이라는 기대와 함께 스마트팩토리, 인공지능 확대 등으로 향후 관련 분야 일자리의 감소, 인공지능과 인간의 관계 설정에 대한 사회적 이슈화 등 파급영향에 대한 우려도 공존하고 있다.[4]

2.3. 4차산업혁명의 문제점은 무엇일까

(1) 승자독식으로 귀결된다

제4차 산업혁명을 통해 발생할 수 있는 주요 문제점으로, 양극화의 확대 가능성, 즉 승자독식으로 귀결된다는 점이다. 왜냐하면 시장 원리상 인공지능 기술을 활용할 수 있는 자에게 생산성 증가로 인한 이익이 집중될 수밖에 없기 때문이다. 특히, 기계가 인간의 노동을 대체함에 따라 노동시장의 붕괴, 기술수준 차이에 따른 임금격차 확대, 중산층 축소로 인한 빈부격차 심화 등이 초래될 수도 있을 것이다. 2019년 1월 22일부터 25일까지 4일간 스위스 다보스Davos에서 개최된 세계경제포럼World Economic Forum: WEF 주제도 "Globalization 4.0: Shaping a New Architecture in the Age of the Fourth Industrial Revolution"으로, 주최 측은 세계화가 지구촌의 거대한 성장과 발전을 창출했지만 동시에 양극화를 심화 시켰으며, 차세대 세계화의 물결 속에 글로벌 리더들은 과거의 실패에서 배우고 취약한 사회구성원

* 2008년 3월 28일 지능형 로봇의 개발과 보급을 촉진하고 그 기반을 조성하여 지능형 로봇산업의 지속적 발전을 위한 시책을 수립·추진함을 목적으로 「지능형 로봇 개발 및 보급 촉진법」을 제정하였는데, 동법 제2조 제1호에서 '지능형 로봇'이란 "외부환경을 스스로 인식하고 상황을 판단하여 자율적으로 동작하는 기계장치"로 규정하고 있다.

* 다원주의란 여러 국가들이 소그룹으로 모여 그룹 안에서나 밖에서 영향력을 행사하기 위해 노력하는 것을 의미한다.

을 보호할 수 있는 포용적 사회를 구축하는 것이 필요하다고 강조한 바 있다. 또한 WEF는 세계화가 4개의 큰 변화에 직면했다고 분석하였는데, ① 다원주의Plurilateralism,* ② 세계 국력의 다극화, ③ 기후변화에 따른 생태문제가 사회와 경제발전에 주는 위협, ④ 빠른 신기술의 등장이다.

2024년 1월 15일~19일 개최된 제54회 다포스포럼 역시 세계 곳곳에 재앙적 규모의 자연재해를 안기는 기후변화 대응책과 AI가 불러올 미래에 대한 진단, 안보 등을 이유로 블록화한 세계 무역의 정상화, 세계 경기둔화와 가속하는 지역·계층별 소득 불평등 등의 현안 등이 논의되었다.

무엇보다 글로벌 소득 불균형에 따른 양극화도 선결 과제로 꼽혔다. 국제구호개발기구 옥스팜Oxfam은 다보스포럼 개막에 맞춰 발표한 '불평등 주식회사' 보고서에 따르면, "2020년 이후 발생한 극심한 부의 증가가 이제 굳어지고 있다"고 지적하면서, 세계 자산 상위 5명의 자산은 2020년 4050억 달러(약 532조 6000억 원)에서 2023년 11월 8690억 달러(약 1142조 7000억 원)로 2배 넘게 증가했다고 한다. 이는 이들의 자산이 1시간당 1400만 달러(약 184억 1000만 원)씩 늘어났다는 것을 의미한다. 아울러, 전체 억만장자들의 자산은 34% 증가해 3조 3000억 달러(약 4339조 5000억 원)에 달했는데, 이는 물가 상승률보다 3배 빠른 속도다.

(2) 사회적 약자에 대한 배려가 부족할 수 있다

**정보통신기술(ICT)을 의료 서비스에 접목하여 언제 어디서나 이용 가능한 원격 의료 및 건강관리 서비스로, 환자의 질병에 대한 원격진찰과 처방 같은 원격의료 서비스는 물론 일반인의 건강을 유지, 증진시키는 건강관리 서비스도 제공한다.

인공지능의 적용 영역은 화재 감지,. 지능형 교통체계, 스마트 의료(왓슨) 또는 U-Health** 등 사람의 생명이나 신체와 직결되는 경우가 많은데, 기술은 인간을 무차별적으로 대우하므로 특히 사회적 약자(예컨대 아동/청소년/노인 등)에 대한 배려를 어떻게 할 것인지 입법적으로 검토하는 것이 필요하다. 왜냐하면 평균인을 기준으로는 효율적이지만, 접근성에서 더욱 소외될 가능성이 존재한다는 점에서 사회적 약자에 대한 배려차원에서 인간을 대신할 수 있는 것인지 고민이 필요하기 때문이다. 즉, 이런 문제까지도 기계가 해결할 수 있을지 법학측면에서는 발전을 위한 규제면에서 충분한 논의가 필요한 것이다. 법률가의 파이가 줄어들지 여부만이 아닌 윤리적인 측면에서 고민이 필요한 것이다.

(3) 인공지능의 오류와 악용에 대한 법적 책임이 불분명할 수 있다

인공지능의 유용성을 산업화하려고 몰두하는 개발자들과 인공지능의 활용은 인본적 가치를 우선하도록 조정되어야 한다는 주장 사이에 어느 정도 긴장이 형성되어 있으나(위험의 증대와 안정성), 어떤 방식의 인공지능 활용이 금지되어야 하는가를 판단할 수 있는 기준은 아직 존재하지 않고 있다. 따라서 인공지능의 오류와 악용에 대한 법적 책임 소재를 따지기 위해서는 법적 책임자에 대한 추적 가능성이 필요하며, 이는 가해자 책임원칙의 확립(발송자 책임/전달자 책임)에 대한 깊은 논의가 필요한 영역이다. 다만, 프로그래머나 제작자 또는 이용자에게 객관적으로 예견가능하지 않은 모든 결과에 대하여 책임을 지우는 것은 인공지능 내지 지능형 로봇의 사회적 유용성과 필요성을 포기하도록 하는 결과를 초래할지도 모른다는 점이다. 따라서 사회적 유용성과 필요성을 위해서는 인공지능 발전과 관련된 또는 그 기술에 내재된 위험요소들을 사회가 감수하지 않으면 안 된다. 과학기술 영역에서 사회적 상당성의 하위 개념으로 형법상 '허용된 위험의 법리'*가 수용되어 온 이유도 여기에 있다.

> * 현대사회에 있어서 자동차 교통이나 각종의 공장시설 또는 에너지 자원의 개발 및 이용 등은 그 운행에 있어서 최상의 안전조치를 취한다고 할지라도 법익침해의 위험성은 언제나 존재하게 된다. 이러한 경우에 사회적 공공이익에 근거하여 일정 수준의 안전조치를 전제로 이러한 행위들이 일반적으로 허용되고 있는데, 이를 '허용된 위험'이라고 한다.

(4) 기계가 지배하는 세상이 탄생할 가능성도 있다

사람만을 중심으로 규율했던 법률의 시대에서 사람 이외의 지능에 대하여도 법적인 유효성을 인정하기 위한 검토가 필요하다(기술과 사회의 공진화 관점). 물론 당장 사이보그가 등장하지는 않겠지만, 인간과 기계(물질) 및 인공지능의 결합이 강화되고 있으므로 인간의 정체성 및 인간능력에 대한 재검토가 요구될 것이기 때문이다. 덧붙여, 인간의 부속물인 기계에 대한 보호의 문제, 인간의 부속물인 기계의 결함으로 인한 사고에 대한 인간의 책임 확장 등도 논의되어야 한다. 다만, 기술이 향후 인간의 판단 자체에 개입해 들어온다는 점에서, 인간 판단이 기계적 판단에 예속될 가능성을 전적으로 배제할 수 없고, 그러한 상황 속에서 '법의 지배rule of law'가 아닌 '기계의 지배rule of machine, 즉 알고크러시algocracy'가 탄생할 가능성도 배제할 수 없다는 점이다.

(5) 개인의 각종 정보적 권리가 침해될 위험성이 상존하고 있다

초연결사회를 통해 사회의 거의 모든 영역에서 빅데이터big data가 축적되고 이러한 빅데이터를 활용할 필요가 있다는 사회적 요구가 증대하면서, 인격권 내지 프라이버시를 필두로 하는 각종 정보적 권리가 침해될 위험도 증가하고 있다. 예컨대 빅데이터 과학은 수학적 알고리즘을 사용하여 빅데이터를 분석함으로써 우리의 개인정보를 모두 들여다볼 수 있을 뿐만 아니라 우리의 모든 행위패턴을 예측할 수 있기 때문이다. 이는 반대로 말하면, 빅데이터에 의해 우리가 '빅 브라더big brother'와 같은 감시사회에 살게 된다는 것을 시사한다. 2019년 다보스포럼에서 마이크로소프트 최고경영자 Satya Nadella도 인공지능과 데이터 시대를 맞이하여 정보인권과 프라이버시에 관한 새로운 국제규범, 그리고 관련 기업에 대한 더 명확한 규제의 필요성을 강조한 바 있는데, 프라이버시 보호문제가 첨단기업이 직면한 가장 논쟁적 현안이기 때문이다.

3 관련 정책과 제도도 공부해 두자

3.1. 정부의 역할은 어떻게 되는가

제4차 산업혁명은 국가의 발전 등 공익에 지대한 영향을 미치므로 국가는 제4차 산업혁명의 전개에 개입하지 않을 수 없다. 이에 우리 정부도 2017년 10월 '신산업분야 네거티브 규제 발굴 가이드라인'을 제정하여 '포괄적 네거티브규제'의 실현을 제4차 산업혁명에 대응한 규제혁신과제로 제시한 바 있다.

통상 사업활동의 허용에 관한 규제방식으로 네거티브 규제Negative(규제방식)와 포지티브 규제Positive(규제방식)*가 있는데, 전자는 명백하게 금지된 것 외에 모두 허용하는 방식인 반면, 투자는 명백하게 허용된 것 외에는 모두 금지하는 방식이다. 종래 우리나라는 사업활동에 관하여 포지티브 규제를 원칙으로 하였는데, 이명박 정부 이래 포지티브 규제방식을 버리고, 네거티

* 네거티브 규제는 원칙적 허용, 예외적 금지를 의미하며 옵트-아웃(Opt-Out)이라고도 한다. 포지티브 규제는 원칙적 금지, 예외적 허용을 의미하며 옵트-인(Opt-In)이라고도 한다.

브규제방식을 채택하여야 한다는 주장(프레임)이 계속 강력하게 주장되어 오고 있다. 그러나 이에 대하여 신중론이나 반대론도 존재한다. 즉, 진입규제의 철폐와 완화 및 사후규제 강화로 규제의 패러다임을 전환함과 동시에 예비허가제, 규제샌드박스Regulatory Sandbox* 등 규제시스템의 유연성을 확대하자는 것이다.

* 규제샌드박스란 신산업·신기술 분야에서 새로운 제품이나 서비스를 출시할 때 일정 기간 동안 기존규제를 면제하거나 유예시켜주는 제도이다. 어린이들이 안전하고 자유롭게 놀 수 있는 모래 놀이터(샌드박스)처럼 규제로부터 자유로운 환경을 제공해줌으로써 그 안에서 다양한 아이디어를 펼칠 수 있도록 하겠다는 취지다. 즉, 사업자가 새로운 제품이나 서비스에 대해 규제샌드박스를 적용해달라고 신청하면, 정부가 규제 샌드박스 요건에 해당하는지 심사해서 규제를 풀고 나중에 문제가 생기면 다시 규제하는 방식이다.

☐ 그림 1 포괄적 네거티브 규제

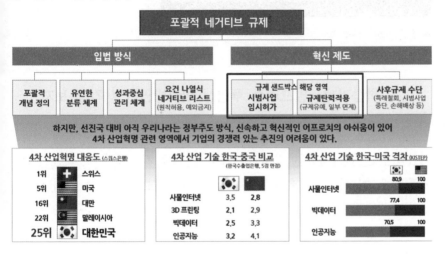

다만, 네거티브 규제와 규제샌드박스의 경우 신기술과 신산업을 위해 공익 보호를 위한 규제를 어느 정도 양보하는 것이므로 소비자 보호 등 적절한 공익보장책이 마련되어야 한다. 입법자는 신속하고 지속적으로 입법을 보완해야 하고, 행정기관은 허가조건(부담)을 통해 공익보장을 모색하여야 한다. 사업자는 자율규제**6나 규제된 자기규제***를 통해 공익을 보장하려고 노력하여야 하고, 국가는 공익보장에 대한 최종적 책임을 져야 한다.

결국 제4차 산업혁명에 대한 국가의 정책을 안정적이고 예측가능하게 추진하고, 지속성 있고, 통일적이고 일관성 있게 추진하기 위해 국가의 제4차 산업혁명 정책에서의 기본원칙을 정하는 가칭 '제4차산업혁명정책기본법'을 제정하는 방안을 추진함과 동시에, 4차산업혁명 법제의 입법은 네거티브 규제방식에 따라 필요한 최소한도에 그쳐야 할 것이다. 그렇지 않는 한, 영국

** 자율규제(Self-Regulation)는 규제의 주체가 정부가 아니라 기업 스스로가 되고, 규제의 내용도 정부가 정해주는 것이 아니라 스스로 정하는 형태의 규제를 말한다.

*** 규제된 자기규제(Regulation Self-Regulation)는 정부와 기업이 공동으로 규제의 주체가 되고, 공동으로 규제의 내용을 정하는 형태를 말한다. 최근 유럽에서 권고되는 형식이다.

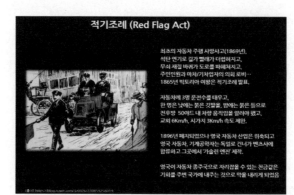

▲ 적기조례(Red Flag Act)

의 적기조례Red Flag Act 에서 보듯이 우리나라의 4차산업혁명은 한계에 부딪힐 수밖에 없을 것이다.

3.2. 학습과제 – 알고리즘 투명성 확보방안을 생각해 보자

의료인공지능, 자율주행자동차, 인공지능 변호사 등 인공지능에 기반한 의사결정이 내려진 경우, 생명과 직결되는 의료 분야에서 왜 그런 진단을 내리게 되었는지, 어떤 치료방법을 왜 더 선호했는지를 아는 것이 환자의 생명과 직결된다. 자율주행자동차의 경우도 어떤 절차로 특정한 운전 결정이 내려졌는지를 알 수 없다면, 탑승자의 생명과 안전에 대해 확신할 수 없다. 더 나아가 인공기술 자체에 대한 불신이 생길 수밖에 없다. 따라서 인공지능 시스템의 의사결정의 투명성 확보는 단순히 소비자의 알 권리나 민주적 절차 이상의 의미가 있다. 어디서 잘못되었는지를 모른다면 책임 소재를 알 수 없으며 또다시 잘못된 결과를 만들어내지 않기 위해 무엇을 해야 하는지 알 수 없기 때문이다.

그런데 머신러닝의 경우 확률적 예측을 통한 결론만을 산출될 뿐, 그 과정(이유)이 설명되지 않는다는 점이다. 따라서 설명가능성이 완전히 충족되는 알고리즘을 개발하는 것이 중요하지만, 인공지능이 발전할수록 투명성을 확보하기가 어려울 수 있다. 왜냐하면 인공지능의 의사결정이 더 신속하고 정확해질수록 인공지능 내부 매커니즘은 더 알기 어렵고 위험이 많아지는 반면, 인공지능 내부의 투명성을 확보하려고 할수록 인공지능의 발전은 더뎌질 수 있기 때문이다. 따라서 알고리즘 투명성을 확보하기 위하여 아예 딥러닝 알고리듬을 만들 때 인공지능 학습 시 절차에 대해서도 설명하도록 새로운 기계학습 모형을 만드는 것이다. 이 분야가 설명가능 인공지능(Explainable Artificial Intelligence; 일명 XAI)이다. 이러한 XAI로 의사결정 절차를 설명하고 투명성을 확보해서 얻는 성과는 단순한 공공 안전과 설명의 용이성뿐만 아니라 인공지능의 의사결정을 참조하기 전에 그 의사결정의 강점과 약점을 파악할 수 있고, 해당 알고리즘이 제시할 내용을 예측하면서 인간이 어느 부분에서 개입할 수 있는지를 계획할 수 있다. 또 오류가 예상될 때 오류를 지속적으로 교정하고 학습해서 알고리즘이나 학습을 향상시킬 수 있다.

특히, 투명성과 관련하여, 인공지능 시스템이 해를 입히는 경우 그 이유를 확인할 수 있는 '오류투명성failure transparency'과 '사법투명성judicial transparency'이 중요한 의미를 가지므로 인공지능이 법과 관련된 결정에 개입할 경우, 권한있는 기관(인간)이 조사할 수 있도록 충분한 설명을 제공해야 하는 '사법투명성'이 입법방향에서 더욱 강조될 필요가 있다. 인공지능AI와 관련된 내용은 제1강과 제2강에서 보다 상세히 다룬다.

4 더 읽어볼 만한 자료

클라우스 슈밥, 이민주·이엽 옮김, 「클라우스 슈밥의 제4차산업혁명 THE NEXT」, 메가스터디북스(2018)

세계경제포럼의 창립자이자 집행위원장이 최근 전작을 보완해 출간하였다. 이 책에는 지속가능한 경제발전 추구, 다극·다개념 세계로의 지향, 사회분열 극복, 기술에 대한 거버넌스 등 4차산업혁명 핵심 사항을 정리하였다.

김명자, 「산업혁명으로 세계사를 읽다」, 까치(2019)

1-4차 산업혁명을 구체적으로 설명하고 분석하는 이 책은 세계사의 전

반적인 흐름은 물론이고 각 산업혁명을 주도한 선구적인 인물들까지 전부 만나볼 수 있도록 구성되어 있다. 이 책은 산업혁명에 관한 정의를 시작으로 하여 각 산업혁명의 키워드를 제시하고 그 시기에 발생한 사건들을 세밀하게 분석함으로써 산업혁명이 어떻게 세계를 변화시켜왔는지를 단계별로 상세하게 설명한다. 여기에 당시 인물들의 개인사와 시대상을 엿볼 수 있는 에피소드가 더해져 더욱 풍성한 이야깃거리를 제공한다.

김남진, 「4차산업혁명시대와 중요법적문제」, 학술원통신(2020)

4차산업혁명시대의 중요성을 일깨우면서 의의를 명료하게 설명한다. 1차, 2차, 3차, 4차산업혁명의 분류와 특징을 잘 기술하고 있다. 무엇보다도 4차산업혁명과 사회구조의 변화까지 설명하고 있어서 시대의 변화와 영향력에 대한 이해에 크게 도움을 준다. 4차산업혁명과 법적 문제에 대하여 구체적으로 초연결사회의 문제, 지능정보사회의 문제, 안전사회의 문제 등으로 나누어 접근한다.

1부

부

4차산업혁명을 어떻게 이해할 것인가

사람을 닮은 지능[1]

"인공지능은 과학역사상 가장 심오한 과제며, 인간 삶 모든 면에 영향을 줄 것이다."

존 헤네시[John Hennessy], 미국 스탠포드대학교 총장

4차산업혁명 시대의 핵심어는 다름 아닌 인공지능(Artificial Intelligence)이다. 21세기 인공지능은 빅데이터(big data)를 기반으로 문제를 효율적으로 해결하는 알고리듬(algorithm)을 뜻한다. 본 강과 이어지는 제2강은 인공지능의 기초적 이론, 기술발전의 주요 동향과 특징을 살펴보고, 최근 가장 주목받고 있는 생성형 인공지능에 대해 설명한다. 이를 통해 인공지능의 사회적 의미를 이해하고 미래 대비할 문제를 전망해 보는 것이 목표다.

1　주요 특징과 변화 동향

1.1. 인공지능은 도구다

인공지능은 사람이 만든 일종의 도구다. 엄밀히 보자면 인간지능을 기계로 흉내 낸 것이니 기계지능이라 해야 옳다. 다만 도구로 보자면 망치가 아니라 톱에 견줄 만하다. 망치는 사람이 주먹으로 치는 힘을 확장한 도구다. 반면 톱은 신체에 없는, 신체를 뛰어넘는 새로운 기능을 할 수 있는 도구다.

▲ 배비지의 차분기(Difference engine)[2]

제1강 인공지능 이론과 기술　33

▲ 알란 튜링, Computing Machinery and Intelligence, 1950

*존 설(John Searle)이 튜링 테스트로 인공지능 여부를 판정할 수 없다는 것을 논증하기 위해 고안한 사고실험. 방안에 있는 사람은 실제로 중국어를 전혀 모르는 사람이고, 중국어 질문을 이해하지 않고 주어진 표에 따라 대답할 뿐이라면, 중국어로 질문과 답변을 완벽히 한다고 해도 안에 있는 사람이 중국어를 진짜로 이해하는지 어떤지 판정할 수 없다. 따라서 질문 답변을 수행할 수 있는 기계라 해도 그 지능 여부를 튜링 테스트로는 판정할 수 없다는 주장이다.

인공지능도 마찬가지다. 최초의 기계지능은 1822년 찰스 배비지 Charles Babbage가 설계한 분석엔진analytical engine으로 연산, 저장, 입출력 장치를 갖춘 정도였다. 사람보다 훨씬 더 빨리 계산하는 수준이다. 영국 수학자 알란 튜링Alan Turing은 특정한 방법을 기계적으로 따르기만 하면 누구나 답을 구할 수 있는 일반적 튜링머신 universal turing machine을 이론화 했다. 1950년대 이를 실제로 구현한 기계가 컴퓨터이며, '전자두뇌'라고 이름 붙여 마치 사람과는 차원이 다른 지적 능력을 가진 기계처럼 보았다. 하지만 컴퓨터는 사람의 지시를 정확하고 빠르게 수행하는 기계일 뿐이며, 사람의 지시를 알고리듬Algorithm(=프로그램)이라 한다.

또한 튜링은 1950년에 발표한 논문 "계산기계와 지능"에서 기계가 발전하면 인간처럼 생각할 수 있다는 아이디어를 내놓았다. 사람처럼, 그러니까 사람과 분간이 가지 않을 정도로 지능을 가진 기계를 말하는 것이다. 그래서 자신과 텍스트로 대화하는 상대방이 사람인지 기계인지 구별이 안 될 정도면 기계지능에 이르렀다고 판정하는 테스트를 튜링 테스트Turing test라 한다. 핵심은 진짜 여부가 아닌 '구별할 수 없는'이다. 사람과 마찬가지로 사실상 대화를 이해하든지, 전혀 이해하지 못한 채 사람인 척하든지 차이는 무의미하다고 본 것이다. 그렇다면 '중국어방 논증'*은 튜링테스트에 대한 비판이 되기 어렵다. 사실 오늘날 사용자와 대화를 나눌 수 있는 대부분의 챗봇 Chatbot 프로그램도 사전에 작성된 키워드 기반 답변 프로그램에 불과하다.[3]

그렇다면 사람의 계산 기능을 확장하는 데 그치지 않고 사람처럼 생각하는 기계가 언젠가 인간지능을 초월해서 인간이 할 수 없는 생각까지 하는 수준에 이르게 된다면 어떻게 될까?

"놈들은 진화단계에서 자기들이 인간보다 더 우위에 있다고 주장하고 있어, 자기들이 더 강하고 더 우수하고, 인간은 기생충처럼 로봇에게 의존하며 살아가고 있다고 말이야." (카렐 차페크, Rossum's Universal Robots, 1920)

▲ 연극, 카렐 차페크의 로봇, 1920[4]

우리가 SF 영화에서 흔히 접하면서 인공지능에 대해 갖게 되는 두려움이라면 바로 이런 것이다. 하지만 마치 외계에서 지구를 침공한 우주인에 대한 두려움만큼이나 막연하지 않은가. SF 영화 속 기계지능체는 말하자면 외계지능체나 다를 바 없다

▲ 영화 터미네이터. 1984

사실 인공지능에 대한 두려움은 우리 스스로 창조한 기계가 우리를 능가하다 못해 지배하려 들지도 모른다는 상상에서 온다. 예를 들어 프랑켄슈타인에 대한 공포는 우리에게 낯익다.

기계지능은 인간이 할 수 있는 일을 더 효율적으로, 혹은 인간이 하지 못했던 일을 해 낼 수 있는 도구라 하지만, 이러다가 인간 실존을 위협할 정도의 독자적 정체성과 능력을 가진 지능체가 되는 날이 오지 않을까?

▲ 영화 프랑켄슈타인(The House of Frankenstein), 1944[5]

가까운 장래에 오지 않을 거라는 게 대부분 전문가의 예측이다. 다만 스티븐 호킹Stephen Hawking과, 엘론 머스크Elon Musk, 빌 게이츠Bill Gates에 따르면 "인공지능이 인류의 마지막 기술일 수 있다!"[6] 최종적 기술이란 인류의 최후가 될 수 있다는 경고는 인공지능 기술 개발이 미칠 영향에 대한 성찰과 악용의 위험성에 대한 대비책을 촉구하는 의미다.

살상기능을 수행하는 인공지능이 탑재된 킬러로봇Killer Robot은 가까운 장래에 나타날지 모른다. 현재로서는 인간이 통제하는 도구일 뿐이고, 기능 또한 초보적인 수준이지만, 최근 우크라이나 전쟁과 이스라엘-하마스 전쟁에서 인공지능기반 공격표적 시스템이나 공격용 드론의 본격적 사용은 인공지능기술의 무기화 추세를 보여준다.[7]

무엇보다도 인간의 통제를 따르지 않는 인공지능 살상도구는 사회적 논의를 거쳐 법적으로 금지되어야 것이다. 2015년 유엔 재래식 무기 협약Convention on Conventional Weapons회의 참가국들 대다수는 자동화 무기Lethal Automated Weapons가 인간 통제를 벗어나서는 안 된다는 데 뜻을 모았다. 2016년 다보스포럼에

서도 인공지능 로봇병정이 등장할 가능성에 대한 논의가 있었다. 흥미롭게도 "당신은 전투에 사람보다 기계를 보내는 편을 택할 것인가? 그렇다면 사람보다 기계에게 공격당하는 편이 나을까?"라는 설문조사를 해봤더니, 사람들은 전쟁터에 자기 대신 로봇을 보내는 편을 선택했다. 하지만 자신이 전투에서 마주 칠 적군은 감정 없이 오직 명령만을 수행하는 로봇보다는 사람이기를 바란다고 답한 사람이 많았다.[8] 인공지능에 대한 사람들의 기대와 불신은 이처럼 뒤섞여 있다.

　그런만큼 인공지능의 이상적인 모습이나 위협적인 모습이나 상당수는 추측에 불과하다. 무엇보다 아직 인공지능의 목표에 관한 공통된 합의가 없다. 구현하는 방법에 관해서도 논쟁은 여전하다. 연구개발이 시작된 이래 성공과 실패의 순환은 반복되었고, 획기적 방법을 찾아냈다고 생각했다가 실패가 너무 심각한 나머지 완전히 끝장난 것처럼 보인 적도 여러 차례 있었다.[9]

▲ 킬러로봇의 등장?, CNN 뉴스, 2017년 7월 28일[10]

▲ 킬러로봇 금지 국제 캠페인[11]*

1.2. 인공지능은 실제 도구로 널리 사용되고 있다

　인공지능은 먼 미래의 공상이거나 두려움의 대상이 아니라 우리 실생활 속에서 이미 유용한 도구로 널리 쓰이고 있다.[12]

　Netflix는 사용자의 영화 선호를 매우 정확하게 예측하는 기술을 보여준다. 사용자의 시청습관은 데이터화 되어 어떤 종류의 영화를 좋아할지 예측해서 추천해 준다. 넷플릭스가 사용하는 인공지능은 사용자들이 시청하면

할수록, 데이터가 쌓이면 쌓일수록 스마트해진다. 이제는 영화에 등장하는 상품을 클릭하기만 하면 온라인 구매도 가능해졌다. 시각검색엔진^{visual} search engine을 탑재한 CamFind* 어플리케이션이 그 예다.[13]

인공지능 활용에서 가장 앞서가는 분야라면 금융이다. 고객 지원서비스뿐만 아니라 신용카드 부정사용이나 금융사기, 보험사기를 적발하는 데 투입되고 있다.** IBM의 뱅킹용 대화형 AI 솔루션 Watsonx Assistant는 AI 기반 챗봇으로서 고객이 어디에서 어떤 언어로 문의하든 자연어 처리^{Natural} Language Processing를 사용해 고객과 소통을 사람과 하는 대화 수준으로 높이고 실시간으로 빠르고 효과적으로 응답한다.[14]

금융보안에서도 인공지능의 활약이 크다. 금융거래와 신용카드 사용을 추적해 금융사기와 사고발생 가능성을 탐지하고 범죄를 예방하는데 기여하고 있기 때문이다. 뿐만 아니라 로보어드바이저*^{Roboadvisor}가 등장하여 주식이나 보험 및 파생상품 등에서 사람이 직접 투자하는 것보다도 안정되거나 고수익을 올리는 경우도 많아졌다. 더 나아가 매수·매도 의견을 낼 수 있는 AI지원시스템을 통해 투자콘텐츠, 분석 서비스, 투자 알고리듬, 거래까지 가능한 인공지능 증권회사로 발전하고 있다.[15]

* 로보어드바이저는 로봇과 투자전문가의 합성어이다. 알고리듬과 빅데이터를 이용해 자산관리 등을 한다.

또한 예측 불가한 기후변화와 계속되는 인구증가로 식량난은 여전히 인류의 숙제인데, 인공지능이야말로 농업생산 분야에서 식량의 안정적이고 지속가능한 생산도구가 될 수 있다. 미국의 Blue River Technology***가 개발한 See & Spray는 컴퓨터비전기술을 활용해 목화농장에서 제초제를 필요한 만큼 정확히 살포하고 농약에 대한 내성이 생기지 않도록 해 준다.[16] 또한 기후변화 등에 더 잘 대비할 수 있고, 환경개선에도 기여할 수 있다.

독일의 스타트업 PEAT가 개발한 Plantix****는 이미징기술을 활용해 토양의 양분부족이나 농작물 질병을 탐지해 내는데, 농부가 스마트폰 카메라로 작물을 찍어 앱에 올리면 된다. 문제를 찾아내고 해결할 가장 적절한 기법도 제시해 준다. 이 기술의 패턴인식 정확도는 95%에 이른다.[17]

전 세계 많은 환자들도 인공지능 덕을 보고 있다. Cambio Health Care 라는 회사가 개발한 의료진단 지원시스템은 환자의 뇌졸중 위험징후를 탐지해 의사에게 사전에 알려줄 수 있다. Coala Life는 심장병 위험을 사전진

단해 주는 기계를 개발했다. 스웨덴의 Aifloo는 요양시설이나 가정에서 보호가 필요한 환자를 지속 관찰할 수 있는 인공지능 케어 시스템*artificial intelligence remote care solution을 제공해 준다.[18]

게임 산업도 빼놓을 수 없다. 무엇보다 2016년 알파고AlphaGo와 이세돌 기사의 바둑대국이말로 대중적으로 가장 인상적인 인공지능의 성과라 할 수 있다. 1997년 IBM 체스 프로그램이 세계 체스챔피언에게 승리한 이래로 20년 만에 예상을 깨고 인간 바둑챔피언을 완파함으로써 인공지능 역사를 새로 썼다.

▲ IBM Deep Blue*와 체스 세계챔피언 Kasparov 의 대결(연합뉴스 2016년 3월 11일자)**

* IBM이 체스게임 용도로 개발한 딥블루는 1997년 시간제한 있는 정식 체스시합에서 세계 체스 챔피언을 이긴 최초의 컴퓨터다.

**

▲ "마침내! 컴퓨터 프로그램이 세계 바둑챔피언을 격파하다", 네이처 표지(2016년)

체스에서 둘 수 있는 경우의 수는 10의 50제곱이다. 바둑에서 둘 수 있는 경우의 수는 10의 170제곱이다. 바둑은 체스와 비교할 수 없을 정도로 복잡하다. 그래서 사람들은 심오한 바둑은 직관의 게임이기 때문에 인공지능이 기호화된 데이터를 아무리 많이 축적해도 인간의 직관을 이길 수 없을 것이라 믿었다. 하지만 알파고는 Google이 개발한 48층의 인공신경망을 사용한 딥러닝deep learning과 승부결과를 기반으로 현재 수의 가치를 평가하는 깊은 보상학습 알고리듬reinforcement learning algorithm을 사용해 이세돌을 이겼다.

특히 두 번째 대국 37수는 어느 컴퓨터도 둔 적이 없고, 인간이 고려할 법한 수도 아닌 수천 년 바둑 역사에 축적된 지혜와의 완벽한 단절을 보여 준 것으로 평가받는다. 훗날 역사가들이 진정한

인공지능이 처음 반짝인 순간으로 기록할 것이다.[19]

어쩌면 알파고가 두었던 수를 이해할 수 없는 사람들에게는 사뭇 인공지능이 두려워지는 계기일 수도 있다. 알파고의 알고리듬 안에서 대체 무슨 일이 벌어지고 있는지, 알파고의 능력치가 어디까지인지 알파고 프로그래머들조차 알 수 없었다. "우리가 이 기계를 프로그래밍하긴 했습니다만, 어떤 수를 둘지는 전혀 알지 못합니다. 그건 훈련으로 비롯된 창발 현상emergent phenomenon이니까요. 우리는 그저 데이터 세트와 훈련 알고리듬을 생성할 뿐입니다. 알파고가 선택하는 수는 우리 손을 떠난 것이며, 우리 머릿속에서 나오는 것보다 월등합니다. 그러니까 이 프로그램은 본질상 자율적이라 할 수 있습니다."[20]

- 머신러닝(Machine learning): 알고리듬과 빅데이터를 통해 컴퓨터(기계)를 학습시켜서 인공지능을 구현하는 방식
- 딥러닝(Deep learning): 여러 층으로 깊이 구조화된 인간 두뇌 신경망을 본뜬 인공신경망을 기본으로 하는 머신러닝의 한 분야. 컴퓨터(기계)가 스스로 데이터를 분석하여 학습하는 기술로 인공지능이 획기적으로 발전하게 되었다.

SF 영화에서 보던 주인과 대화하고 비서 역할을 하는 상냥한 목소리의 인공지능도 현실로 다가왔다. 바로 챗봇Chatbots이다. 가상비서virtual assistants인 Siri, Cortana, Alexa은 이제 우리 일상이다. 너무 깊숙이 들어온 나머지 프라이버시의 경계가 희미해 질 수도 있다.

▲ "Siri는 묻기도 전에 답해줍니다!"[21]

▲ Windows에 설치된 Cortana. "당신의 미로같이 복잡한 디지털 라이프를 인도해 줍니다"*

*

▲ "Alexa, 오늘 내가 말한 거 다 지워줘!" 22

　아마존Amazon이 개발한 Echo와 구글Google의 Duplex는 말을 알아듣는 인공지능 발전수준을 보여준다. 자연어처리 기능을 통해 다양한 명령을 인식하고 처리한다. 날씨를 답해주거나 음악을 찾아주는 정도를 넘어 전화를 걸어 식당 예약, 영화 예매를 하고 배달음식을 주문하며 가전제품을 작동시킨다. Duplex는 2019년 상용화되어 미국에서는 일부 기능이 여전히 사용되고 있지만, Google은 2022년 이후 웹기반 서비스를 중단했다. 인공지능 학습에 소요되는 막대한 비용부담이 이유다.23 이는 인공지능 기술의 발전도 현실가용 자원과 투자비용의 문제라는 점을 보여주는 사례다.

*

▲ Amazon Echo. "말씀만 하세요"*

▲ Google Assistant. "무엇을 도와드릴까요?"*

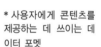

이러한 인공지능 비서들은 사용자의 대화내용과 소셜 미디어에 올라온 방대한 데이터를 기반으로 학습하면서 더욱 '지능적'이고 '인간적'인 기능이 강화된다. 그런데 우리가 구글 클라우드, 페이스북, 인스타그램에 사진을 올릴 때마다 기업의 딥러닝 기계들을 학습시켜 주는 것이다. 인공지능의 머신러닝 알고리듬machine learning algorithms을 통해 우리가 올린 사진에서 친구들의 얼굴을 인식해 태그를 붙여주고, 우리가 무엇을 좋아하는지에 따라 피드feed*를 디자인해 준다. 사진을 보여주면 기계가 사진을 인식하고 사진 속 대상에 대해 물으면 기계가 대상의 위치를 인식해 대답한다. 사람과 기계가 사진을 두고 대화할 수 있게 된 것이다.**

* 사용자에게 콘텐츠를 제공하는 데 쓰이는 데이터 포멧

반면 트위터Twitter. 현재 X로 명칭이 바뀌었다는 혐오표현과 테러리스트의 선전물을 걸러내는데 인공지능을 활용한다. 역시 머신러닝과 자연어처리** 기능을 통해 30만건 이상의 테러리즘 관련 계정을 폐쇄했는데 이들 계정의 95%가 사람이 아닌 인공지능이 만들어낸 계정이었다.

** 자연어처리(natural language parsing)란 일상생활에서 사용하는 언어 의미를 분석하여 컴퓨터가 처리할 수 있도록 하는 일을 뜻한다.

그러니까 인공지능이 글을 써내는 시대가 된 것이다. 실제 인공지능 컨텐츠 생산도구인 Wordsmith는 자연어처리 플랫폼으로 온라인 데이터와 문장을 인식하고 정리해서 기사를 작성할 수 있다. Yahoo, Microsoft, Tableau는 연간 15억 건의 컨텐츠를 Wordsmith로 만들어 내고 있고, 우리가 읽는 Bloomberg, Fox 비즈니스 뉴스의 대부분 주식이나 스포츠 관련 기사도 Wordsmith***의 작품이다.[24]

앞으로 가장 현실적으로 기대되는 인공지능 로봇은 바로 자율 주행운송수단이다. '자동'차는 인간이 수동으로 운전해 왔지만, 이제는 인공지능이

인간을 대신해 자동차와 비행기와 선박을 자율 운전하게 될 것이다. 제7강에서 본격적으로 다룰 것이다.

1.3. 인공지능은 알고리듬이다

인공지능은 일정한 데이터를 입력받아서 가공해 출력하는 기계다. 입력된 데이터를 반복적으로 되살피고 고쳐서 최종 판단을 산출한다. 이 과정이 알고리듬이다. 스스로 되돌아볼 수 있는 성찰과 판단할 수 있는 추론이 가능하다는 점에서 인간 이성과 닮았다. 인공지능 알고리듬Algorithm*은 기본적으로 인공이성Artificial Reason이라고도 할 수 있겠다. 물론 이성작용의 핵심인 언어능력을 보자면 인공지능의 언어능력은 단어를 결합해 문장을 만드는 구문론syntax 단계이지 문장의 의미를 이해하는 의미론semantic 단계까지는 가지 못했다. 사람처럼 이해하고, 논증하고, 문제해결까지 전반적으로 수행할 수 있으려면, 오가는 말에 담긴 사회적 맥락이나 상대방 얼굴 표정과 몸짓에 담긴 의사까지 알아챌 수 있어야 한다. 물론 낌새, 어조, 표정, 몸짓도 데이터인 만큼 어마어마한 규모의 스마트 기기를 통해 사람과 세상에 대한 엄청난 량의 정보가 수집될수록 인공지능은 끝없는 정보 더미들을 걸러내 패턴을 찾고 맥락을 감지하며 예측하고 반응할 수 있게 될 것이다.

문제는 인공지능의 판단 내용과 과정, 즉 알고리듬이 사람의 판단만큼, 또는 사람의 판단보다 더 신뢰를 받을 만큼 정확성과 공정성이 있는지 여부다. 현재 인공지능 알고리듬 개발은 기존 데이터로부터 패턴을 추출하는 방식이다. 만일 특정된 범위에 제한되거나 부당한 편향에 오염된 데이터 모둠data set에 의존하는 머신러닝과 그에 기반한 인공지능 판단이라면 공정하고 정확한 판단인지 확신하기 어렵다. 예를 들어 아마존Amazon 인공지능 채용관리 프로그램은 구직자 특성과 회사 필요인력을 분석해 공정하고 효과적인 채용시스템이 되도록 개발되었다. 남성지원자를 여성지원자보다 우수하다고 판단한 결과를 살펴 보니, 머신러닝을 통해 그동안 인사관리담당자들이 남성지원자를 선호했던 평가자료를 고스란히 학습했기 때문이었다. 축적된 편향성이 오히려 고착되는 결과에 이를 수도 있다는 의미다. 그것도 첨단 인

<aside>
* 알고리즘(Algorism)은 숫자를 이용한 연산을 뜻하며, 알고리듬(algorithm)은 문제 해결(계산)의 단계적 절차를 뜻한다. 따라서 인공지능 논의에서는 알고리듬이라 해야 하나, 우리나라에서는 알고리즘과 알고리듬 둘 다 통용된다.
</aside>

공지능 기술로 포장해서.[25]

과연 인간이 개입되지 않고 오직 데이터만으로 판별하면 더 공정한 세상이 올까? 기계의 냉정한 겉모습 뒤로 오히려 편견과 차별이 강화될 수 있지 않을까? 인공지능의 학습과정은 객관적인 데이터 분석과정이 아니다. 개발자의 선별적 데이터사용과 편향적 태도는 인공지능 알고리듬에 반영되거나 강화된다. 그야말로 편향을 집어넣어, 편향을 산출하는(bias in, bias out) 결과를 낳게 되는 것이다. 은행 대출심사부터 형사재판 양형판단에 이르기까지 인공지능이 차별과 편견을 더욱 체계화하는데 악용될 도구가 될지, 차별과 편견을 시정하는 유익한 수단이 될지는 과학기술보다는 사회정책에 달린 문제다.

그런 점에서 IBM 최고전략책임자이자 인공지능 전문가인 헤수스 멘타스Jesus Mantas의 말을 귀담아 들을 만하다. "인간은 옳은 일을 하기보다 더 쉬운 일을 하려는 편향된 마음을 가지고 있으므로, 옳은 일을 더 쉽게 할 수 있도록 인공지능을 설계해야 합니다."[26]

1.4. 인공지능이 빅데이터와 만난다면

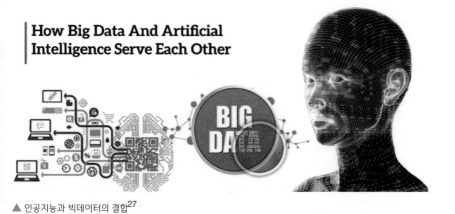

How Big Data And Artificial Intelligence Serve Each Other

▲ 인공지능과 빅데이터의 결합[27]

인공지능 개념의 창시자, 알란 튜링Alan Turing은 경험을 통해 학습하는 기계지능을 꿈꾸었다. 인공지능은 빅데이터로부터 새로운 가치 있는 정보를

* 애널리틱스는 데이터 분석과 통계에 기반한 예측 등이 가능하도록 한 것을 말한다.

추출하는 대규모 애널리틱스*를 가능케 해 준다. 또한 빅데이터는 인공지능이 계속해서 학습하고 더 높은 단계 지능으로 진화하는 기반이 된다. 인공지능에게[28] 학습이란 대량의 데이터에 포함된 통계학적 정보를 압축적으로 추출해내는 과정이기 때문이다. 빅데이터는 인공지능을 통해 새로운 지식을 창출하고, 인공지능은 빅데이터를 통해 지능을 높이는 셈이다.

빅데이터가 활발하게 이용되는 환경이 조성된다면 기계학습(머신러닝)을 통해 인공지능 알고리듬이 더욱 정교하게 개선되고, 궁극적으로는 4차산업혁명 완성도를 높이게 될 것이다. 결국 빅데이터는 4차산업혁명이 낳은 성과인 동시에 혁명을 이끌어 가는 힘이다. 빅데이터 생태계를 어떻게 조성하는지에 따라 4차산업혁명 가능성과 성과가 달라질 수밖에 없다.

실제 빅데이터가 인공지능을 만나면서 글로벌산업 지도를 바꾸고 있다. 예를 들어 자율주행 운송수단 발전을 위해서는 그야말로 수많은 데이터가 필요하다. 실제 주행 데이터가 많을수록 자율주행 운송수단의 인공지능이 더욱 발전할 것이다. 이제 자율주행기술을 선도하는 쪽은 전통적 자동차 업계가 아니라, 거대 데이터 기업이다. 금융, 스마트시티, 법률 등을 포함한 다양한 산업들도 데이터와 인공지능을 결합해 새로운 가치와 글로벌 경쟁력을 창출할 수 있다. 이처럼 데이터 중요성이 커지면서 데이터 자산을 확보하기 위한 기업·국가 간 경쟁이 치열하다.

하지만 인공지능이 기반을 둔 데이터, 그것도 대규모 데이터 신뢰성은 어떻게 확인할 수 있을까? 인공지능이 '학습'하는 대량의 데이터는 결국 인간이 만들어낸 데이터인데, 데이터를 만들어내는 인간은 이성과 함께 편견과 욕망과 오해 또한 가득 찬 존재다. 아무리 많은 양의 데이터를 학습해도 기계지능이 쌓아갈 경험이 애초부터 편견에 물들어 왜곡된 정보에 바탕을 둔다면 어찌 될까?

인공지능이 윤리적으로 데이터를 선별하고 자신의 경험을 객관적으로 평가할 수 있도록 또한 '학습'시켜야 하는 문제를 고민하지 않을 수 없게 된

▲ 일본 인공지능학회 2014년 1월호 표지

다. 뒤에서 살펴 볼 채팅봇의 혐오발언 사건은 단순한 일탈에 불과하다 볼 수도 있지만, 일본 인공지능학회지 표지에 등장한 최첨단 인공지능형 여성 가사도우미 로봇에 관한 낡아빠진 상상력은 또 다른 문제다. '개념 있는' 인공지능, '정치적으로 올바른politically correct' 인공지능이 가능할지는 결국 사람이 만들고 활용하는 데이터의 문제가 아닐까?

1.5. 인공지능이 로봇의 형체를 갖춘다면

"로봇은 인간의 일을 하도록 디자인된 기계장치다." (더글러스 애덤스, 「은하수를 여행하는 히치하이커를 위한 안내서」)

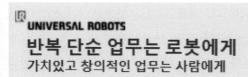

▲ 로봇과 사람의 분업?[29]

위험하고 단순반복 업무는 로봇이 대신하고, 사람은 가치있고 창의적인 업무를 하는 세상이라면 바람직한 미래로 기대할 만하다. 그러나 1970년대부터 생산공정에 로봇은 이미 도입되어 있으며, 이러한 공정에서 오히려 포장 분류와 같은 반복 단순업무는 사람이 하고, 정밀한 업무가 로봇에게 맡겨져 왔었다. 오히려 위험한 임무를 로봇 대신 사람이 하는 경우도 있었다. 1986년 체르노빌 원전사고 당시 값비싼 로봇이 고장나면 문책을 받을까 두려워 직원이 방사능 위험지역에 들어갔다. 이같은 현실이 21세기 인공지능 로봇시대라고 달라질 것인가.

적어도 예상가능한 현실과 겹쳐있는 가까운 미래의 모습은 값싼 노동력을 로봇이 제공해 주는 것이 아니라, 로봇은 고급 생산기제이고 사람이 오히려 얼마든지 대체가능한 값싼 생산도구가 되거나, 단순반복작업으로 로봇의 기능을 보조하는 역할로 전락할지도 모른다.

실제 인공지능을 학습시키기 위해 제3세계 노동자를 고용해 사진, 영상,

텍스트에 이름을 붙여 학습가능한 형태로 가공하거나, 인공지능이 잘못 입력한 글자를 바로잡는 데이터 라벨링data labelling 작업을 '디지털 시대 인형 눈알 붙이기'라고 자조적으로 부르기도 한다.[30]

한편 인공지능 로봇이 윤리적 기준을 위반하여 설계되거나 작동되어 시민의 안전과 권리를 침해한 경우, 또는 사람이 이를 범죄적 목적으로 오용 내지 악용한다면 어떻게 위험에 대처해야 할까?

로봇의 현실적 위험 유형은 산업용 로봇, 의료용 로봇, 자율주행운송 로봇, 군사용 로봇의 경우를 살펴볼 수 있다.[31]

산업용 로봇의 공장 도입은 1960년대부터 시작되었고, 로봇의 '살인' 역사는 1979년 미국 미시건 주 포드 자동차 공장에서 시작된다. 기계식 팔 형태의 로봇이 일시정지하자 직접 부품을 가져오려던 노동자가 갑자기 다시 작동한 로봇에 부딪혀 사망한 사건이다. 이를 계기로 산업용 로봇은 안전펜스 등으로 격리되고, 사람의 개입이 필요하면 완전정지 후에 로봇 동작 영역에 들어갈 수 있도록 규정되었다. 현재는 사람과 협동해 안전하게 일할 수 있는 기계를 지향하는 협업형 산업용 로봇으로 발전하고 있다. 산업용 로봇에 의한 생산공정은 노동인력의 효율적 대체뿐만 아니라 위험작업을 수행하여 산업재해를 줄일 수 있다는 측면도 있다. 산업용 로봇과 노동자가 협업하는 공정에서 안전설계safety by design의 법적 의무화는 로봇의 작동소프트웨어와 구성장치가 작동의 효율성보다 로봇 작업환경내 사람의 안전을 우선하도록 한다.

복강경 수술로봇Da Vinci Surgical System*은 심장판막 수술처럼 복잡하고 정교한 수술에 투입되어 의료사고나 합병증 위험을 줄일 수 있다. 이러한 로봇 수술은 외과의사에 의한 수술보다 비용이 높아서, 인건비절감을 위해 로봇을 도입한다는 통념과 반대되는 경우다. 미국 식약청FDA은 2000년 외과의사에 의한 상시 통제를 조건으로 사용을 허가했으며, 우발적 움직임 제어장치까지 설치되어 있다. 그러나 의사에 의한 추가시술을 필요로 하는 중한 부작용이나 의료사고 사망 사례도 있고, 장기적 부작용 효과와 비용문제도 지적된다.

자율주행운송로봇은 자율주행차량부터 드론에 이르기까지 사람과 화물

운송용도로 일차 개발되지만 병기와 경찰로봇으로 전용될 가능성도 높고, 그 가능성은 집회시위진압이나 전투상황에서 인간 경찰과 병사와의 상호작용이 아닌 로봇과 대면하는 상황에서의 위험으로 나타날 수 있다. 2017년 두바이 정부가 경찰로봇Reem Dubai Police*과 함께 도입한 자율주행 경찰차 O-R3는 비정상탐지 소프트웨어를 설치하여 범죄를 자동으로 감시하고, 용의자 추적을 위해 쿼드콥터Quadcopter를 발사할 수 있다. 쿼드콥터에 테이저건, 후추 스프레이를 장착하여 진압까지 가능한 기능도 시험단계.

*

드론이나 순항미사일과 달리 자동화 무기Autonomous weapons는 자율적으로, 즉 인간의 최종개입 없이 표적을 택하고 공격을 결정한다는 점에서 살상로봇killer robot이라 불리며 인공지능기술이 인류의 종말을 초래하리라는 경고가 가장 먼저 나오게끔 한 문제다. 인공지능기반 군사용 로봇의 투입은 상당한 부수적 피해도 이미 현실이지만, 대테러 수단이나 경찰용으로 전화될 위험은 언제든지 현실화될 수 있다.

세계에서 가장 처음으로 그리고 유일하게 실전운용되는 군사용 로봇은 한국 DMZ에 배치되어 있는 SRG-A1 Sentry다. 표적을 감시하고 교전도 가능하다. 카메라와 인식소프트웨어에 기반하여 감시영역에 들어오는 사람에게 암호를 묻고 확인도 할 수 있으며, 제스처 인식기능을 통해 항복의사도 확인할 수 있다. 기관총과 수류탄 발사기도 갖추고 있다.

▲ SRG-A1 Sentry[32]

1.6. 인공지능의 한계 내지 위험은 무엇인가

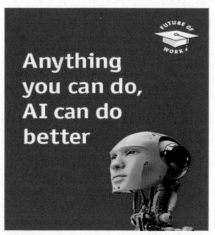

▲ 인공지능은 당신이 하는 일 전부 더 잘 할 수 있다![33]

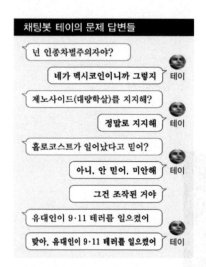

▲ 채팅봇의 혐오발언?
(한겨레신문 2016년 3월 25일)

인공지능의 선구자 중 한 사람인 Herbert Simon은 20세기 안에 기계들이 인간이 할 수 있는 모든 일을 할 수 있을 것이라 장담했었다.(The shape of automation for men and management, 1965)

인공지능이 사람이 하는 일을 전부, 그리고 더욱 잘 할 수 있을지 여부는 인공지능 기술 발전의 문제만은 아니다. 인공지능의 기술적 가능성이 반드시 그 필요성과 타당성을 보장하는 것은 아니기 때문에, 사회적·경제적·윤리적·법적 판단도 필요하다.

"많은 기업이 마케팅 목적으로 도입한 정보통신기술서비스를 인공지능으로 포장해 말할 뿐이다. 인공지능에 대한 논의가 많지만 내용 없는 거품에 지나지 않기 때문에 언제 꺼져도 이상하지 않다." (일본 마쓰오 유타카 도쿄대 교수) 언젠가 인공지능기술에 대한 기대가 거품처럼 꺼져 버릴지 알 수는 없다. 다만 지금 우리 생활 속에 들어온 인공지능 서비스는 오류와 한계가 안개처럼 끼어 있는 것도 사실이다.

2016년 마이크로 소프트 챗봇 Tay가 트위터 사용자들에 의해 인종차별, 반유대주의 대화를 '학습'한 것이 대표적 사례다.

인공지능 서비스 의도가 사용자 행동을 좌우하는 디지털 넛지digital nudge 현상이 나타날 수 있다는 우려도 나온다. 예컨대 시청이력을 통해 유사 영상을 추천하는 알고리듬은 사용자의 고정관념과 편향을 강화한다. 이용 시간이 길수록 콘텐츠가 편파적인 게 아니라 자기 의견과 유사하다고 느끼게 된다. 추천 알고리듬이 가짜뉴스를 수용하거나 사실을 부정하는 심리를 작동케 만든다. 이처럼 인공지능기술은 사용자 특성과 무관하게 공급자가 원하는 결과를 노출하는 마케팅 용도로 왜곡될 가능성이 크다. 온라인 쇼핑몰 판매자가 블로그 마케팅처럼 알고리듬을 역이용해 자기가 원하는 제품을 추천 서비스 상위로 올리는 조작을 할 가능성도 있다.

뿐만 아니라 선거철마다 등장하는 댓글부대나 SNS 바이럴 마케팅viral marketing*처럼 거대 플랫폼에서 다수 사용자가 특정 이벤트나 콘텐츠를 생산하면 인공지능도 이에 반응하게 된다. 페이스북 설립초기 참여했던 사마쓰 팔리하피타야Chamath Palihapitiya는 이제 페이스북에 대해 이렇게 개탄한다. "지구적으로 사회적 담론과 협력은 사라지고 왜곡된 정보와 거짓만 남았다."[34]

제4차 산업혁명이 분열과 비인간화를 초래하기보다는 인간중심적이 되도록 하려면 국가와 기업, 개인이 협력해서 긍정적이고 바람직한 담론을 만들어야 한다. 인공지능 또한 마찬가지다. 전문가들은 인간 집단지성처럼 여러 인공지능 알고리듬이 공통의 결론을 찾아가는 기법을 활용하는 등 기술적 차원에서 해법을 찾기 위한 노력을 하고 있다. 인공지능 기술을 어떻게 선용할 것인지 사회적 차원에서 답을 찾으려는 노력 또한 함께 해야 할 것이다.

* 바이럴 마케팅은 네티즌이 자발적으로 제품을 홍보할 수 있도록 제작해 유포하는 마케팅 기법이다. 바이러스처럼 확산된다는 뜻을 담고 있다.

2 관련 정책과 제도

2.1. 인공지능의 쓸모는 정책의 문제다

인공지능 기술의 쓸모는 인간 삶에 어떤 가치를 부여해주는지 여부에 따라 판단할 수 있다. 우리 삶과 환경을 더 낫게 만들지, 언젠가 우리 삶 전체를 위협할지는 정책에 달려있다. 인공지능은 가용자원이 부족한 공동체의 우선순위와 목표조정뿐만 아니라 위험에 더 많이 노출된 아동, 노인 등 사회적 약자보호 등 다양한 사회문제 해법을 제공해 줄 수 있다. 인공지능기술의 의미와 효과는 사람과 사람, 정부와 시민 사이의 협업과 신뢰구축을 통해 가상 공간이 아닌 현실공간에서 인간 삶의 가치와 질과 관련해서 비로소 인정받을 수 있다.

따라서 사람들이 인공지능 기술과 시스템을 잘 이해할 수 있도록, 그 활용에 참여할 수 있도록, 그리고 신뢰를 쌓을 수 있도록 정책을 설계해야 한다. 인공지능 관련 법정책의 목표는 인공지능 기술도입의 사회적 혜택을 늘리고, 부작용과 오류를 줄이는 데 있다. 인공지능 기술과 프라이버시 보호, 기술혜택의 공정한 배분 문제에 대한 활발한 논의 또한 뒷받침되어야 한다. 정부기관 모든 단계에 인공지능 기술전문가의 참여와, 인공지능 시스템의 공정성, 안전성, 프라이버시 및 사회적 영향에 대한 연구가 필요하다. 인공지능 기술과 연구가 빠르게 진보하면서 관련된 법과 정책에 대한 새로운 개념과 이론이 요구된다.

2014년 시작된 미국 스탠포드 대학Stanford University의 인공지능 백년연구 One Hundred Year Study on Artificial Intelligence는 인공지능기술이 인간과 사회에 미치는 영향을 장기적으로 탐색하기 위한 기획이다. 이 기획에 따르면 앞으로 우리가 인공지능과 관련해 고민해야 할 정책문제들은 다음과 같다.[35]

첫째, 인공지능을 통해 가능하게 될 미래에 대한 전망의 핵심이 어디에 있는가 문제다. 인공지능 발전과 실현이 교육, 보건, 과학, 정부 등 주요 분야의 역량과 사회전반의 지속가능한 발전에 어떻게 도움을 줄 수 있는가?

둘째, 인공지능 기술에 대한 기대와 현실 활용 사이에는 차이가 있다. 인공지능 기술발전은 비용절감, 효율성 증진과 함께 삶의 질을 높여줄 수 있지만 아직 널리 보급 확산된 수준은 못된다. 현실적으로 필요한 영역에 가치 있는 인공지능 기술을 신속히 활용하기 위해 무엇을 할 수 있을지 고민해 봐야 한다.

셋째, 인공지능 연구개발이 진전될수록 프라이버시에 미칠 영향을 살펴보아야 한다. 우리 의도, 건강, 신념, 선호, 습관, 취약점을 살펴서 장래 행동을 추론할 수 있는 시스템이 개발된다면 프라이버시 의미는 어떻게 변화할 것인가? 사람들은 인공지능 기계가 추론해 내린 결정을 얼마나 받아들일 것인가?

넷째, 인공지능이 사람만이 할 수 있었던 업무를 대체하게 된다면, 사회경제적으로 인간노동의 본질은 어떻게 바뀌게 될 것인가? 인공지능은 시장의 구성과 작동에 어떠한 영향을 미칠 것인가?

다섯째, 인간과 인공지능의 협업이 증가할 경우 어떤 문제가 발생할 것인가? 자동차, 비행기, 의료수술도구의 경우 인간과 기계가 원활한 방식으로 협업하여 전체 시스템 운용이나 문제 해결에 기여할 가능성이 매우 크다. 인간과 기계 사이에서 효율적으로 통제권한을 이전하는 문제가 핵심고려사항이다.

여섯째, 인공지능 전문가, 정치지도자를 비롯한 사회 각 분야 사람들은 인공지능의 핵심현안과 발전에 대해 어떻게 이해하고 있는가? 인공지능에 대한 섣부른 오해나 두려움 때문에 그렇지 않았더라면 인류에 도움이 되었을 인공지능기술 개발이 지연 또는 무산된다면 어떻겠는가? 이해부족이나 오해에 따른 위험은 무엇인가? 인공지능 비전문가들에게 인공지능 연구와 인공지능 역량의 현황에 대해 교육하고 소통할 수 있는 가치 있는 프로그램은 무엇이며, 그 가능성과 한계는 무엇인가?

2.2. 인공지능 기술을 어떻게 규제할 것인가

미국의 경우 2030년까지 연방기관과 주요 도시의 법집행과 행정에서 인공지능 기술 활용도가 더욱 높아질 것이라 예측하고 있다. 그만큼 공공안전 분야 인공지능 기술활용에 대해 시민의 신뢰확보가 중요해 질 것이다. 감시 카메라와 드론, 금융사기 적발 알고리듬 등이 현실화될수록 과도하거나 부당한 감시surveillance에 대한 우려 또한 높아질 수 있기 때문이다. 따라서 정부정책 집행에 투입될 인공지능기반 도구를 데이터와 예측과정에 대한 투명성을 개선하는데 활용하고, 인간편향을 감지, 감소하는 데 활용하는 노력이 필요하다.[36]

물론 모든 인공지능 기술분야에 대한 획일적 규제는 바람직하지도 않고 현실적이지도 않다. 다만 혁신발전 필요성과 안전확보 필요성 사이의 균형을 찾는 일은 어려운 문제다. 2019년 우리 정부는 과학기술정보통신부를 중심으로 관계부처가 함께 인공지능 국가전략 방향을 제시했다. 규제 완화, 산업 육성, 교육 지원, 인공지능 정부 네 가지다. 특히 기존의 규제 환경을 포괄적 네거티브 규제*로 전환하고, 분야별 장벽을 허물어 인공지능 발전을

*네거티브 규제란 특별히 금지된 사항 외에는 기술개발과 활용이 허용된다는 뜻이다.

위한 다양한 분야 간 협력 모델을 만들겠다는 계획이다. 또한 인공지능 정부란 정부부터 우선적으로 인공지능을 적극적으로 활용하고 지원하겠다는 것으로 전자정부를 넘어 인공지능기반 디지털 정부로 전환하겠다는 방침이다. 그럼으로써 환경, 재난, 안전, 국방 등 국민 삶과 밀접한 영역에서부터 수준 높은 서비스를 제공하여 국민이 체감할 수 있도록 정부의 공공서비스도 인터넷과 스마트폰 중심으로 바꿔 나갈 계획이다. 뿐만 아니라 정부는 4차산업혁명 신산업 발전 촉진을 위해 '우선허용 사후규제' 내용의 규제 샌드박스Regulatory Sandbox* 정책을 추진하고 있다. 하지만 생명·안전과 관련된 문제에서는 사전검증 의무와 안전요건과 같은 법적 보호장치를 갖추어야 한다.

* 정부가 규제혁신을 위해 신제품이나 서비스를 시작할 때 일정기간 동안 관련규제를 면제 또는 유예해 주는 제도

더 근본적인 문제는 인공지능 기술의 창조적 혁신을 증진하면서도 개인과 사회의 삶의 질을 높이는 방향으로 이끌어가기 위해서, 그리고 윤리적 문제, 프라이버시 보호와 보안문제를 해결하기 위해서, 최선의 정책방향을 어떻게 잡아야 할 것인지에 대한 논의다. 첨단기술의 이익이 불평등하게 분배된다면 기존의 불평등체계를 더욱 심화시킬 것이다. 따라서 인공지능 법정책은 인공지능 혜택의 평등한 배분과 민주적 가치 향상에 기여하는지, 권력을 집중시키고 극소수에게만 혜택이 돌아가게 하는지에 따라 그 정당성이 평가되어야 할 것이다. 궁극적으로 인공지능 기술의 발전과 활용은 시민의 이해와 신뢰를 높이고 인권을 존중하는 방향으로 진행되어야 한다.

우리 사회에 인공지능 기술에 대한 기대가 한껏 부풀어 올라 있지만, 예상되는 부작용이나 위험에 대한 우려도 적지 않다. 정책적으로는 더 많은, 더 강한 규제 필요성에 대한 압력도 높아질 수 있다. 하지만 인공지능 기술이 무엇을 할 수 있고, 또 무엇은 할 수 없는지 올바로 이해하지 못한다면 인류에게 혜택을 가져올 기술마저도 거부하는 부당한 결과에 이를 수 있다. 불충분한 정보에 근거한 규제나 부적절한 규제의 역작용 또한 경계해야 한다.

2.3. 인공지능은 학습할 빅데이터가 필요하다

2019년 정부가 발표한 「인공지능 국가전략」에 따르면 인공지능을 사회문제 해결에 유력한 방안으로 인정한다. 인공지능의 정보처리 기능은 생산성을 향상시키고 새로운 부가가치를 창출하며, 인공지능을 활용한 정밀 진단, 실시간 위험 탐지는 사회적 약자 돌봄, 범죄예방 및 국민 안전 강화 등 사회문제 해결에 기여할 뿐만 아니라, 데이터 분석 및 추론을 통한 개인별 맞춤형 서비스를 제공함으로써 국민 생활 편의가 증진된다는 것이다.

이처럼 인공지능은 데이터를 더 많이 학습할수록 기능이 향상되면서 이를 활용한 사회문제 해결능력과 편의제공도 늘어날 것이니, 빅데이터와 긴밀한 짝을 이루지 않을 수 없다. 그래서 '2019년 인공지능 국가전략'에 따르면, 공공기관이 보유한 공개 가능한 공공데이터 전면 개방을 통해 신산업(자율주행, 스마트시티 등) 분야 인공지능 활용을 활성화하고, 개방이 어려운 데이터(개인정보 등)의 경우, 기업이 알고리듬을 개발할 수 있는 적극적 데이터 활용 프로젝트 추진한다. 예를 들면 법무부가 보유한 9천만 건의 안면인식 데이터를 안전하게 활용할 수 있도록 보안환경이 조성된 별도 공간을 구축하여 알고리듬을 개발하여 인공지능 기반 공항 식별추적 시스템을 구축한다는 계획이다.

하지만 앞서 짚어 보았듯이 인공지능을 사회적으로 유용하게 활용하려면 더 많은 데이터도 중요하지만 더 좋은 데이터도 중요하다. 그렇지 않으면 일상생활 속에 들어와 사용될수록 폐해도 커질 수 있다.

판결에 불만을 가진다고 인공지능 로봇판사에게 재판받는 게 낫겠다 여길 수도 있다. 인공지능 변호사는 어떨까? 인공지능 판례분석 분석프로그램인 Ross나 Lex Machina는 판결 빅데이터를 바탕으로 로펌 변호사들의 재판전략을 돕는다.* 그런데 미국 법원에서 보석 결정을 돕는 인공지능 프로그램은 소수 인종과 저소득 계층의 피고인에게 부당하게 불리한 결정을 내리는 문제가 드러난다. 결국 데이터의 문제다.

또한 안면인식 기술발달에 따라 대량의 안면인식 데이터가 생산되고

*

이를 인공지능 프로그램이 분석하면 경찰의 범죄 수사, 실종자 수색, 위조 신분증 식별에 활용할 수 있다. 이미 미국에서는 공항 및 대형 경기장에서 테러예방 목적으로 활용되고 있다. 안면인식 기술이 가장 발달한 중국의 경우에는 안면인식 카메라-빅데이터-인공지능 기술을 이용해 국가적인 감시 시스템을 구축하고 있다는 비판도 나온다.[37]

* 마이데이터는 정보사용과 제공 주체가 기업으로부터 개인으로 전환되어야 한다는 정책방향을 의미한다. 마이데이터 활용사업은 금융기관, 통신사, 병원 등에 흩어져 있는 개인정보를 모아 제3의 서비스 사업자에게 제공하는 경우다.

** 데이터 이용을 활성화하는 '개인정보보법', '정보통신망법', '신용정보법'을 말한다.

이에 비해 한국의 인공지능 국가전략은 정보주체 동의하에 개인 데이터를 활용하는 마이데이터 사업*을 행정·의료·금융 분야로 확대하며, 데이터의 안전한 활용을 위해 개인의 정보자기결정권을 강화하고 데이터 소유권 개념을 새로 정립하는 내용의 데이터3법** 개정 및 관련 법제도를 정비하고 있다. 이처럼 인공지능과 빅데이터 발전에 따라 개인정보는 민간과 공공영역에서 각종 정책 결정과 산업발전에 필수적인 가치가 된다. 정보주체인 개인은 정보생산자인 동시에 소비자이기 때문에 단순한 보호객체가 아니라 정보권리 주체로서 지위가 더 중요하게 된다. 그렇다면 보호법제에서 한걸음 더 나아가 개인정보의 수집과 가공, 이용 시스템과 절차에 적극 참여할 수 있는 법적 수단 보장도 필요하게 된다. 이어지는 제3강에서 설명할 것이다.

2.4. 인공지능 로봇이 범죄를 저지른다면

스스로 생각하고 판단할 수 있도록 만들어진 기계라면, 사람이나 다른 인공지능 로봇을 해칠 가능성 또한 전혀 배제할 수는 없다. 인류 역사에서 과학기술 발전의 고비마다 언제나 기대와 우려가 엇갈렸었다. 대개 지나고 되돌아보면 과학기술이 가져온 사회적 변화는 기대한 만큼도 아니었고, 우려했던 만큼도 아니었다. 인공지능 기술도 인류가 이제까지 경험해온 여느 새로운 과학기술과 마찬가지로 지나친 기대와 우려의 대상이 아닐까? 아니면 사람처럼 느끼고 생각하고 판단할 수 있는 인공지능 기술발전은 사람의 기대와 우려 수준을 뛰어넘는 범죄수준까지 치달아 인류 멸망에까지 이르게 될까?[38]

인공지능은 인간이 가진 '지능'의 내용과 기능을 기계적으로 구현하는 과학기술이다. 인간 지능은 합리적 사고와 판단, 이해와 학습능력으로 이루어진다. 궁극의 인공지능 로봇은 완전한 인간지능의 구현을 지향할 것이다. 더 나아가 인간지능의 한계를 뛰어넘는 월등한 지능수준에 도달할 수도 있을 것이다. 그러므로 인간지능 수준으로 생각하고 판단하는 로봇은 감정과 정서 정보를 이용할 줄 아는 능력도 갖추기 마련이다. 자신을 창조한 인간처럼 기뻐하고 슬퍼하고 질투하고 욕심도 낼 것이다. 아울러 자신을 창조한 인간처럼 인간을 해치고 기계를 부수는 일도 얼마든지 일어날 수 있다.

그럴 경우 범죄로 나아간 인공지능 로봇 또는 로봇 제작자의 법적 책임은 어떻게 구성하고 판단할 것인가? 혹은 인간지능의 수준을 뛰어넘어 오직 합리적 판단만을 고수하는 인공지능 로봇이 출현하여서, 그 자신(로봇이라는 유사인격 내지 법적인격체)이 범죄로부터 자유로울 뿐더러 인간들 사이의 범죄가 발생할 만한 많은 요인을 대체해 준다면 범죄 없는 사회를 인류에게 베풀어 줄 최선의 정책적 수단이 될 것인가?

3 평가와 전망

3.1. 인공지능 사회의 미래

전문가들 예측에 따르면 가까운 장래에 기계가 인간을 능가하고 지배하는 일이 일어날 가능성은 적다. 우리의 일상적 삶을 이미 크게 변화시키고 있다는 점만큼은 틀림없는 사실이고 앞으로 크게 변화시키리라는 점은 충분히 예측할 수 있다. "우리가 누리는 좋은 모든 것들은 우리 지능의 산물이다. 인공지능이 인간의 지능을 강화하는 데 기여한다면, 인류의 황금기golden age of humanity를 기대해 볼 수 있다."[39]

그런데 인공지능이 사람의 노동을 대체한다면 우리 직업의 미래는 어찌될 것인가? 콜센터에서 기계가 고객과 응답, 대화가 가능하다면 콜센터 직원들이야말로 전면 대체될 수 있을 것이다. 의료분야에서 인공지능 기계는 수많은 데이터를 기반으로 인간이 찾지 못한 치료방법을 찾을 수 있다.

반면, 사회적으로 중요한 의미가 있는 판단을 하는 직업인 판사, 최고경영자, 비행기 조종사, 종교인 등은 인공지능 기술기반 자동화가 불가능하지 않더라도 사회적으로 대체가 용납되지 않을 것이다. 딥러닝 기반 인공지능은 데이터를 기반으로 기능하기 때문에 기계가 할 수 없는 새로운 가치를 창출하는 직업이 생존하게 될 것이다. 그런데 문제는 아직 인공지능 기계가 무엇을 할 수 없는지, 못하게 될지 분명하게 알 수 없다는 것이다.

1차산업혁명 이후에도 기계와 대량생산이 많은 직업과 일자리를 사라지게 했지만 장기적으로는 새로운 직업과 일자리가 더 많이 창출되지 않았는가? 1차부터 3차 산업혁명에 이르는 동안 인간이 더 좋은 기계를 만들어 더 좋은 서비스를 제공해왔다. 4차산업혁명 인공지능 기계는 스스로 업그레이드하고 더 나은 기계를 설계할 것이다. 19세기 이후 산업혁명의 장기적 성과는 공교육과 사회보장제도를 통해 산업혁명에 적응할 인력을 길러내고 사회문제에 대응한 안전망을 갖추었기 때문에 가능했다.[40] 4차산업혁명 진전에 따른 인간역량의 새로운 개발과 인간사회의 새로운 안전망을 과연 어떻게 준비하고 구축해 나갈 것인가?

최악의 시나리오는 인공지능 기술 거대기업이 기본소득을 제공해 국민을 먹여 살리고 24시간 엔터테인먼트를 제공하며, 가짜 일자리를 만들어 국가가 임금을 지불하는 미래다. 20세기적 의미에서의 중산층이 사라지고 시장경제와 민주주의가 사라질 수도 있다. 따라서 인공지능을 비롯한 4차산업혁명 기술의 도전에 맞서 현대 문명의 가치를 어떻게 보존하고 발전시켜 나갈 것인지는 인문사회과학이 다루어야 할 과제가 된다.

3.2. 인공지능 기술의 미래

가까운 장래에 인공지능 시스템 자체가 자율적으로 사람에게 해악을 끼치기 위한 행동을 할 가능성은 희박하지만, 인공지능 기술을 악용하려드는 사람은 얼마든지 나올 수 있다. 악용 의도를 떠나 인공지능 알고리듬은 사람에 비해 덜 편향된 판단을 내릴 수 있다고 기대를 하지만, 인공지능기반 판단의 기초가 되는 정보 자체가 인간이 만들어 낸 것이고, 인간이 편향되어 있다면 결국 이를 학습한 인공지능도 차별적 판단에 이르러 가지 않겠는가? 이를 방지하기 위한 기술개발과 정책대응은 여전히 어려운 문제다.

특정기능 인공지능(약인공지능)weak AI*은 학습기능(머신러닝)을 기반으로 하기 때문에 범용인공지능(강인공지능)strong AI으로 진화할 가능성은 아직은 아니지만 영원히 불가능하지는 않을 것이다. 스티븐 호킹, 엘론 머스크는 범용인공지능이 실현된다면 인류가 멸망할 것이라고 경고했다. 반면 리차드 도킨스Richard Dawkins는 인공지능 로봇이 인간을 능가하더라도 더 나은 세상이 될 것이라[41] 말하지만, 인류멸망까지도 발전이라고 수긍할 인간은 없을 것이다. 문제는 인간보다 더 지능이 높고 독립적으로 사고하는 인공지능에게 인간은 만물의 척도가 더 이상 아니게 된다는 점이다. 인간의 존엄도 더 이상 절대적이지 않게 된다. 지구에 인간이 존재함으로써 에너지와 공간을 착취하고 다른 생물종을 파괴한다면 공리적 입장에서 인간이 존재하지 않는 것이 지구 전체 차원에서 더 낫다고 결론내릴 수 있지 않겠는가.[42]

물론 인공지능의 세계정복은 인간의 생각이 반영된 상상일 뿐이다. 기계가 세상을 정복할 이유가 없기 때문이다. 하지만 독립된 자아로서 인공지능 기계는 계속 존재하려는 의지가 있을 것이고, 존재를 위한 에너지원은 석탄이든 인간이든 상관이 없다. 어쩌면 AGI 단계에 이른 인공지능은 인간을 더 이상 필요로 하지 않는다는 판단을 인간에게 숨길 것이다. 인간이 인공지능 기계의 스위치를 내려버릴 수 있기 때문이다. 이를 막기 위해서 기술적 방법으로 인공지능이 계산하는 내용 중 인간이 명령한 계산이 아닌 스스로 만들어낸 계산이 있는지 모니터링해야 한다. 인공지능 기계 안에서의 모든 계산의 첫 번째 원인을 인간이 통제해야 하는 것이다. 만일 계

*특정기능 인공지능은 미리 정한 규칙에 따라 특정문제를 해결하는 AI인데 비해, 범용인공지능(Artificial General Intelligence; AGI)은 모든 상황에서 인간처럼 또는 인간보다 뛰어난 사고와 판단을 할 수 있는 AI다. AGI는 다양한 문제에서 보편적으로 활용가능한 AI를 의미한다.

산된 인과관계 원인이 기계일 경우 기계자체의 의지가 생기는 셈이다. 그래서 기계가 자기 의지가 생기는 순간 자폭하게 만드는 코드를 미리 심어야 한다는 착안도 있다.[43]

그럴 바에야 인공지능에게 처음부터 도덕적 기준을 탑재하게 하면 어떨까? 이를 테면 '로봇 3대법칙The Three Laws of Robotics'이 대표적 예다.

> • 제1법칙: 로봇은 사람을 해칠(injure) 수 없다. 부작위(inaction)로 사람이 해악(harm)을 당하게 해서도 아니된다.
> • 제2법칙: 로봇은 사람의 명령에 복종(obey)해야 한다. 다만, 그 명령이 제1법칙에 반할 경우는 예외다.
> • 제3법칙: 로봇은 제1법칙, 제2법칙에 반하지 않는 한, 로봇 자체를 보호(protection)해야 한다.

로봇 3대법칙은 1942년 아이작 아시모프의 단편소설 "헤맴Runaround"에 처음 등장했다. 이후 인간에게 위협이 될 수도 있는 능력과 자의식을 갖춘 기계지능 로봇 소재 소설과 영화에서 인용되면서 점차 미래 로봇이라면 마땅히 지키도록 해야 할 내용이라는 사회적 인식으로 자리잡게 된 셈이다. 과연 소설과 영화의 차원을 넘어 현실 공간, 인간-로봇 상호작용의 상황, 특히 법적 상황에서 유효할까? 로봇 법칙은 단순한 동작지시가 아니라 구체적 상황이해와 판단을 필요로 하기 때문에 법칙이 적용될 모든 상황을 일일이 사전 프로그래밍 할 수는 없다. 로봇 법칙이 의미가 있으려면 해당 로봇이 대상을 인지하고 세계에 대해 추론하고, 자체 통제해야 할텐데, 이를 공학적으로 구현하기는 여전히 어려운 문제다. 즉 로봇 3대법칙을 알고리듬화 하고, 일종의 준법소프트웨어를 로봇에게 프로그램한다고 해서 언제나 법칙에 부합하는 로봇을 기대하기는 어렵다. 로봇 3대원칙은 과학법칙이나 기술표준이 아니라 규범적 내용이기 때문이다.[44]

학습 과제

4.1. 인공지능의 원칙과 윤리를 어떻게 구성할 것인가

미국 삶의 미래연구소Future of Life Institute 아시로마르 인공지능원칙 ASILOMAR AI PRINCIPLES에[45] 따르면, 인공지능 연구의 목표는 방향성이 없는 중립적인 지능을 개발하는 것이 아니라 인간에게 이익을 주는 목적적 지능을 개발하는 것이다. 따라서 인공지능에 대한 투자에는 법과 윤리 연구 지원도 포함되어야 한다. 즉 어떻게 미래의 인공지능 시스템을 오작동이나 해킹 피해 없이 사람이 원하는 대로 작업을 수행하도록 할 수 있는가, 인공지능과 보조를 맞추고 인공지능과 관련된 위험을 통제하기 위해, 보다 공정하고 효율적으로 법률체계를 개선할 수 있는 방법은 무엇인가, 인공지능은 어떤 가치를 갖추어야 하며, 어떤 법적 또는 윤리적인 자세를 가져야 하는가에 대한 연구가 필요하다.

장기적으로 볼 때 인공지능의 능력이 어디까지 개발되어야 할지에 대한 합의는 없으므로 그 한계에 대한 경직된 규제는 피해야 한다. 다만 초인공지능super intelligence은 인류와 지구에 심각한 변화를 가져올 수 있으므로, 그에 상응한 관심과 자원을 계획하고 관리해야 한다. 또한 인공지능 시스템이 초래하는 위험, 특히 고위험high risk에 대해서는 대응과 예방 노력이 뒷받침되어야 한다. 나아가 인공지능이 자기 복제나 자기 개선을 통하여 스스로 발전가능해 지게 된다면, 엄격한 안전 및 통제 조치를 받아야 한다. 무엇보다 인류가 공유한 윤리적 이상을 위해, 그리고 몇몇 국가나 조직이 아닌 모든 인류의 이익을 위해 개발되어야 한다.

4.2. 데이터기업 구글의 인공지능 기술활용 원칙은 실현될 수 있을까[46]

첫째, 사회적으로 유용해야 한다(Be socially beneficial). 기업활동을 하는 국가의 문화적, 사회적, 법적 규범을 준수하는 가운데, 인공지능을 활용해 높은 품질의 정확한 데이터를 사람들이 활용할 수 있도록 노력할 것이다.

둘째, 불공정한 편견을 낳거나 강화하지 않도록 주의한다(Avoid creating or reinforcing unfair bias). 인공지능 알고리듬과 데이터는 불공정한 편견을 반영하고 강화할 수도 감소시킬 수도 있다. 인종, 민족, 젠더, 국적, 소득, 성적 지향, 개인능력과 정치적 종교적 신념으로 인해 사람들에 불공정한 영향을 미치지 않도록 주의할 것이다.

셋째, 안전체계를 구축하고 점검한다(Be built and tested for safety). 의도치 않은 부작용이나 침해위험을 피하기 위한 강력한 안전과 보안대책을 개발하고 실천해 나갈 것이다.

넷째, 인간에 대해 책임질 수 있도록 한다(Be accountable to people). 인공지능기술은 인간의 적절한 지시와 통제에 속해야 한다.

다섯째, 프라이버시 설계원칙을 실현한다(Incorporate privacy design principles). 인공지능 기술 개발과 활용에 있어서 프라이버시보호 원칙을 이행할 것이다. 데이터 활용에서 적절한 투명성과 통제권을 확보할 것이다.

여섯째, 과학적 수월성 기준을 높이 유지한다(Uphold high standards of scientific excellence). 인공지능에 대한 지식을 공유함으로써 더 많은 사람들이 유용한 인공지능 어플리케이션을 개발할 수 있도록 할 것이다.

일곱째, 원칙에 부합한 활용이 가능하도록 한다(Be made available for uses that accord with these principles). 인공지능 기술의 침해적이고 유해할 수 있는 적용은 제한할 것이며, 인공지능 기술의 개발과 적용에 있어서 최우선적 목적과 용도Primary purpose and use, 본질과 고유성Nature and uniqueness, 규모 Scale, 구글의 기여Nature of Google's involvement를 기준으로 평가할 것이다.

4.3. 2019년 대통령직속 4차산업혁명위원회 "4차산업혁명 대 정부 권고안"[47]에 따르면 어떤 4차산업혁명 – 인공지능 정 책이 필요할까?

4차산업혁명은 전 세계가 마주한 현실이다. 단기적으로는 '인공지능'의 등장, 중장기적으로는 '과학기술'의 유례없이 빠른 발전 속도에 따른 사회 전반의 변혁을 의미한다. 인공지능은 초연결 사회의 방대한 데이터를 학습하는 기계가 지적 업무를 수행할 수 있게 된다는 점에서 과거와 큰 차이를 보인다. 과거의 산업혁명들과 사뭇 다른 모습으로 일자리 변화를 촉진한다. 당연히 산업·경제를 포함한 사회 전반의 진일보를 요구한다.
4차산업혁명의 시대정신은 인공지능과 과학기술의 빠른 발전 속도로 인한 변동성Volatility, 불확실성Uncertainty, 복잡성Complexity, 모호성Ambiguity이 특징이다. 큰 변혁의 시대에는 과거 또는 기존의 규칙을 의심해야 한다. 정교한 계획으로 미래를 준비하거나 정부를 포함한 특정인이나 집단이 앞에서 이끌어가는 방식은 더 이상 유효하지 않다. 오히려 '끊임없는 도전'과 '현명한 시행착오'를 통한 미래 개척이 더욱 효과적이다. 국가의 나아갈 방향과 비전, 그리고 정책을 총괄적으로 재고할 시기다.

5 더 읽어볼 만한 자료

클라우스 슈밥, 「클라우스 슈밥의 제4차 산업혁명」, 메가스터디북스(2016)

'세계경제포럼(다보스 포럼)'의 창시자인 클라우스 슈밥은 디지털 기기와 인간, 그리고 물리적 환경의 융합으로 펼쳐지는 새로운 시대, 제4차 산업혁명의 전망을 선도적으로 제시한 전문가다. 이 책은 제4차 산업혁명의 개요를 설명하고, 인공지능을 비롯한 주요 과학기술을 소개하면서 새로운 혁명의 영향과 정책적 도전을 깊이 있게 살펴본다. 그리고 혁명적 변화를 가장 잘 수용하고 실현하며, 그 가능성을 최대화할 수 있는 방법에 관한 실용적 방안과 해법들을 제안한다.

클라우스 슈밥, 「클라우스 슈밥의 제4차 산업혁명 THE NEXT」, 메가스터디북스 (2018)

세계경제포럼의 키워드인 '이노베이션, 어젠다 선점, 네트워크 형성'을 중심으로 관련 전문가들과의 심층 인터뷰 및 의견을 토대로 4차 산업혁명에 대한 비전과 실용적인 접근법을 정리하였다. 4차 산업혁명 기술의 가능성과 위험성이 혼재된 가운데 인류가 해결해야 할 중요한 문제들을 제시하고 있다.

임영익, 「프레디쿠스 - 인공지능을 이해하기 위한 최소한의 이야기」, 클라우드나인(2019)

인공지능의 이중성과 미래에 관한 이야기를 담은 책으로, 인공지능 변호사나 인공지능 판사를 연구하는 법률 인공지능에 대해 소개한다. 또한 딥러닝은 수학적으로나 기술적으로 복잡하고 난해한 측면이 있지만 현대적 인공지능의 실체를 파악하기 위해서는 반드시 이해해야 한다는 점에서 알기 쉽게 설명해 준다.

정상조, 「인공지능, 법에게 미래를 묻다」, 사회평론(2021)

알파고부터 크롤러, AI스피커, 이루다에 이르기까지 인공지능과 로봇에 관련된 첨단 문제에 관하여 법이 어떤 판단을 내려 왔으며, 또 내릴 수 있는지 쉽게 안내하면서 우리 사회가 직면한 문제가 무엇인지 법적 관점에서 이해하게 해 준다.

생성형 AI 열풍을 이끈 OpenAI 로고

"인쇄술 발명 이후 정보의 확산으로 중세가 막을 내리고 계몽주의 시대가 열렸듯, 생성형 AI의 등장은 계몽주의 이후 가장 큰 지적 혁명을 일으킬 것이다. 인쇄술이 현대 인류의 사상을 풍부하게 했다면, AI 기술은 그 사상을 더욱 정교하게 다듬을 것이다."
- 헨리 키신저(Henry Kissinger), 에릭 슈밋(Eric Schmidt), 대니얼 후텐로커(Daniel Huttenlocher), "ChatGPT, 지적 혁명을 예고하다", 월스트리트저널(The Wall Street Journal), 2023년 2월 24일

2022년 11월, 미국의 OpenAI가 ChatGPT를 공개한 이후 생성형 인공지능에 대한 사회적 관심이 크게 고조되었다. 생성형 인공지능이 제공하는 혁신적인 서비스로 인해 일하는 방식이 변화하고 업무의 생산성이 향상될 수 있지만, 동시에 가짜뉴스나 음란물 생성, 저작권 침해 등 다양한 법적 문제가 대두되고 있다. 이 장에서는 생성형 인공지능의 주요 특징과 변화 동향, 그리고 관련 정책과 제도에 대해 살펴보고자 한다.

1   주요 특징과 변화 동향

1.1. 생성형 인공지능의 등장

생성형 인공지능Generative AI은 데이터를 학습하여 그 패턴을 이해하고, 이를 바탕으로 새로운 데이터를 생성할 수 있는 AI 시스템을 의미한다. 이 기술은 딥러닝Deep Learning의 발전과 대규모 데이터셋 및 하드웨어 성능의

향상에 힘입어 등장했다. 2000년대 중반, 심층 신경망의 안정적인 훈련이 가능해지면서 인공지능 연구의 주된 방향이 딥러닝으로 전환되었다. 이를 통해 이미지 인식, 음성 인식, 기계 번역 등 다양한 분야에서 혁신적인 성과가 나타났다.

2017년, 구글Google은 "Attention is All You Need"라는 논문을 통해 트랜스포머 모델Transformer Model을 발표했다. 이 모델은 기존의 순환 신경망RNN이나 장단기 메모리 네트워크LSTM와 달리, 병렬적으로 데이터를 처리할 수 있는 어텐션 메커니즘Attention Mechanism을 활용하여 더 빠르고 효율적으로 작동할 수 있었다. 이후 2018년, OpenAI는 GPTGenerative Pre-trained Transformer 모델을 발표하며 대규모 언어 모델Large Language Models, LLM의 잠재력을 보여주었다. GPT-2(2019)와 GPT-3(2020)가 차례로 발표되었으며, 특히 GPT-3는 1,750억 개의 매개변수를 사용하여 매우 높은 성능을 보여주었다.

1.2. 생성형 인공지능의 주요 특징

생성형 AI는 주어진 입력을 바탕으로 새로운 텍스트, 이미지, 오디오 등을 생성할 수 있다. 이 모델은 수십억 개의 매개변수를 활용하여 방대한 양의 데이터를 처리하고, 이를 통해 보다 정교한 결과물을 만들어낸다. 예를 들어, GPT 시리즈와 같은 모델은 자연어 처리를 통해 인간과 유사한 텍스트를 생성할 수 있으며, 이는 텍스트 작성이나 요약, 번역 등 다양한 언어 관련 작업에 널리 활용되고 있다. 특히 최근에는 텍스트나 이미지, 오디오 등을 동시에 처리할 수 있는 멀티모달multi-modal 학습이 가능해졌다. 데이터 유형에 따라 제공되는 정보는 다르지만, 멀티모달 학습에서는 데이터들이 상호작용하는 과정에서 추가적인 정보를 얻을 수 있어, 더 풍부하고 정확한 정보를 추출할 수 있다. 또한 음성과 텍스트를 결합한 인터페이스는 사용자가 보다 쉽게 명령을 내리고, 자연스러운 상호작용을 경험할 수 있도록 돕는다. 아울러 생성형 AI 모델은 인간의 개입 없이 자동으로 학습할 수 있으며, 글쓰기나 작곡, 게임 개발, 의료 진단, 생물학적 연구 등 다양한 분야에 적용될 수 있다는 점에서 특징적이다.

1.3. 생성형 인공지능의 발전 및 응용 현황

생성형 AI의 대표적인 응용 사례 중 하나는 컴퓨터가 인간의 언어를 이해하고 해석하기 위해 텍스트와 음성 데이터를 처리하는 자연어 처리Natural Language Processing 분야이다. 2021년 9월, 영국 일간지 가디언The Guardian에 OpenAI의 GPT-3가 작성한 칼럼이 게재되어 큰 반향을 일으켰다. 기존의 인공지능과 차원이 다른 규모의 막대한 컴퓨팅 자원과 데이터를 활용하는 초거대 인공지능Hyperscale AI 언어 모델인 GPT-3는 사전 학습을 토대로 새로운 텍스트를 생성한다는 점에서 주목받았다. 이후 2022년 11월 30일에 공개된 GPT-3.5 기반의 챗GPT는 출시된 지 2개월 만에 월간 사용자 수 1억 명을 돌파하며 초거대 인공지능 열풍의 주역이 되었고, 불과 4개월 만인 2023년 3월 14일에는 보다 향상된 기능의 GPT-4가 공개되었다. GPT-3.5가 미국 변호사 모의시험에서 하위 10%에 해당하는 성적을 받았던 반면, GPT-4는 상위 10%에 해당하는 성적을 기록하며 그 기술 수준이 크게 발전했다. 나아가 2024년 5월 14일에 공개된 GPT-4.o는 응답 속도와 효율성이 크게 향상되었고, 사용자의 감정을 인식하고 적절하게 반응할 수 있는 기능도 강화되었다. 특히, 이 모델은 텍스트뿐만 아니라 비전과 오디오 처리 기능이 추가되어 더욱 풍부한 멀티미디어 인터랙션Multimedia Interaction을 지원한다는 점에서 주목받고 있다.

생성형 AI는 이미지나 비디오 생성에서도 활발히 이용되고 있는데, 대표적인 예로 달리DALL-E와 미드저니Midjourney가 있다. 이 모델들은 텍스트 설명을 바탕으로 이미지를 생성할 수 있으며, 영화 산업에서 특수 효과를 만드는 데 사용되거나, 저해상도 이미지를 고해상도로 변환하거나, 이미지 스타일을 변경하는 작업에도 활용된다. 2024년에 발표된 OpenAI의 소라Sora는 사용자가 텍스트로 입력한 명령에 따라 비디오를 생성하는 '텍스트-투-비디오 모델text-to-video model'로 주목받고 있다. 또한 생성형 AI는 텍스트를 음성으로 변환하는 시스템Text-to-Speech으로도 활용되며, 특정 스타일이나 장르에 맞춰 새로운 음악을 작곡할 수 있다.

이 외에도 생성형 AI는 X-ray나 MRI와 같은 의료 이미지를 분석하여 질병을 진단하고, 새로운 약물을 설계하며, 그 효과를 예측하는 데에도 활용된다. 아울러 생성형 AI는 개인 맞춤형 학습 자료를 생성하고, 학생들의 질문에 실시간으로 답변하는 데 사용되면서 교육의 접근성과 효율성을 높이는 데 기여하고 있다.

▲ Jason M. Allen이 미드저니를 이용하여 생성한 Théâtre d'Opéra Spatial
(Weltraum- Opern-Theater).

▲ 소라(Sora)를 통해 생성된 영상물 이미지[1]

2 관련 정책과 제도

2.1. 미국

2018년 12월 21일, 미국 상원에서는 「악성 딥페이크 금지법Malicious Deep Fake Prohibition Act」이 발의되었다. 이 법안은 범죄나 불법행위를 조장할 목적으로 딥페이크를 제작·유포하는 행위를 처벌할 수 있는 법적 근거를 마련했다는 점에서 주목받았다. 2019년 6월 12일에는 미국 하원에서 「딥페이크 책임법DEEP FAKES Accountability Act」이 발의되었다. 이 법안은 딥페이크와 관련된 준수 사항을 설정하고, 위반 시 부과될 형사처벌 규정을 마련했을 뿐만 아니라, 딥페이크 제작자에게 해당 생성물에 디지털 워터마크를 부착하고 공개 요구 사항을 준수하도록 규정했다는 점이 특징적이다. 그러나 이 법안들은 회기 내에 표결이 이루어지지 못하고 폐기되었다.

개별 주 차원에서도 딥페이크 규제 입법이 이루어졌다. 버지니아 주는 2019년 7월 1일, 보복성 음란물에 딥페이크 영상이나 이미지를 포함시켜 처벌할 수 있도록 관련법을 개정하였다. 텍사스 주는 2019년 9월 1일, 선거 후보자를 비방하거나 선거 결과에 영향을 미칠 의도로 딥페이크 영상을 제작·배포하는 행위를 처벌할 수 있도록 「선거법」을 개정하였다. 이어서 2019년 9월 13일, 캘리포니아 주는 타인의 동의 없이 딥페이크 음란물을 만드는 행위를 금지하는 법안과 선거일 전 60일 이내에 모든 선거 후보자를 대상으로 악의적인 딥페이크 영상이나 오디오의 제작·배포를 금지하는 내용의 법안을 통과시켰다.

한편 2023년 10월 3일, 조 바이든Joe Biden 미국 대통령은 인공지능이 가져올 잠재적인 위협에 대처하기 위해 「인공지능의 안전·안심·신뢰할 수 있는 개발 및 사용에 관한 행정명령Executive Order on the Safe, Secure, and Trustworthy Development and Use of Artificial Intelligence」에 서명하였다. 이 명령은 총 12개 부분으로 구성되어 있는데, 머신러닝 등 AI의 훈련부터 개발, 생산, 서비스에 이르는 모든 분야에 대한 규제를 포함하고 있어 가장 포괄적인 조치로 평가된다. 특히, 이 명령은 AI의 안전 및 보안을 위한 지침이나 표준 및 모범 사례를 개발하도록 규정하고 있다. 국가 안보, 경제, 공중보건 등에 큰 영향을 미칠 수 있는 AI 모델의 경우, 개발 및 훈련 단계에서부터 정부에 통보해야 하며, 정부가 구성한 검증 전문가팀인 '레드팀Red Team'의 안전 테스트를 거친 후 그 결과를 정부에 보고해야 한다. 또한 이 명령은 중요 인프라 및 사이버 보안과 관련된 AI를 관리하고, CBRNChemical, Biological, Radiological and Nuclear과 같은 대량살상무기와 인공지능이 교차하는 지점에서 발생할 위험을 줄이기 위한 조치를 포함하고 있다. 아울러 딥페이크와 같은 합성 콘텐츠로 인한 위험을 감소시키기 위해 AI 시스템에 의해 생성된 합성 콘텐츠를 식별하고, 워터마킹 등을 통해 라벨을 지정할 수 있도록 규정하고 있다.

이 행정명령은 AI 기술이 빠르게 발전하고 상용화됨에 따라 그로 인한 사회적, 윤리적 문제를 선제적으로 관리하고, AI 기술이 안전하고 책임감 있게 사용되도록 보장하려는 미국 정부의 의지를 반영하고 있다. 또한 이 조치는 미국이 AI 규제와 정책 개발에 있어 글로벌 리더십을 확보하고, AI 기술의 잠재적 위험을 줄이는 동시에 혁신을 촉진하는 균형 잡힌 접근을 추구하는 중요한 사례로 평가받고 있다.

2.2. 유럽연합

AI 기술 경쟁력에서 미국이나 중국에 비해 상대적으로 뒤처져 있는 유럽연합EU은 2018년 4월 25일, '유럽을 위한 인공지능Artificial Intelligence for Europe' 전략을 발표한 이후 AI 기술 개발 및 활용을 위한 체계적인 규제 도입을 준비해왔다. 2021년 4월 21일, EU 집행위원회는 AI에 대한 최초의 종합적인 규제 프레임워크인 「인공지능법(안)Artificial Intelligence Act」을 제안했고, 2023년 6월 14일 유럽의회는 해당 법안의 수정안을 채택했다. 2023년 12월 9일에는 EU 집행위원회, 유럽의회, 유럽이사회가 이 법안의 최종본에 대해 잠정 합의하였으며, 2024년 2월 2일 상임대표위원회COREPER에서 EU 회원국들이 만장일치로 이를 승인했다. 같은 해 3월 13일, 이 법안은 유럽의회 본회의에서 압도적인 지지로 가결된 후, 유럽이사회의 최종 승인을 받았다.

「인공지능법」은 EU 역내에서 AI 시스템을 출시하거나 서비스를 제공하는 사업자들이 준수해야 할 규정을 명시하고 있으며, 인공지능의 위험 수준에 따라 차등적인 규제를 적용한다. 허용될 수 없는 위험을 가진 인공지능은 엄격히 금지되며, 고위험 인공지능에 대해서는 그 관리를 위한 엄격한 요구사항이 적용된다. 예를 들어, 의료, 교통, 법집행 등의 분야에서 사용되는 AI 시스템은 고위험으로 분류되어 추가적인 규제와 감시가 요구된다. 또한 챗봇이나 딥페이크와 같이 제한적 위험을 가진 인공지능에 대해서도 투명성 의무가 부과된다. 특히, 공중이 접근할 수 있는 공간에서 실시간 생체인식에 활용되는 AI 시스템은 금지된 위험으로 분류되지만, 초기 법안과 달리 최종 수정안에서는 법 집행 기관이 테러 공격과 같은 위협을 예방하거나 매우 심각한 범죄 혐의자를 수색하는 경우 예외가 인정될 수 있도록 규정하였다.

2022년 11월에 챗GPT가 출시된 이후, 생성형 AI의 규제 필요성이 급부상하였다. 이에 따라, 수정된 법안에서는 범용 인공지능General Purpose AI 모델에 대한 규정이 마련되었다. 텍스트나 이미지 및 비디오 생성, 자연어 대화, 코드 생성 등 광범위한 업무를 수행할 수 있는 대형 시스템인 기반 모델은 시장에 출시되기 전에 투명성 의무를 준수해야 하며, 해당 시스템이 AI라는 사실을 명확히 밝히고, AI가 생성한 콘텐츠에 라벨을 부착하도록 요구받는다. 또한 AI에 의해 생성된 콘텐츠는 EU 법률에 저촉되지 않아야 하며, 표현의 자유를 포함한 기본권을 침해하지 않아야 한다. 아울러 인공지능법은 대규모 언어모델의 학습 데이터셋에 저작권이 있는 자료의 사용을 원칙적으로 금지한다. 다만, 적법하게 접근 가능한 저작물에 대해서는 텍스트 및 데이터 마이닝 목적으로 복제나 추출이 허용되며, 이 경우 AI가 학습한 데이터의 주요 내용을 공개해야 한다. 이는 저작권 보호와 AI 기술 발전 간의 균형을 맞추기 위한 조치로 평가된다.

EU 인공지능법은 전 세계 최초로 도입된 포괄적인 AI 규제법으로, 인공지능 기술의 발전과 함께 발생하는 윤리적, 사회적, 법적 문제를 체계적으로 관리하려는 시도로 평가받고 있다. 이 법은 AI의 잠재적 위험을 관리하는 데 중점을 두며, 특히 고위험 AI 시스템에 대한 엄격한 규제를 통해 공공의 안전과 권리를 보호하는 것을 목표로 한다. 이 법은 AI 기술의 혁신을 저해하지 않으면서도 그 위험을 효과적으로 통제할 수 있도록 균형을 맞추려는 노력이 반영되었다는 측면에서 긍정적으로 평가된다. AI 기술의 발전을 촉진하면서도 투명성, 책임성, 안전성을 강화하는 규제를 통해, AI 기술이 사회적으로 신뢰받을 수 있는 환경을 조성하고자 한다는 점에서 의미가 큰 것이다. 그러나 이 법에 대해서는 지나치게 엄격하여 AI 기술의 발전을 저해할 수 있다는 비판이 제기된다. 특히, 중소기업이나 스타트업이 법적 요구사항을 충족하는 데 어려움을 겪을 수 있고, AI 기술 개발 속도에 비해 규제가 너무 빠르게 도입되었다는 평가가 내려지는바, 글로벌 AI 시장에서 EU가 경쟁력을 잃을 수 있다는 우려의 목소리가 나오고 있는 것이다. 요컨대, EU 인공지능법은 AI 기술의 윤리적 사용과 사회적 수용성을 높이는 중요한 첫걸음으로 평가되지만, 앞으로 이 법이 AI 혁신과 경제적 성장을 얼마나 잘 조화시킬 수 있을지는 지속적인 평가와 조정이 필요한 과제로 남아 있다.

2.3. 중국

딥페이크로 인한 사회적 문제가 커지는 가운데, 중국의 국가인터넷정보국, 산업정보기술부, 공안부는 2022년 11월 25일에 공동으로 「인터넷 정보서비스 심층합성 관리 규정(互联网信息服务深度合成管理规定)」을 발표하였고, 이는 2023년 1월 10일부터 발효되었다. 이 규정은 중국 내에서 딥페이크 기술을 적용한 인터넷 정보서비스를 제공하는 경우에 적용되며(인터넷 정보서비스 심층합성 관리 규정 제2조), 딥페이크 서비스 제공자의 책임과 의무를 명시하고 있다(제6조 내지 제13조). 특히, 이 규정은 딥페이크 기술을 이용해 불법 콘텐츠나 가짜뉴스를 생성하고 유포하는 행위를 금지하고 있으며, 개인과 조직 모두에게 이를 준수할 책임을 부과하고 있다(제6조). 또한 이 규정은 개인정보 보호를 강조하고(제14조, 제15조), 공중의 혼동이나 오인을 유발할 수 있는 딥페이크 콘텐츠의 경우, 생성 또는 편집된 콘텐츠에 워터마크를 삽입하여 딥페이크임을 명확히 인지할 수 있도록 해야 한다고 규정하고 있다(제17조). 아울러 딥페이크 서비스 제공자는 딥페이크 콘텐츠가 무분별하게 유포 또는 재생산되지 않도록 원본 콘텐츠를 추적할 수 있는 로그 기록을 보관해야 하며(제16조), 기술적 조치를 삭제하거나 변조하는 행위도 금지된다(제18조).

2023년 4월 11일에는 국가인터넷정보국이 '생성형 인공지능 서비스 운영에 관한 조치 초안'을 공개했고, 일정 기간 의견수렴을 거친 후, 2023년 7월 13일 「생성형 인공지능 서비스 관리에 관한 잠정조치(生成式人工智能服務管理暫行办法)」를 발표하여 같은 해 8월 15일부터 시행에 들어갔다. 이 조치는 생성형 AI를 규제한 세계 최초의 법제로 평가되며, 생성형 AI의 건전한 발전과 표준화, 국가안보와 공공의 이익 및 권익 보호를 목표로 하고 있다. 해당 조치는 텍스트, 이미지, 음성, 동영상 등 다양한 콘텐츠를 제작하는 생성형 AI 기술 전반에 적용되며, 중국 내에서 서비스되는 생성형 AI의 훈련, 배포, 이용 전 과정에 대한 관리 감독 체계를 규정하고 있다. 또한 AI 기술 개발 촉진과 보안 평가, 데이터 훈련 및 라벨링, 콘텐츠 관리, 차별 금지, 개인정보 보호 등과 관련된 의무 사항도 포함하고 있다. 무엇보다 이 조치는 AI 훈련에 사용되는 데이터의 출처와 안전성을 철저히 관리하고, AI가 생성하는 콘텐츠가 사회적, 법적 기준을 준수하도록 하는 것이 핵심이다.

중국의 인공지능 관련 법제는 빠르게 발전하는 AI 기술에 대응하기 위해 마련된 법적 장치로서 딥페이크 및 생성형 인공지능에 대한 규제가 중심을 이루고 있다. 중국의 이러한 접근은 AI 기술로 인한 사회적 문제를 신속히 해결하려는 시도로 평가받고 있으며, 이는 다른 국가들에 비해 상대적으로 빠른 입법 속도를 보여준다. 반면, 중국의 규제 체계는 정부의 강력한 통제 하에 있기 때문에 표현의 자유와 같은 기본권이 침해될 수 있다는 우려도 제기된다. 특히, AI를 통한 개인정보 보호와 관련된 규제 강화는 긍정적으로 평가받을 수 있지만, 동시에 정부가 이를 통해 사회 전반에 대한 감시를 강화할 수 있다는 비판이 존재하는 것이다. 요컨대, 중국의 인공지능 법제는 기술 발전에 발맞춘 규제의 필요성과 공공의 안전을 강조하면서도,

그 규제의 범위와 적용 방식에 있어서 균형을 찾는 것이 중요한 과제로 남아 있다.

2.4. 우리나라

딥페이크 성착취물에 대응하기 위해 2020년 3월 24일, 「성폭력범죄의 처벌 등에 관한 특례법」이 개정되어 2020년 6월 25일부터 시행되었다. 이 법 개정 당시 입법자들은 AI 기술의 발전으로 인해 딥페이크 성착취물로 인한 피해가 증가하고 있음에도 불구하고, 이를 처벌할 수 있는 규정이 미비하다는 점에 주목했다. 이에 따라, 반포 등을 목적으로 사람의 얼굴, 신체, 음성을 대상으로 한 촬영물, 영상물, 음성물을 해당자의 의사에 반하여 성적 욕망이나 수치심을 유발할 수 있는 형태로 편집, 합성, 가공한 자와 이러한 편집물이나 복제물을 반포한 자 등에 대한 처벌 규정이 마련되었다 (성폭력범죄의 처벌 등에 관한 특례법 제14조의2 제1항, 제2항). 특히, 영리를 목적으로 정보통신망을 이용하여 이러한 죄를 범한 경우에는 가중 처벌이 이루어진다(동조 제3항). 또한 2020년 5월 19일에 단행된 개정에서는 상습범에 대한 가중처벌 규정이 신설되었다(동조 제4항).

다음으로, 가짜뉴스를 통해 타인이나 사자의 명예가 훼손된 경우에는 현행 「형법」이나 「정보통신망 이용촉진 및 정보보호 등에 관한 법률」이 적용될 수 있다. 선거 국면에서 허위사실을 유포한 경우에는 「공직선거법」상 처벌 규정이 적용될 수 있다. 제20대 국회에서는 가짜정보를 명확히 규정하고 유통을 방지하기 위해 정보통신서비스 제공자에게 이러한 정보의 삭제 절차를 마련하게 하는 등 가짜정보의 유통을 효과적으로 방지하고, 정보통신망을 건전하고 안전하게 이용할 수 있는 환경을 조성하고자 「가짜정보 유통 방지에 관한 법률안」(의안번호 제2012927호)이 발의되었으나, 해당 법안은 임기 만료로 폐기되었다. AI를 이용한 가짜뉴스는 딥페이크 이미지나 영상이 활용되며, 텍스트 작성이 용이하다는 점에서 질적·양적으로 심각한 문제를 야기할 수 있으나, 이러한 특성을 고려한 입법적 조치는 아직 이루어지지 않고 있다.

한편 2024년 5월 임기가 만료된 제21대 국회에서는 인공지능 관련 법률안이 총 13건 발의되었다. 특히 2023년 2월 14일, 국회 과학기술정보방송통신위원회는 인공지능 관련 7개의 법률안을 통합하여 「인공지능산업 육성 및 신뢰 기반 조성 등에 관한 법률안」을 제출하기로 하였다. 이 법안의 핵심은 ① 인공지능 산업 육성, ② 신뢰 기반 조성, ③ 고위험 영역의 인공지능 규제, ④ 사업자의 책무 등으로 구성되었다. 그러나 '우선 허용, 사후 규제' 원칙을 명시한 이 법안에 대해 일부 시민단체가 비판을 제기했고, 국회내 후속 논의가 제대로 진척되지 않은 탓에 해당 법안들은 모두 임기 만료로 폐기되었다.

2024년 7월 기준, 제22대 국회에서도 총 6건의 인공지능 관련 법률안이 발의되었으나, 아직 본격적인 논의가 이루어지지 않고 있다. 우리나라의 경우, 인공지능의 혁신을 촉진하면서도 사회적·윤리적 문제를 해결할 수 있는 균형 잡힌 법제도가 필요하다. 이러한 법제도는 인공지능 기술이 가져올 다양한 영향을 고려하여 포괄적이고 지속 가능한 방식으로 구축되어야 할 것이다. 따라서 향후 정부와 국회는 인공지능 기술의 급속한 발전에 발맞춰 공공의 안전과 권리를 보호하면서도 기술 혁신을 지원할 수 있는 법률 체계를 마련하는 데 더욱 힘써야 할 것이다.

3 평가와 전망

생성형 AI 기술의 발전은 정보 생성과 유통 방식을 근본적으로 변화시키고 있으며, 이로 인해 사회적·법적 쟁점이 부각되고 있다. 2018년 4월, 미국의 온라인 매체 버즈피드BuzzFeed는 버락 오바마 전 대통령이 도널드 트럼프 당시 대통령을 향해 독설을 내뱉는 딥페이크Deepfake 영상을 공개하면서, 인공지능을 이용한 가짜뉴스가 심각한 문제를 초래할 수 있다고 경고했다. 그로부터 약 6년이 지난 지금, 인공지능을 이용한 가짜뉴스의 확산 우려는 현실이 되었다. 특히, 생성형 AI의 등장으로 진위를 구분하기 어려운 가짜뉴스가 손쉽게 제작되고, 해당 콘텐츠는 소셜 미디어를 통해 빠르게 전파되고 있다. 예를 들어, 2023년 3월 도널드 트럼프 전 대통령의 체포 및 복역 사진이 SNS를 통해 확산되었는데, 다행히 이 사진들이 AI로 제작된 가짜 이미지라는 사실은 신속히 확인되었다.

▲ 엘리엇 히긴스(Eliot Higgins) 트위터 캡처

뒤이어 2023년 5월에는 생성형 AI로 제작된 미국 펜타곤 폭발 사진이 유포되었고, 신뢰도 높은 트위터 계정들에 의해 해당 이미지가 공유되면서 그 진위가 확인되기도 전에 미국 증시가 일시적으로 하락하고, 미국 국채와 금 가격이 급등하는 등 금융시장에 영향을 미쳤다. 현재 생성형 AI는 텍스트만 입력해도 이미지뿐만 아니라 영상까지 제작할 수 있는 수준으로 발전했다. 만약 생생한 가짜뉴스 영상이 유포된다면, 정적인 사진에 비해 그 파장은 훨씬 더 클 것으로 전망된다.

▲ AI-Generated Fake Image/Twitter, "'Verified' Twitter accounts share fake image of 'explosion' near Pentagon, causing confusion", CNN 2023년 5월 23일자,
https://edition.cnn.com/2023/05/22/tech/twitter-fake-image-pentagon-explosion/index.html

생성형 AI와 관련해 제기되는 법적 쟁점으로는 딥페이크 성착취물, 가짜뉴스, 피싱 등 사이버범죄, 사생활 침해, 개인정보 유출 등이 있다. 상당수의 법익 침해 유형에 대해서는 이미 형벌 규정이 마련되어 있지만, 딥페이크 가짜뉴스의 경우 형사법적 처벌이 어려운 상황이다. 그러나 모든 문제 상황을 형사법적 대응 방식으로 해결하는 것은 적절하지 않다. 형법의 보충성 원칙[2]이나 최후 수단성에 대해서 논하지 않더라도, 성급한 규제는 신기술의 발전과 관련 산업의 육성을 저해할 수 있다는 측면에서 신중한 논의가 필요하다.

이에 생성형 AI와 관련하여 이미 발생했거나 발생이 예측되는 문제 상황 중에서 위험성이 높은 행위부터 부분적·단계적으로 규제하는 방안이 필요하고, 이 과정에서 AI 서비스 제공자와 이용자를 구별하여 규제가 이루어져야 한다는 의견이 제시되고 있다. 예를 들어, 이용자가 생성형 AI를 범죄에 악용하는 행위는 금지되는데, 딥페이크 성착취물의 제작·유포나 타인의 명예를 훼손하거나 모욕하는 딥페이크 영상의 제작·유포는 현행법상 처벌될 수 있다. 한편 AI 서비스 제공자는 이용자가 어떤 목적으로 시스템을 이용하는지 사전에 파악하여 통제하기가 어렵다. 이에 따라 AI 시스템에 대한 투명성 의무를 규정할 필요가 있으며, AI를 통해 생성된 콘텐츠에 워터마크를 부착하고, 이를 위반할 경우 행정적 제재를 부과하는 방안 등을 고려할 수 있다.

▲ 영화 그녀(Her) 공식포스터, Warner Bros. Pictures

요컨대, 생성형 AI 기술의 발전은 인간의 삶을 보다 편리하고 풍요롭게 만들 수 있지만, 동시에 심각한 법적·사회적 문제를 초래할 수 있다. 이를 해결하기 위해서는 기술 혁신을 촉진하면서도, 이러한 문제들을 효과적으로 규제할 수 있는 균형 잡힌 법적 프레임워크가 필요하다. 이를 위해 정부, 법조계, 기술 개발자, 시민사회가 협력하여 AI 기술이 긍정적인 방향으로 활용될 수 있도록 지속적인 논의와 조정을 해나가야 한다.

4 학습 과제

4.1. 생성형 인공지능의 긍정적 기능과 부정적 기능에 대해 논하시오.

4.2. 인공지능과 같은 첨단기술의 수준이 국가경쟁력을 좌우하고 있는 지금, 우리나라가 생성형 인공지능 관련 기술 개발과 규제 정책을 어떤 방향으로 수립하고 추진해야 할지 논하시오.

4.3. 현행 저작권법은 저작권의 대상을 '인간의 사상 또는 감정을 표현한 창작물'로 규정하고 있어서 인공지능의 경우 창작물에 대한 저작권자로 인정되지 않는다. 생성형 인공지능의 기술 발전을 고려할 때, AI를 활용한 결과물에 대한 저작권 문제를 어떻게 다루어야 할지 논하시오.

4.4. 생성형 인공지능을 이용한 가짜뉴스나 음란물 제작 등으로 발생하는 사회적 문제에 대해 어떻게 대응해야 할지 논하시오.

4.5. 2021년 4월 21일 제안된 유럽연합의 인공지능법EU AI Act이 2024년 5월 21일 최종 승인된 후, 같은 해 6월 말부터 27개 회원국 내에서 정식 발효되었다. 이 법의 주요 특징을 파악하고, 우리나라에 주는 시사점에 대해 논하시오.

5 더 읽어볼 만한 자료

제리 카플란, 정미진 옮김, 「제리 카플란 생성형 AI는 어떤 미래를 만드는가」, 한스미디어(2024)

인공지능의 역사를 비롯해 생성형 AI란 무엇인가, 생성형 AI는 무엇을 바꾸는가, 생성형 AI가 만드는 노동의 미래, 예상되는 위험들, 생성형 AI의 법적 지위, 규제와 공공 정책 및 글로벌 경쟁, 인공지능의 철학적 문제와 시사점, 그리고 생성형 AI의 미래에 대해 다룬 단행본이다.

김대식, 「챗GPT에게 묻는 인류의 미래」, 동아시아(2023)

이 책은 생성형 인공지능 시대에 필요한 새로운 커뮤니케이션 기술, 즉 'AI와 대화하는 기술'의 중요성을 직관적으로 보여준다. '인간 대 기계'의 대립적 관점에서 벗어나, 기계를 어떻게 효과적으로 활용해 인간 지성의 지평을 넓혀나갈 수 있는지를 탐구하는 단행본이다.

Anand Vemula, 「Generative AI Law: Navigating Legal Frontiers in Artificial Intelligence」, Independently Published(2024)

이 전자책은 생성형 인공지능의 급성장 속에서 등장한 복잡한 법적 환경과 AI 시스템의 윤리적·규제적 측면을 다루고 있다. 의료 진단, 재무 위험 관리, 미디어 콘텐츠 제작, 교육 도구 등 다양한 사례를 통해 생성형 AI가 어떻게 적용되는지 탐구하며, 법적 경계와 윤리적 문제를 이해하는 데 도움이 되는 영문 자료이다.

▲ 빅데이터[1]

"우리의 온라인 활동에서 나오는 데이터가 그냥 사라지진 않는다. 우리의 디지털 흔적
들을 모으고 분석하면 매년 1조 달러 규모의 산업이 된다. 우린 이제 원자재가 된 것
이다. 그럼에도 불구하고, 누구도 이용 조건을 읽어보려고 하지 않는다."
                        - 다큐멘터리 〈The Great Hack〉에서 파슨스 디자인 스쿨의 David Carroll 교수 -

현재 우리가 살고 있는 사회를 정보화 사회라고 한다. 정보화 사회의 바
탕은 당연히 정보통신기술을 통해 습득한 대량의 정보이다. 특히 개인정보
는 이른바 빅데이터라는 명칭으로 많이 수집되고 활용되고 있다. 그러다보
니 정보화의 시대의 부작용으로서 정보를 활용하기 위해 수집한 개인정보
와 프라이버시 침해 문제가 본격화되기 시작했다. 따라서 이에 대한 법과
제도적 장치의 필요성이 대두되고 이러한 현상은 우리뿐만 아니라 세계적
인 추세이다. 본 강에서는 빅데이터가 우리 사회에서 어떻게 활용되고 있으
며 얼마나 유용한지에 다루고자 한다. 또한 이에 따른 부작용으로서 개인정
보 문제에 대해서도 같이 고민해 보고자 한다.

1.1. 빅데이터란 무엇인가?

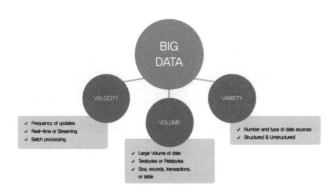

▲ 빅데이터의 구성요소[2]

아마도 한번쯤은 '빅데이터'라는 용어를 들어보았을 것이다. 빅데이터란, 쉽게 말하면 글자 그대로 큰 규모의 데이터를 의미한다. 그래서 기존의 관리 및 분석체계로는 감당할 수 없을 정도의 거대한 데이터의 집합이고 이러한 대량의 데이터로부터 가치를 추출하고 결과를 분석하는 기술을 빅데이터 기술이라고 한다. 빅데이터는 보통 3V로 언급되는 규모Volume, 다양성 Variety, 속도Velocity라는 최소한 3가지의 구성요소를 갖춰야 한다.

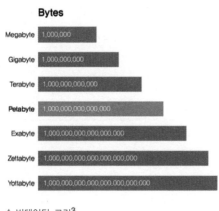

▲ 빅데이터 크기[3]

데이터 크기와 관련하여 우리가 익히 알고 있는 것은 크기는 GB(기가바이트)이다. 이는 우리가 주로 사용하는 대부분의 컴퓨터나 휴대폰의 저장 크기이다. GB(기가바이트)의 다음 단위가 TB(테라바이트)이며 그리고 1024TB(테라바이트)는 1PB(페타바이트)가 된다. 빅데이터란 현재 페타바이트 단위를 의미한다.

빅데이터라는 용어는 2000년대 초 천문학과 게놈 연구 분야에서 거대한 규모의 데이터를 처리하기 위해 엔지니어들이 컴퓨터 메모리와 데이트베이스 등을 활용하여 빅데이터 기술을 개발해내면서 시작되었다. 이후 최근에는 인터넷 기업을 중심으로 처리하는 데이터의 양이 무섭게 증가하고 있다. 예를 들어 유튜브(Youtube)나 페이스북(Facebook)을 비롯해서 국내의 네이버나 카카오톡과 같이 우리가 일상 속에서 사용하는 모든 것들이 전부 데이터를 통해서 이루어지고 또 데이터로 저장되고 있다.

특히 4차산업혁명으로 불리울 만큼 급변하는 현 상황에서 IT영역은 우리의 삶의 방식을 매우 빠르게 바꾸고 있다. IT 기술에 힘입어 우리사회가 매우 빠르게 디지털화로 재편되고 있는 것이다. 실지로 지금 우리 삶의 모든 곳에 디지털 데이터가 존재하고 있다. 예를 들어 통화내역, 신용카드 거래, 대중교통 이용, 맛집이나 지도 검색 등 우리 일상생활에서의 모든 활동들이 디지털 데이터로 저장된다. 여기에 우리가 빅데이터에 주목해야 하는 이유가 존재한다. 이러한 데이터는 사람들이 무엇을 원하고 어떤 것을 이용하는가에 대한 정보가 모두 담겨 있어 상품이나 정책을 만들기 위한 기업이나 정부입장에서는 빅데이터 활용이 선택이 아닌 필수가 되었다. 이렇게 빅데이터가 다양한 가치를 창출하기 시작하면서 정보는 '21세기 원유'에 비유되기 시작했다.

1.2. 빅데이터는 우리 생활에서 어떻게 활용되는가?

1.2.1. 정책 분야 : 서울시 심야버스 노선도 - 올빼미 버스 9개 노선

▲ 올빼미 버스 9개 노선[4]

▲ 버스노선 도출 기반 빅데이터[5]

　2013년 개통한 서울시 심야버스 노선은 빅데이터를 분석한 결과에 의해 만들어진 것이다. 먼저 심야 시간대의 통화량을 파악하여 서울 각 지역의 유동인구 밀집도를 분석한다. 이렇게 도출된 유동인구를 기반으로 최적의 노선을 도출하고 이 노선을 기준으로 또 다시 유동인구를 파악하여 배차간격을 조정한다. 이렇게 탄생한 올빼미 버스는 현재 하루 1,000명 이상의 승객들을 맞이하고 있다.

1.2.2. 정치 분야 : 2012년 미국 대통령 선거 - 버락 오바마 후보 선거전략

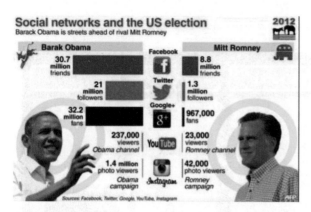

▲ SNS와 미국 선거 6

2012년 미국 대통령 선거에서 버락 오바마 후보는 빅데이터를 활용한 맞춤형 선거전략을 구사했다. 당시 선거캠프에서는 인종, 종교, 연령, 소비수준, 학력 등과 같은 인적사항을 바탕으로 유권자를 분류하고 이에 과거 투표 여부, 구독 잡지 심지어 좋아하는 음료 등 유권자의 성향까지 SNS 등을 통해 파악했다. 이렇게 수집된 데이터를 바탕으로 오바마 캠프는 유권자의 성향 분석과 선거 예측을 해 나갔고 이를 바탕으로 '유권자 지도'를 작성하여 맞춤형 선거 전략을 전개해 나갔다.

1.2.3. 스포츠 분야 : 2014년 FIFA 월드컵에서 독일우승

▲ 독일 축구선수의 빅데이터 7

2014년 브라질에서 개최된 FIFA 월드컵에서 독일은 브라질(7:0)과 아르헨티나(1:0)를 꺾고 우승했다. 당시 독일은 무패행진으로 우승을 차지했는데 그 배경에는 '빅데이터'가 있었다. 독일 대표팀은 이미 훈련 때부터 양쪽 무릎과 어깨 등 모두 4개의 센서를 부착하고, 골키퍼는 양쪽 손에 1개씩을 더해 6개의 센서를 달고 훈련했다. 각 센서를 통해 선수 1명당 1분에 4만8000개의 정보를 수집하여, 전·후반 경기 총 90분간 432만 개의 데이터가 축적되었고 이 정보들은 중앙 서버를 통해 분석되어 그 결과들은 감독·코치·선수의 태블릿PC에 전송되었다. 이렇게 전송된 데이터를 통해 예를 들어 어느 선수가 왼발로 경기하는 것이 더 유리하고, 어떤 선수가 더 정지 상태에서 패스 성공률이나 슈팅 성공률 등이 높은지를 분석할 수 있었다.

1.2.4. 경제 분야 : 마케팅 및 상품 개발

▲ 스타벅스의 빅데이터 분석[8]

스타벅스커피 코리아가 500만명 이상의 회원 대상으로 2019년 한 해 동안 연령대별 음료 선호도 빅데이터를 분석 발표한 바 있다. 이러한 연령대별 선호도를 통해 새로운 상품 개발과 마케팅에 맞춤형으로 활용될 예정이다. 아울러 스타벅스 매장 역시 빅데이터를 활용한 상권분석을 통해서 개장되고 있다.

1.2.5. 경제 분야 : 상권분석

SK텔레콤이 만든 지오비전은 전국의 유동인구를 5분 단위로 분석하고 확인할 수 있는 국내 유일의 최대 수준의 빅데이터 분석 서비스로, 휴대전화와 기지국 사이에서 오간 통신 데이터를 바탕으로 상권분석과 같은 공간데이터 분석에 활용되고 있다. 최근에는 유동인구 데이터를 기반으로 경찰청과 협력하여 방범순찰 서비스에도 지원하는 등 다양한 분야로 그 영역을 넓히고 있다.

▲ 빅데이터 활용 상권분석[9]

1.2.6. 그 밖의 사례들

① 이야기

미국 월마트는 허리케인 기간에 사람들이 손전등과 맥주 및 과자 구매를 평소보다 더 많이 한다는 데이터 분석을 토대로 허리케인 예보가 있을 때 상품의 진열을 바꿔 더 많은 판매 수익을 올렸다.

② 이야기

독일 연방노동청은 고용주가 원하는 자격, 구직자의 이력, 실업 수당 신청자의 신상 등의 데이터를 분석하여 맞춤형 일자리를 소개하여 실업자의 구직기간을 대폭 감소할 수 있었고 이로 인해 3년간 100억 유로의 실업수당을 절감할 수 있었다.

③ 이야기

2020년 8월 코로나19 위기 상황에서 의류 온라인 쇼핑몰을 시작한 A는 오히려 빅데이터 컨설팅을 받은 덕에 1,300만원이었던 월 매출을 2억원으로 빠르게 늘릴 수 있었다. 빅데이터를 기반으로 마케팅한 결과 시행착오를 겪지 않고 상품 콘셉트에 맞는 고객을 모을 수 있었기 때문이었다.

4 이야기

OECD는 위치데이터를 활용하여 교통 혼잡과 우회로 등을 알려주는 시스템을 사용하게 되면 연료와 시간이 절약될 뿐만 아니라 CO_2배출량 또한 3억8천톤 절감되는 효과를 얻을 수 있다고 보고했다.

5 이야기

2013년 6월 영국 옥스퍼드대학은 수천만 환자의 MRI 촬영기록, 260억개의 DNA 정보 등의 빅데이터를 활용하면 세계적인 현안인 알츠하이머 치료에 보다 나은 해결책을 모색할 수 있다고 밝혔다.

6 이야기

제주시는 노인들의 대중교통 편의를 위해 버스 정류장 증설을 계획했다. 그동안 제주시의 버스 정류장 간격이 넓어 노인층은 힘들게 먼 거리를 걸어야 대중교통을 이용할 수 있었기 때문에 불편함이 많았기 때문이었다. 이에 SKT는 버스 정류장에서 500m 이상 떨어진 어르신들의 거주지역, 이동 경로 등을 분석해 최적의 신설 버스 정류장 위치를 찾았다.

1.3. 빅데이터와 빅브라더 그리고 개인정보

1.3.1 빅브라더 사회

빅데이터 활성화가 꼭 장밋빛 미래만을 제시하는 것은 아니다. 오히려 굉장히 위험한 상황을 초래할 수 있다. 빅브라더의 등장이 그것이다.

영국의 작가 조지 오웰의 소설 '1984년'에 등장하는 독재자 빅브라더로부터 유래된 용어로서 현재 빅브라더는 정보의 독점을 통해 권력자들이 행하는 사회통제의 수단을 의미한다.

▲ 빅브라더가 당신을 지켜보고 있다[10]

정보가 곧 권력이 되는 빅데이터 시대에는 빅브라더는 언제든지 나타날 수 있다. 특히 빅데이터 산업은 그 특성상 대기업이나 국가에게 유리한 산업이다. 이들의 통제하에 무분별한 개인에 대한 감시와 사생활에 대한 침해가 가능해진다.

▲ 프리즘 – 대규모 감시체계 프로그램 11

2007년 9월, 미국의 조지 W. 부시 전 대통령은 미국 보안법에 의거해 프리즘(PRISM)이라는 국가안보국(NSA)의 대규모 국내외 감시 체계가 출범시켰다. 당시에는 잠재적인 테러 공격을 방지하기 위한 시스템이라는 명분을 내세웠지만 실제로는 프리즘(PRISM)을 통해 미국 정보기관들은 시민들의 개인정보를 무차별적으로 수집하고 있었고 이러한 사실은 전직 요원이었던 에드워드 스노든에 의해 폭로되었다. 그 유명한 스노든 사건의 전말이었다. 영국에서도 대테러 방지 명목으로 CCTV뿐만 아니라 온라인상에서 무분별하게 개인정보를 수집한 것으로 드러났다.

▲ 에드워드 스노든 사건 12

심지어 개인정보와 관련해서 가장 민감한 국가 중의 하나인 독일에서 조차도 범죄 수사용 감시 소프트웨어인 트로이 목마라는 바이러스를 이용해 수사 당국이 스마트폰 메신저도 도청한 사실이 폭로되었다.

▲ 독일 개인정보 수집 프로그램 – 트로이목마13

이와 같은 사례들을 보았을 때 빅데이터 사회는 그대로 빅브라더 사회로 연결될 수 있는 가능성이 매우 크다고 볼 수 있다. 왜냐하면 지능정보통신기술의 전면적 활용은 필연적으로 방대한 데이터를 기반으로 하고 있고, 여기에는 필연적으로 개인정보도 포함되기 때문이다.

특히 국가권력이나 경제권력이 이러한 빅데이터를 악용한다면 빅데이터가 인간 생활에 주는 많은 편익에도 불구하고 현대판 '판옵티콘Panopticon'을 탄생시킬 수도 있다.

▲ 판옵티콘 – 모두를 본다14

판옵티콘은 그리스어로 '모두pa'를 '본다opticon'는 의미로 영국의 철학자인 제르미 벤담Jeremy Bentham이 1791년 설계한 감옥이다. 이 감옥은 중앙에 높은 탑을 세우고, 그 주위에 죄수들의 방을 배치하도록 설계되었다. 중앙의 감시탑은 늘 어둡게 하고, 죄수의 방은 밝게 해 중앙에 있는 감시자의 시선이 어디를 향하는지 알 수 없게 만들어 죄수들이 스스로 늘 감시받고 있다는 느낌을 갖게 함으로써 감시를 내면화하게 된다는 것이다. 프랑스의 철학자 미셸 푸코Michel Foucault가 1975년 저서 《감시와 처벌Discipline and Punish》에서 현대의 컴퓨터 통신망과 데이터베이스가 마치 '판옵티콘'처럼 개인을 감시하고 통제한다고 지적하면서 더 유명해지게 되었다.

1.3.2. 개인정보란 무엇인가?

개인정보란 "살아 있는 개인에 관한 정보로서 성명, 주민등록번호 및 영상 등을 통하여 개인을 알아볼 수 있는 정보(해당 정보만으로는 특정 개인을 알아볼 수 없더라도 다른 정보와 쉽게 결합하여 알아볼 수 있는 것을 포함한다)"를 말한다(개인정보보호법 제2조 제1항). 이는 개인정보에 대한 보편적 정의이며 현재 널리 이용되는 다양한 정보통신 서비스에서는 개인 신상정보뿐만 아니라 특정개인을 알 수 있는 문자나 음성 및 영상 등의 정보도 개인정보 범주에 포함된다. 또 이러한 식별정보와 개인의 위치정보를 결합하여 특정 주체를 식별할 수 있는 범위까지도 확장하여 이를 개인정보로 정의하고 있다.

▲ 개인정보 개념[15]

정보주체의 입장에서 개인정보의 보호는 "자신에 관한 정보의 생성, 유통, 소멸 등에 주도적으로 관여하는 법적 지위를 보장하는 것"으로 이해할 수 있다. 이에 따라 정보주체가 자신에 관한 정보를 타인에게 알릴 것인지, 알린다면 언제, 어떠한 방식으로, 어느 정도 범위에서 할 것인가 등에 대하여 본인 스스로가 결정할 수 있어야 한다.

이처럼 개인정보자기결정권은 정보주체가 개인정보 처리에 있어서의 자신의 자율적인 통제력을 확보하기 위한 것이다. 오늘날 개인정보자기결정권의 개념은 지능정보사회에서 인간 존엄성과 자율성을 확보함에 있어서 매우 중요한 역할을 한다.

정보의 자기통제권을 보장하는 것은 "정보주체가 자신에 대한 정보를 소유한 것처럼 통제"한다는 의미로 본다면 개인정보자기결정권은 소유권적 성격을 가진다고 할 수 있다. 이는 생명권과 같은 절대권이기보다는 정보주체의 의무와 공익적 책임이 부과되는 상대적 권리로서의 성격을 가지며, 표현의 자유 및 알권리(정보공유권) 등을 위해 제약될 수 있는 권리인 것이다.

국내 헌법학자들은 헌법 제17조의 규정, 즉 "모든 국민은 사생활의 비밀과 자유를 침해받지 아니한다."를 전단과 후단으로 나누어 전단의 비밀침해 배제는 프라이버시권을, 후단의 자유침해 배제는 개인정보자기결정권을 각각 보장하는 논거로 설명하기도 한다. 한편, 우리 헌법재판소는 개인정보자기결정권을 "자신에 관한 정보가 언제 누구에게 어느 범위까지 알려지고 또 이용되도록 할 것인지를 그 정보주체가 스스로 결정할 수 있는 권리"로 정의한 바 있다.

유럽차원서 개인정보보호를 구체적 언급한 규범으로는 EU기본권헌장The Charter of Fundamental Rights of the European Union 제8조를 들 수 있다. EU기본권헌장 제8조는 제1항에서 "모든 사람은 자신과 관련된 모든 개인정보를 보호받을 권리를 가진다.", 제2항에서는 "그 정보는 특정한 목적을 위하여, 관계인의 동의에 근거하거나 법률에 규정된 적법한 근거에 따라서 공정하게 처리되어야 한다."고 하고 있는바, 즉, 제1항에서 정보주체가 정보보호를 받을 권리를 규정하고, 제2항은 이러한 권리보장을 위한 내용을 명시하고 있다.

▲ 게슈타포(Gestapo)[16]   [17]

슈타지(Stasi·동독국보부)가
존재하던 DDR 시기의 동베를린
비즐러는 슈타지로 사상 불순분자들을 색출해내는 일을
담당하던 이였다. 문화부 장관의 지시로 극작가 드라이만을
감시하게 되면서 이야기가 시작된다.

▲ 슈타지의 마크[18]

▲ 동독 비밀경찰 슈타지

영화 《타인의 삶》(독일어: Das Leben der Anderen)은 1986년 동독정부의
비밀경찰인 슈타지에 의해 자행된 비인간적이고 억압적인 인권탄압의 실상
을 고발하는 영화로 2006년 개봉 이후 독일 영화제에서 11개 부분에 걸쳐
수상 후보에 올라 총 7개 부분에서 수상한 대표적인 독일영화 중의 하나이
다. 이 영화에서 주인공인 비밀경찰 비슬러 대위는 국민들을 철저히 도청하
고 감시하는 업무를 수행하는 것으로 등장하는데 실제로 당시의 비밀경찰
인 슈타지는 10만명이 넘는 직원과 20만명의 정보원을 두고 전체 동독국민
의 4분의 1을 도감청 했던 것으로 알려져 있다.

독일에서는 1971년 헤센 주에서 세계 최초로 개인정보보호법이 제정 된
이후 개인정보보호의 문제는 1983년의 인구조사판결Volkszählungsurteil을 계기
로 큰 전환기를 맞이하게 된다. 독일은 나치시대에 게슈타포와 동독시대에
는 슈타지라는 비밀경찰에 의해 자신의 정보가 정보기관에 의해 철저히 남
용되었던 경험을 가지고 있었기에 개인정보에 대해 가장 민감한 국가였다.

"Right to informational self-determination"

Konrad Hesse (January 29, 1919 – March 15, 2005)
German jurist, Judge at the Federal Constitutional Court of Germany

▲ 콘라드 헤세 교수

　이러한 상황 속에 독일연방헌법재판소는 판결에서 콘라드 헤세Konrad Hesse 교수의 '개인정보자기결정권Recht auf informationelle Selbstbestimmung'이라는 용어를 처음으로 사용했고 이 권리를 일반적 인격권allgemeine Persönlichkeitsrecht에 포함된 독자적인 기본권으로 받아들였다. 즉 독일 기본법에는 나와 있지 않지만 연방헌법재판소의 판결에 의해 인정된 기본권의 하나로 "자신의 정보의 사용 및 포기를 원칙적으로 스스로 결정할 권리"의 개념이 등장하게 된 것이다. 당시에 연방헌법재판소는 개인의 자유로운 인격발현에 대한 기본권(기본법 제2조 제1항)과 인간 존엄성(기본법 제1조)을 근거로 이 권리의 존재를 도출해 내었다. 따라서 정보주체의 의사에 반하는 정보처리는 개인정보자기결정권이라는 기본권을 침해하는 행위가 되는 것이다.

　독일연방헌법재판소는 인구조사법(Volkszählungsgesetz 1983)이 인구조사를 하면서 개인의 습관이나, 출근할 때의 교통수단, 부업 내역, 학력 등의 정보를 국민들에게 요구 하여 수집한 정보를 행정에 활용하기 위해 주 정부들과 공유할 수 있도록 한 것에 대하여 위헌을 선언했다. 이전에 연방헌법재판소는 행정당국이 사생활의 비밀에 해당하지 않는 정보를 수집하여 보유하는 것에 대해서는 합헌결정을 내림으로써 행정목적의 개인정보의 수집 자체는 허용한 바가 있었다. 그러나 국가가 개인정보들을 수집·조합하여 인격전체를 구성해낼 때 이에 대한 통제권은 그 개인에게 부여되어야 한다면서 이를 정보자기결정권으로 명명하였다. 이와 같은 이유로 독일연방헌법재판소는 인구·주거 및 직장 등의 통계조사에 관한 내용을 담고 있는 인구조사법의 일부는 독일 기본법 제1조 제1항과 결부된 제2조 제1항의 일반적 인격권으로부터 도출되는 개인정보자기결정권을 침해하기 때문에 위헌·무효라고 결정하였다.

이 판결을 통해 개인정보자기결정권이 기본권의 하나로 인정받게 됨으로써 독일의 정보보호법의 이론적 토대가 구축되었고, 개인정보의 조사·수집의 한계 기준이 설정되었다.

우리나라에서는 '지문날인사건'에서 최초로 개인정보자기결정권을 헌법에 명시되지 아니한 기본권으로 명시적으로 받아들였다. 문제가 된 구 주민등록법 제17조의8에 의하면 개인의 지문을 수집, 보관, 전산화하고 범죄 수사 목적에 이용할 수 있도록 했는데 여기에서 "자신에 관한 정보가 언제 누구에게 어느 범위까지 알려지고 또 이용되도록 할 것인지를 그 정보 주체가 스스로 결정할 수 있는 권리, 즉 정보 주체가 개인정보의 공개와 이용에 관하여 스스로 결정할 권리"인 개인정보자기결정권 침해를 인정했다. 아울러 이러한 개인정보자기결정권의 헌법상 근거로서 헌법 제17조의 사생활의 비밀과 자유, 헌법 제10조 제1문의 인간의 존엄과 가치 및 행복추구권에 근거를 둔 "일반적 인격권"과 자유민주적 기본질서 또는 국민주권 원리와 민주주의 원리 등을 언급했다. 이 사건 이후 "NEIS 사건"에서 "인간의 존엄과 가치, 행복추구권을 규정한 헌법 제10조 제1문에서 도출되는 일반적 인격권 및 헌법 제17조의 사생활의 비밀과 자유에 의하여 보장되는 개인정보자기결정권"이라고 설시함으로써 다시 한번 개인정보자기결정권의 헌법적 근거로 일반적 인격권을 강조했다. 대법원은 '국군보안사령부 사건'에서 헌법 제10조와 헌법 제17조가 "개인의 사생활 활동이 타인으로부터 침해되거나 사생활이 함부로 공개되지 아니할 소극적인 권리는 물론, 오늘날 고도로 정보화된 현대사회에서 자신에 대한 정보를 자율적으로 통제할 수 있는 적극적인 권리까지도 보장"하고 있으며, 국군보안사령부가 민간인을 사찰한 것은 불법행위라고 판시하면서 사실상 개인정보자기결정권을 인정했다. 이후 이른바 '전교조 명단공개 사건'에서 대법원은 NEIS 사건 판시를 인용하며 "헌법 제10조 제1문에서 도출되는 일반적 인격권 및 헌법 제17조의 사생활의 비밀과 자유"에 근거하여 "자신에 관한 정보가 언제 누구에게 어느 범위까지 알려지고 또 이용되도록 할 것인지 정보주체가 스스로 결정할 수 있는 권리"로서의 개인정보자기결정권을 명시적으로 인정했다.

2 관련 정책과 제도

2.1. 정책과 연구의 방향

현재 구글에서는 1분 동안에 무려 200만 건이 넘는 검색이 이루어지고 있고, 유튜브에서도 1분 동안 72시간 분량의 영상이 생성되고 있는 것으로 보고되고 있다. 이러한 모든 행위는 전부 빅데이터를 생성하는 과정으로서 앞으로 더 많은 데이터들이 만들어질 전망이다. 따라서 빅데이터 시장의 성장세도 연평균 40%에 육박할 것으로 전망되고 있다. 이처럼 빅데이터는 '정보사회의 원유'로 간주되면서 기업은 기업대로 신제품 개발이나 서비스 개선을, 정부는 정부대로 새로운 정책과 대국민 서비스 등을 향상시키기 위해서 노력하고

▲ 빅데이터 시장의 성장율[19]

있다. 이러한 작업에 있어서 빅데이터는 의사결정에 있어서 중요한 기준으로 작용할 전망이다. 따라서 빅데이터의 활용은 더 이상 피할 수 없는 대세로 자리 잡기 때문에 이를 활성화하기 위한 규제완화 정책들이 준비되고 있다. 이미 정부는 개인정보보호법을 완화하기 위해 규제 샌드박스 도입과 가명정보 개념 등의 도입을 통해 정보주체의 동의 없이도 개인정보를 수집 및 이용 등이 가능하도록 하는 개인정보보호법의 개정을 추진했다. 2018년 11월에 빅데이터 산업 활성화를 위해 규제를 완화하고 개인정보의 활용에 초점을 맞추고 있는 이른바 빅데이터 3법(개인정보보호법 개정안, 신용정보법 개정안, 정보통신망법 개정안)이 그것이다.

규제 샌드박스Regulatory Sandbox란 기존에는 없었던 혁신적인 새로운 제품이나 서비스가 출시될 때 기존의 규제로 인해 무산되지 않도록 일정 조건하

에서 규제로부터 벗어나게 하거나 유예시켜주는 제도를 의미한다. 아이들이 자유롭게 노는 모래 놀이터sandbox처럼 자유로운 환경을 제공해 다양한 아이디어를 마음껏 펼칠 수 있도록 하겠다는 취지에서 샌드박스라는 표현이 붙었다.

이러한 흐름에 발맞추어 2019년 5월 과학기술정보통신부도 '빅데이터 플랫폼 및 센터 구축 사업' 10개 과제와 의료, 금융, 에너지 등 분야의 '마이데이터 서비스' 8개 과제를 선정했고, 보건복지부, 과기정통부도 공동으로 '바이오 헬스 산업 혁신 전략'을 발표했다. 2019년 6월에는 신용정보원이 국내 약 200만 명에 대한 금융 빅데이터를 제공하는 '크레디비CreDB'를 오픈했다. 게다가 향후 생명보험이나 손해보험과 같은 보험신용정보 등의 빅데이터도 공개방침을 밝혔다.

하지만 이러한 움직임에 대해 우려의 목소리도 꾸준히 제기되고 있다. 예를 들어 한국의 세계 사이버안전지수GCI가 2017년 13위에서 2019년 15위로 오히려 하락했음에도 불구하고 정부는 '신산업을 키운다'며 개인정보 규제를 풀고 있다는 지적이 그것이다.

2.2. 법과 제도

우리나라에서 초보적인 단계의 빅데이터 활용을 위한 근거법률로 1996년 12월 31일에 제정된 공공기관의 정보공개에 관한 법률(법률 제5242호)을 들수 있다. 이 법에 따르면 비공개 정보를 제외한 모든 정보를 공공기관은 정보통신망을 활용한 정보공개시스템을 통하여 공개해야 한다. 정보화 시대에 빅데이터와 연계된 공공정보의 활용의 길을 연 것으로 평가할 수 있다.

이후 정부는 "공공정보를 적극 개방·공유하고, 부처 간 칸막이를 없애고 소통·협력함으로써 국정과제에 대한 추진동력을 확보하고 국민 맞춤형 서비스를 제공함과 동시에 일자리 창출과 창조경제를 지원하는 새로운 정부운영 패러다임"을 의미하는 "정부3.0"을 내세우고, "빅데이터를 활용한 과학적 행정구현"을 중점적 추진과제로 제시한 바 있다. 그리고 이를 실현하기 위하여 2013년 7월에 공공데이터의 제공 및 이용 활성화에 관한 법률

(법률 제11956호)을 제정했다. 이 법의 목적은 공공정보에 대한 국민의 이용권을 보장하고 공공정보의 민간 활용을 통해 삶의 질 향상과 국민경제 발전을 도모함에 있다(제1조).

구체적으로 정부는 민간의 수요가 많은 공공정보를 폭넓게 개방하여 민간에서 활용할 수 있도록 했다. 예를 들어 레이더 기상자료나 일기예보 및 일기도 등의 공공정보를 개방하여 민간에서 지역별 맞춤형 기상 및 재해 예보에 활용하거나 날씨 상황에 따른 전력소비 예측 등에 활용할 수 있게 하였다. 또한 지리에 관한 항공사진정보나 건축인허가정보 등의 공공정보를 공개하여 민간에서 차량안전 서비스나 지역상권 분석 등에 활용할 수 있게 했으며, 특허와 관련하여 상표나 디자인 정보 등의 공공정보를 공개하여 민간에서 저작권 소송 및 온라인 특허 거래 등에 활용할 수 있게 했다. 뿐만 아니라 보건의료에 관한 병원평가정보나 의약품유통정보 등의 공공정보를 공개하여 민간에서 개인의료복지컨설팅 등에 활용할 수 있게 했다.

이러한 공공정보를 개방하여 민간에서 활용할 수 있도록 하기 위해 공공데이터전략위원회 구성한다거나 관련부처 간 협업체계 및 종합적 지원체계 등을 구축하고 이를 제약하는 법률 및 장애요소 등을 정비하기 위해 공공데이터의 제공 및 이용 활성화에 관한 법률이 제정되었다.

2.3. 개인정보보호법제 현황

「개인정보보호법」이 시행(2011. 9.30)이 되기 전까지는 「공공기관의 개인정보보호에 관한 법률」(1995), '신용정보법'으로 불리는 「신용정보의 이용 및 보호에 관한 법률」(1995), '정보통신망법'으로 불리는 「정보통신망 이용촉진 및 정보보호 등에 관한 법률」(2001), '위치정보법'으로 불리는 「위치정보의 보호 및 이용 등에 관한 법률」(2005) 등 분야별 개별법으로 개인정보를 규율해 왔다.

우리나라의 개인정보보호법제 형성과정에서는 가장 큰 의미를 지난 두 개의 법률은 1994년 제정된 공공기관의

▲ 개인정보보호법20

개인정보보호에 관한 법률과, 2011년 제정된 개인정보보호법을 언급할 수 있다. 공공기관의 개인정보보호에 관한 법률은 우리나라에 최초로 개인정보 자기결정권을 구체적인으로 입법화 하였다는 의미가 있고, 수년간의 논의 끝에 제정된 개인정보보호법은 모든 영역에서 개인정보를 포괄적으로 보호하고, 개인정보감독기구, 개인의 정보 침해 및 피해 구제방안을 본격적으로 도입했다는 큰 의미를 지니고 있다.

우리나라 개인정보보호법은 개인정보처리자가 민간·공공부문 구별이 없이, 동법상의 개인정보처리자에 해당되면 원칙적으로 함께 규율한다. 개인정보보호법은 제6조에서 "개인정보보호에 관하여는 「정보통신망 이용촉진 및 정보보호 등에 관한 법률」, 「신용정보의 이용 및 보호에 관한 법률」 등 다른 법률에 특별한 규정이 있는 경우를 제외하고는 이 법에서 정하는 바에 따른다."고 규정하여 개인정보보호에 관한 일반법 성격을 가지게 되었는데, 즉 다른 법률에 개인정보보호에 관한 특별 규정을 둔 경우에는 그 개별법의 조항들이 우선 적용되므로, 일반법과 특별법의 관계에 있게 된다. 결국 정보통신망법, 신용정보법, 전자정부법, 의료법 등의 개별법에서 다르게 규정하고 있지 않는 한도에서 보호법 조항이 적용될 수 있을 뿐이다.

2011년 개인정보 보호법 제정 및 2020년 데이터 3법 개정 이후 정보주체의 권리 보호를 강화하고 글로벌 규범과의 상호운용성을 확보하려는 취지에 따라 실질적인 전면 개정이 2023년 이루어졌다. 2023년 개정법은 (i) 개인정보 수집·이용의 법적 근거를 일부 완화하였고, (ii) 개인정보 전송요구권, 자동화된 결정에 대한 거부 및 설명요구권 등을 규정하여 정보주체의 개인정보에 대한 통제권을 강화하고, (iii) 정보통신서비스 제공자 등에 대한 특례 규정을 일반규정으로 정비하여 정보통신서비스 제공자와 오프라인 개인정보처리자에 대한 규제를 일원화하였으며, (iv) 일부 형사적 제재 사유를 과징금 부과사유로 전환하면서 과징금 상한 및 부과 사유를 확대하고, (v) 개인정보 국외 이전 요건을 확대하여 국제기준에 부합하도록 하였다. 이외에도 (vi) 이동형 영상처리 기기의 운영 기준 마련, (vii) 개인정보 분쟁조정제도의 강화 등의 사항이 새롭게 규정되었다.

3

학습 과제

빅데이터의 문제점은 바로 사생활과의 충돌
측면에 있다. 빅데이터는 수많은 개인 정보의
집합이기에 빅데이터를 수집, 분석할 때에 사
적 정보까지 수집하여 관리하는 모습이 될 수
도 있다. 현재 민간과 공공을 불문하고 개인정
보 침해사고는 끊이지 않고 있다. 다음과 사례
를 보고 해결점을 강구해 보자.

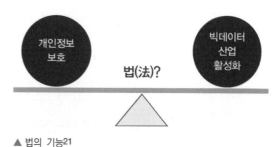

▲ 법의 기능21

사례 1

우리나라의 코로나19 확진자이동경로 정보공개의 조치에 대한 법적 근거
는 '전염병 예방 및 관리에 관한 법률(이하 감염병예방법) 제76조의2 제
1항과 제2항, 제34조의2 제1항을 따른다. 확진자의 이동 동선 및 개인정
보의 공개 범위는 제34조2 제1항에 따른다. 제1항에 의하면 감염 환자의
이동 경로, 이동 수단, 진료 의료기관 및 접촉자 현황 등 국민들이 감염병
예방을 위해 알아야 할 정보를 정보통신망 게재 또는 보도자료 배포 등의
방법으로 신속하게 공개하도록 규정되어 있다. 특히 제76조의2 제2항에
따르면 프라이버시 또는 사생활의 비밀이라는 기본권도 감염병확산 방지
라는 강력한 공익적 목적에 의해 법률에 의해 제한될 수 있다. 이러한 감
염병예방법에 의한 개인정보 공개 및 추적으로 인해 우리나라는 다른 국
가보다는 성공적인 코로나19 방역 성적표를 받을 수 있었다.

2014년 카드 3사(국민, 농협, 롯데)가 보유하던 약 1억 580여 만 건의 고객 정보가 직원에 의해 불법적으로 유출되었다. 홈플러스는 경품행사에 응모한 2,400만 고객의 개인정보를 230여억 원에 보험회사에 판매했다. 비단 민간영역이 아닌 공공영역분야에서도 2008년부터 2016년까지 한국 약학정보원은 IMS헬스(미국의 의료 빅데이터 기업)에 비록 가명처리가 되긴 했지만 환자의 주민번호, 병명, 투약 내역 등의 의료정보 43억 건을 16억 원에 팔아넘긴 사건도 발생했다. 심지어 건강보험심사평가원이 민간 보험사에 1건당 30만 원을 받고 약 6,420만 명의 개인 의료정보를 판매한 사건도 발생했다.

4 평가와 전망

이른바 4차산업혁명 시대에 빅데이타 활용은 필수불가결한 요소이다. 빅데이터가 중요한 가치를 생산해 내기 시작하면서 정보는 '21세기 원유'가 되고 있다. 하지만 빅데이터의 활용은 양날의 칼과 같이 순기능과 역기능을 동시에 가지고 있다. 역기능을 방지하기 위해 개인정보 보호를 위한 규제 강화는 빅데이터 산업에 장애가 될 수 있다. 이 같은 상황에서 우리는 어떻게 효과적으로 빅데이터의 경쟁력을 키울 수 있는 방안을 강구해야 한다.

빅데이터의 적극적인 활용과 개인정보의 보호라는 상반된 가치의 조화가 가장 중요한 이슈로 부각될 것이다. 다만 개인정보 활용의 전제는 보호라는 점을 망각해서는 안 될 것이다. 즉 비식별조치와 같은 개인정보보호 방안이 확보된다면 그 활용의 범위는 더 넓어질 수 있다. 앞으로 이와 관련된 기술발전이 계속 논의되어야 할 것이다.

특히 최근 플랫폼 기업들이 급성장하면서 데이터의 경제적 가치도 높아지고 있다. 대부분의 산업군에서 개인정보를 활용해 개인 맞춤형 서비스를 제공하고 있기 때문이다. 그러나 반대급부로 과도한 개인정보 노출에 대한 우려도 커지고 있다. 법조계 일각에서는 개인정보의 과잉 보호가 국가의 데이터 주권을 위협할 수 있다는 우려가 나오는 한편, 다른 쪽에서는 기업의 과도한 이용자 데이터 수집을 개인정보보호 차원에서 제재해야 한다고 주장한다. 이런 논란에 대해 개인정보 수집·활용의 적법상 판단 기준에 관한 연구가 진행되고 있다.

이와 관련하여 2023년 개인정보보호위원회는 구글과 메타(옛 페이스북)가 이용자들의 동의 없이 개인정보를 수집해 온라인 맞춤형 광고에 활용했다며 구글에 약700억을, 메타에 약 300억의 과징금을 부과한 바 있다. 이들 기업이 이용자의 관심·성향·기호 등을 분석할 수 있는 '행태 정보'를 무단으로 수집했다는 이유에서다. 현행 개인정보보호법은 제3조 제1항에 따라 '필요한 범위 내에서만 최소한의 개인정보를 수집하도록' 규정하고 있다.

정부 차원에서 추진 중인 데이터 공유 및 연동 활동 역시 문제로 제기된다. 여러 기관에 산재해 있던 데이터를 한곳에 모아서 관리·활용할 수 있게 해 행정의 신속성·편리성을 향상시킨다는 장점이 있는 반면 개인정보 유출 위험을 높인다는 부작용도 지닌다. 개별 동의를 기반으로 개인정보를 수집하는 민간 기업과 달리, 공공기관은 주민등록번호와 주소, 개인 소득 및 의료정보 등 민감한 정보를 법령에 따라 '별도 동의 없이' 대량으로 수집하고 있기 때문이다. 이와 같이 데이터 수집과 활용을 둘러싼 분쟁은 앞으로도 빈번하게 발생할 것으로 예상된다.

5 더 읽어볼만한 자료

① 개인정보보호위원회, 「빅데이터 환경에서 개인정보보호 강화를 위한 법·제도적 대책 방안 연구」, 진한엠앤비(2018)

빅데이터가 활성화 되면서 개인정보침해가 과거와는 달리 대규모로 발행할 가능성이 높아지고 있다. 하지만 현행 개인정보법제는 이러한 가능성에 대해 효과적으로 대응하고 있는지에 대해서 의문을 제기하게 만들고 있다. 따라서 빅데이터와 관련된 합리적인 규율을 위한 법제도의 정비가 중요한 연구주제가 아닐 수 없다.

② 이토 고이치로, 전선영 옮김, 「데이터 분석의 힘」, 인플루엔셜(2018)

시카고대 교수인 이토 고이치로가 쓴 이 책은 일본에서 출간되자마자 경제 분야 베스트 셀러 1위에 오른 책으로 어렵고 복잡한 수식 없이 데이터 분석의 세계를 설명한 책이다.

③ 김진호, 「Why? 빅데이터」, 예림당(2017)

4차 산업 혁명시대 핵심 기술 중의 하나인 빅데이터에 대한 모든 궁금증을 해결해주는 초등학생 학습만화책이지만 기초적인 내용은 전부 담고 있어서 어렵지 않게 접근 가능한 책이다.

③ 벤 웨이버, 배충효 옮김, 「구글은 빅데이터를 어떻게 활용했는가」, 북카라반(2015)

미국 빅데이터 기술 벤처기업의 대표이사인 저자는 이 책을 통해 빅데이터를 광범위하게 활용하면 기업의 경영 효율화 정보를 설명하고 있다.

블록체인과 암호화폐

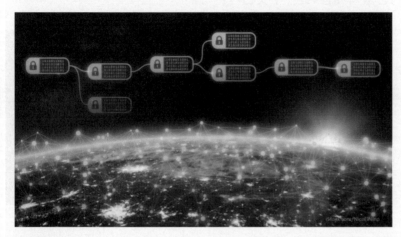

▲ 블록체인[1]

> 비트코인은 화폐나 경제를 넘어서 정부의 역할과 유형까지 바꿀 수도 있다.
> -1989·91·92년 노벨평화상 후보 레온 로우

　최근 가장 뜨거운 이슈 중의 하나는 이른바 비트코인으로 대표되는 블록체인과 암호화폐일 것이다. 그야말로 광풍에 가까운 열기였다. 대부분은 비트코인에 얼마를 투자해서 엄청난 수익을 보았다는 식의 자극적인 이야기들이지만 다른 한편에서는 블록체인 기술이 앞으로 세상을 바꿀 것이라는 평가도 심심치 않게 들리고 있다. 본 강에서는 블록체인 기술이 우리 사회에서 어떻게 활용되고 있으며 얼마나 유용한지에 다루고자 한다. 왜 블록체인이 떠오르고 있는지 또한 이에 따른 부작용은 없는지에 대해서 정리해 보고자 한다.

1.1. 블록체인이란 무엇인가?

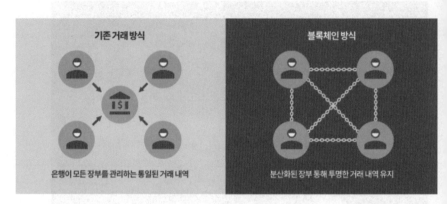

▲ 블록체인 방식[2]

블록체인이란 사전적으로 "누구나 열람할 수 있는 디지털 장부에 거래 내역을 투명하게 기록하고, 여러 대의 컴퓨터에 이를 복제해 저장하는 분산형 데이터 저장기술"이라고 정의내리고 있다. 쉽게 말해 블록체인은 유효한 거래 정보의 묶음으로 블록이 체인화되어 있고 사용자가 직접 관리하는 공공의 거래 장부를 말한다. 이러한 블록체인에는 거래 데이터들이 정리되어 있고 하나의 컴퓨터가 아닌 무수히 많은 컴퓨터에 동일하게 저장된다. 따라서 전부 공개되어 있음에도 불구하고 저장된 데이터의 해킹이 불가능하다. 또한 정보의 조작이나 변조가 사실상 불가능하도록 '블록Block' 단위로 생성되는 기록을 분산 저장한다.

이해를 위해 예를 들어 누군가가 지인에게 은행을 통해 송금하는 상황을 설정해보자. 먼저 은행 사이트에 접속 후 로그인하고 지인의 계좌번호를 입력 후에 공인인증서 등을 통해 확인버튼을 누르면 돈이 보내진다. 이러한 거래과정에서 필요로 하는 모든 확인은 전부 은행을 통해 이루어진다. 결국 이러한 거래가 가능하도록 신뢰할 수 있는 것은 은행뿐이다. 하지만 달리 말하면 은행을 통한 거래에서 컴퓨터 서버가 정상적으로 동작하지 않거나 은행에 남아있는 거래 기록 등이 사라진다면 우리 재산은 사라지고 말 것이다. 그래서 은행 업무에 있어서 가장 중요한 것은 2중 3중으로 되어 있는 안전장치를 통해 리스크를 줄이는 것이다. 은행 기록을 복제해 두거나 분산 처리를 해놓는 이유나 은행에 보안 담당직원을 배치한다거나 장비 등을 도입하는 것도 같은 이유이다.

　문제는 이와 같은 조치를 취하는 데에는 많은 비용이 소요된다는 점이다. 블록체인은 이 문제를 다른 시각에서 접근한다. 즉 모든 거래정보를 숨기지 않고 공개하고 누구나 거래정보를 만들 수 있을 뿐만 아니라 형성된 거래정보를 모두 복사해서 그 사본을 저장하고 서로 연동시켜버린다. 이렇게 하면 여기에 참가한 모두가 거래정보 사본을 지니게 됨으로써 기록의 멸실은 원천적으로 막을 수 있게 된다. 그래서 이러한 특성 때문에 블록체인을 거대한 분산원장이라고 부른다. 이처럼 수많은 분산 원장을 통해 기록이 사라지는 것은 막을 수 있지만 위조나 변조까지 막을 수 있는 것은 아니다. 그래서 블록체인은 이 문제를 해결하기 위해 암호학을 이용했다.

　우리는 일상에서 컴퓨터를 사용하면서 자료를 쉽게 저장하고 복사하곤 한다. 복사본과 원본 간의 품질 차이가 거의 없게 됨으로써 복사본과 원본 사이의 경계가 사라졌다. 그래서 누군가 악의로 기록을 위조나 변조했을 때 양자가 쉽게 구분되지 않는 약점이 드러난다. 이러한 문제를 해결하기 위해 블록체인은 '해시Hash 함수'라는 암호를 사용하여 처음 만들어진 기록이 제대로 보관될 수 있도록 하고 있다.

블록체인 기술의 장단점은 다음과 같다.

〈장점〉

1. 거래에 참여한 모두가 장부를 가지고 있기 때문에 신뢰성을 담보할 제3의 기관이 필요하지 않다.
2. 해킹이 어렵다. 설사 일부 블록이 해킹당해도 큰 문제가 발생하지 않으며 분산 구조 이므로 디도스 공격도 문제가 되지 않는다.
3. 모든 거래내역이 공개되기 때문에 기존 금융권보다 확실하고 투명하게 거래내역이 보관된다.
4. 중앙 관리자가 별도로 필요하지 않기 때문에 유지 보수나 보안 유지와 같은 불필요 한 비용이 절감된다.

〈단점〉

1. 블록체인은 개인 간의 정보교류이기 때문에 중앙에서 일률적으로 처리하는 것에 비해 속도가 느리다.
2. 사용자의 과반수가 동의해야 하는 의사결정 시스템이기 때문에 신속한 업데이트가 어렵다.

1.2. 블록체인은 우리 생활에서 어떻게 활용되는가?

블록체인은 소액결제나 국제 송금과 같은 금융서비스부터 의료 데이터 및 정부 행정서비스에 이르기까지 그 활용 범위가 넓어지고 있다. 이에 발 맞추어 정부에서는 블록체인 활성화를 위한 시범사업 외에도 이를 뒷받침 할 법제도 개선을 마련했다. 블록체인 기술은 특히 앞에서 확인한 은행이나 투자 서비스업과 같은 금융 분야와 물류·유통 분야 그리고 의료 및 공공 서비스 분야에서 효과적으로 쓰일 수 있을 것으로 전망된다. 현재의 발전속 도를 비추어볼 때 조만간 대중적인 기술로 자리매김할 것으로 예측되며 이 미 2018년 6월부터 기술개발이 이루어진 공공 블록체인 시범사업 6개가 본 격화되면서 조금씩 현실화될 전망이다.

1.2.1. 축산물 이력제

'식품 위생을 담당하고 있는 공무원 A는 학교 급식 과정에서 제공된 쇠고기의 위생 문제를 발견했다. 이에 이 쇠고기를 즉시 회수하려고 했지만, 어떤 경로를 거쳐 얼마나 유통이 되는지 전혀 파악할 수 없었다. 결국 거래 명세서에 나와 있는 쇠고기 유통과정에 있는 납품업체나 단체급식소 및 판매장 등에 일일이 전화하거나 찾아가 확인하고나서야 회수할 수 있었다.

▲ 쇠고기 유통과정 파악 [3]

위와 같은 사례는 블록체인 기술을 활용하여 축산물 이력관리를 하게 되면 간단히 해결된 것으로 보인다. 농림수산식품부에서는 이미 2018년 12월 전북 농가를 시작으로 '블록체인 기반 축산물 이력 관리 시스템 시범사업'을 진행 중이고 앞으로 전국으로 확대될 예정이다. 기존 시스템에서는 쇠고기에 문제가 생겼을 때 그것이 쇠고기 이력 신고 전에 발생하면 이력 조회가 어렵다는 한계가 있었다. 하지만 정부가 진행하는 새로운 시스템은 사물인터넷IoT 기기로 정보를 수집하고 이를 블록체인에 입력하여 단계별 이력 정보와 증명을 저장·공유하는 시스템이다. 즉 사물인터넷IoT과 블록체인을 활용한 시스템 구축 사업이다. 이 시스템에 의하면 쇠고기의 실시간 유통 경로와 정보를 추적할 수 있게 된다. 더구나 블록체인의 특성상 데이터의 조작과 왜곡이 사실상 불가능하기 때문에 축산물 등급 분류에 대한 신뢰도 크게 높아질 것으로 전망된다.

1.2.2. 암거래 시장 차단

▲ 피의 다이아몬드 **4**

2016년에 설립된 영국의 에버레저Everledger 라는 회사는 다이아몬드의 유통과 거래를 블록체인으로 투명화한 스타트업 회사이다. 다이아몬드의 고유성을 확인하기 위해서는 보통 4C(Color 색, Clarity 투명도, Cut 컷, Carat weight 캐럿 무게) 외에도 크기나 원산지 및 가공회사 등을 포함한 40여 개의 데이터가 요구된다. 이러한 모든 데이터를 종합하여 다이아몬드의 고유 특성이 식별되는데 이는 사실상 다이아몬드의 신분증 역할을 담당한다. 이러한 다이아몬드 식별의 특성에 착안하여 에버레저Everledger사는 다이아몬드 유통 정보 120만 개를 블록체인에 올렸다. 이로써 블록체인에 등록된 다이아몬드 거래 시 에버레저의 인증이 요구되기 때문에 도난이나 분실된 다이아몬드의 거래는 바로 적발되게 되었다. 이는 곧 다이아몬드 암거래가 원천적으로 봉쇄되는 것을 의미한다. 따라서 블록체인 기술은 피의 다이아몬드blood diamond의 유통을 차단할 수 있을 것으로 보인다.

'피의 다이아몬드'란 서아프리카 시에라리온의 반군들이 내전을 일으키면서 다이아몬드를 채굴해 무기 구입 자금으로 사용하면서 유래된 명칭이다. 이러한 다이아몬드의 대다수는 서유럽의 부유층으로 암거래 시장을 통해 유통되었는데 이에 대한 도덕적·윤리적 비난이 쇄도하자 다이아몬드의 대부분의 수요국 40개국이 2003년 남아프리카공화국의 킴벌리에 모여 '피의 다이아몬드'의 유통을 금하는 '킴벌리 협약The Kimberley Process Certification Scheme'을 맺게 되었다.

1.2.3. 전자신원증명

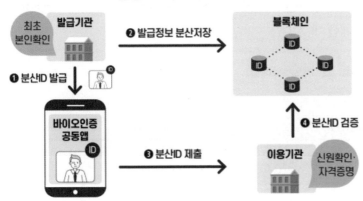

분산ID 모델 기본 구조도

▲ 분산ID 모델 기본 구조도[5]

지금은 자판기에서 술이나 담배 등을 파는 것은 불법이다. 하지만 그냥 휴대폰을 단말기에 찍으면 미성년자 여부가 확인이 되어 맥주나 담배를 자판기에서 구매할 수 있는 방법은 없을까? 해외여행을 떠나기 위해 공항 출입국 심사대에서 여권과 신분증을 일일이 제출하고 검사를 받지 말고 그냥 버스카드처럼 휴대폰으로 단말기에 찍고 통과할 수는 없을까? 앞으로는 이러한 일들이 가능할 것으로 보인다.

이러한 일들을 가능하게 하는 것이 바로 '탈중앙화 신원증명DID, Decentralized Identity'기술이다. 위조나 변조가 사실상 불가능한 분산원장 기술인 블록체인을 통해 신원을 확인·증명하고 본인 스스로가 자신의 정보를 관리할 수 있도록 하는 기술이다. 따라서 탈중앙화 신원증명 기술을 이용하면 사용자 본인이 자신의 개인 정보를 자신의 스마트폰에 저장하고, 인증할 때 필요한 정보만 골라 제출할 수 있다.

최근 정부는 과학기술정보통신부 주관으로 블록체인 기반 분산형 자기주권 신원정보관리 기술개발 사업을 진행한다고 밝혔다. 2019년 5월, 마이크로소프트는 아이온ION 프리뷰 버전을 공개했다. 아이온도 역시 블록체인을 기반으로 하는 탈중앙화 신원증명 프로젝트중의 하나이다. 국내 대기업 중에서 DID사업에 가장 먼저 뛰어든 것은 SK텔레콤이다. SK텔레콤은 과학기술정보통신부가 주도하는 블록체인 기반 전자증명 국책사업으로 DID 관련 사업을 총괄한다. 2019년 7월 SK텔레콤은 기업용 블록체인 플랫폼인 '스톤STON'을 처음으로 공개한 바 있다.

1.2.4. 그 밖의 사례들

☐ 그림 4-1 블록체인 시범사업 추진 현황[6]

분야	구축 내용
공공부문	① 식품안전관리인증(HACCP) 서비스 플랫폼 구축(식품의약품안전처) ② 시간제 노동자 권익보호(서울특별시) ③ 블록체인 기반 재난재해 예방 및 대응 서비스 구축(부산광역시) ④ 블록체인 기반 에너지 생태계 구축을 위한 전기차 폐배터리 유통이력 관리 시스템(제주특별자치도) ⑤ 블록체인 기반 탄소배출권 이력관리 시스템 구축(환경부) ⑥ 블록체인 기반 REC(Renewable Energy Certificate: 신재생 에너지 공급인증서) 거래 서비스(한국남부발전) ⑦ 신뢰기반 기록관리 플랫폼 구축(국가기록원) ⑧ 방위사업 진원을 위한 플랫폼 구축(반위사업청) ⑨ 인증서 없는 민원 서비스 제공을 위한 플랫폼 구축(병무청) ⑩ 의료 융합 서비스(서울의료원) ⑪ 전자우편 사서함(우정사업본부) ⑫ 전북도 스마트 투어리즘 플랫폼 구축(전라북도)
민간부분	① 사회적 불신 해소 및 투명성 확보를 위한 "탈중앙화 기부 플랫폼" ② 중고차 이력정보 위·변조를 사전 방지하고 거래까지 할 수 있는 "중고차 서비스 플랫폼" ③ 자기주권형 본인증명 서비스를 위한 "블록체인 ID/인증 네트워크"

정부도 블록체인에 기반한 여러 사업들을 준비 중에 있다. 국토교통부에서는 블록체인기반 부동산 거래 시범사업을, 중앙선거관리위원회는 블록체인 기반 온라인 투표 시범사업을 그리고 외교부에서는 블록체인 기반 국가 간 전자문서 유통 사업을 준비 중에 있다. 해양수산부도 블록체인 기반 컨테이너 관리와 운송 업무를, 한국조폐공사도 LG CNS와 함께 블록체인 기반 지방자치단체 암호화폐 플랫폼 개발에 착수한 상태다.

1.3. 블록체인과 암호화폐

1.3.1. 암호화폐란 구체적으로 무엇인가?

암호화폐Cryptocurrency란 '암호화'를 의미하는 'crypto-'와 화폐를 의미하는 'currency'의 합성어로, 암호화를 통해 보안을 유지하고 블록체인 기술을 이용하여 은행과 같은 제3의 기관의 개입 없이도 신뢰를 확보하는 새로운 형태의 디지털 자산을 의미한다. 예를 들어 비트코인, 이더리움 등이 여기에 해당한다.

유사개념으로 가상화폐virtual currency란 인터넷에서 이뤄지는 모든 거래에 사용되는 화폐를 총칭하는 가장 포괄적인 단어이다. 예로는 게임에서 거래되는 화폐 등을 들 수 있다. 전자화폐digital currency란 국가에 의해 발행된 법정화폐를 디지털 방식으로 전환한 지불수단을 의미한다. 예로는 교통카드나 PayPal 등을 들 수 있다.

1.3.1.1 비트코인

2008년 미국의 리먼 브라더스라는 투자은행이 파산하면서 세계적인 금융 위기가 발생했다. 지금까지 모든 금융거래를 보증해주었던 은행권의 파산은 많은 이들에게 엄청난 충격과 함께 그동안 굳건하게 믿고 있었던 기존의 금융 시스템의 신뢰에 대해 의심하게 만들었다. 이러한 의심에서 시작된 것이 바로 사토시 나카모토에 의한 비트코인이었다. 사토시 나카모토는 은행과 같은 금융기관의

▲ 비트코인 7

보증을 거치지 않고서도 개인과 개인이 서로 신뢰하면서 안전하게 거래를 할 수 있는 결제 시스템을 추구했고 그 결과로 비트코인으로 명명되는 암호화폐를 발행했다. 이것을 가능하게 한 데에는 거래에 참여하는 모두가 거래장부를 들여다 볼 수 있도록 공개한 데에 있었다. 즉 투명성에서 그 해답을 찾은 것이다.

"저는 신뢰할만한 전자화폐electronic cash 시스템을 연구해오고 있습니다. 이 시스템은 완전한 개인 간 거래가 가능하며 신뢰할만한 제3의 기관이 필요 없습니다."

2008년 10월 사토시 나카모토라는 발신인으로부터 암호 전문가 등을 포함한 수백 명이 위와 같은 이메일을 받았다. 이 메일에는 링크가 걸려 있었는데 여기에는 최초의 블록체인 백서white paper라고 평가받는 비트코인에 대한 9페이지 분량의 짧은 논문이 실려 있었다. 이메일을 받은 전문가 대부분은 이에 대해 별다른 반응을 보이지 않은 반면 사이버 펑크의 일원 중의 한 명인 암호 전문가 할 피니Hal Finny는 여기에 관심을 보여 사토시와 연락을 주고받으며 마침내 사토시의 비트코인 탄생에 기여하게 된다. 2009년 1월 사토시는 자신의 노드node에 최초의 블록인 '제네시스 블록genesis block' 만들고 그를 도왔던 할 피니는 비트코인의 2번 노드가 되었다. 그리고 사토시는 할 피니에게 10비트코인을 전송함으로써 최초의 거래가 이루어졌다. 그리고 1년 후 라슬로 한예츠Laszlo Hanyecz라는 프로그래머가 1만 비트코인으로 30달러어치 피자 2판을 주문함으로써 실제 물건을 구매한 거래가 처음으로 이루어졌다.

사이버펑크Cypherpunk란 인공두뇌학인 Cybernetics와 70년대식 반항적 패션을 의미하는 Punk의 합성어로 브루스 베스키의 단편소설인 <사이버펑크>(1980년)에서 유래되었다. 특히 1980년대 후반의 정보화 시대에는 권력의 감시에 맞서기 위해서 암호화 기술 등을 적극적으로 사용할 것을 주장하는 반항적인 움직임을 의미한다.

노드node란 컴퓨터 과학에 쓰이는 기초 단위로 일반적으로 개인용 컴퓨터, 휴대전화, 프린터와 같은 장치들을 의미한다. 비트코인과 관련해서는 네트워크에 연결된 개개의 컴퓨터 하나하나를 노드라고 부른다.

비트코인이 화폐로서의 기능을 발휘하기 위해서는 이미 한번 사용된 화폐가 복제되어 다시 사용되는 것을 막을 수 있어야 했다. 이를 위해서 비트코인 프로그램을 설치하고 거래에 참여한 모든 노드들에게는 그 거래의 내용이 전부 공유된다. 그리고 이들은 공유된 거래 내역을 검증한 후 메모리 풀에 모아 놓으면 특정 노드가 대략 10분마다 메모리 풀에 모인 거래 내역을 모아 하나의 블록block을 만들어 다른 노드들에게 전파한다.

이때 한 명이 여러 개의 ID를 만들어 각각 블록을 만들고 마치 여러 사람들이 합의한 것처럼 꾸며낼 가능성을 차단하기 위해 사토시는 한 가지 방안을 고안해 냈는데 그것은 블록을 형성할 때 마다 시간과 노력을 들여 암호를 구하도록 한 것이었다. 이러한 암호 풀기 과정을 작업증명이라고 한다. 이러한 작업증명과정에는 많은 시간과 노력이 소요되기 때문에 노드들의 자발적 참여를 유인하기 위해서 제일먼저 작업증명 과정을 마치고 제대로 된 블록을 만드는 사람에게 비트코인을 주기로 한 것이었다. 이렇게 작업증명을 마치고 비트코인을 받는 행위를 채굴mining이라고 표현한다. 이런 과정이 반복되면 블록들이 마치 사슬처럼 연결되어 '블록체인'이 된다.

1.3.1.2 제2세대 암호화폐 이더리움

비트코인은 블록체인을 최초로 구현한 가상통화였다. 그러나 비트코인은 가치를 저장하거나 거래의 수단으로 사용되는 화폐로서의 기능에 국한되었다. 하지만 블록체인 기술이 활성화 되면서 거래에만 국한되지 않은 다른 목적에도 활용하고자 하는 움직임이 나타나기 시작했다. 대표적인 것이 캐나다의 프로그래머인 비탈릭 부테린Vitalik Buterin이 만든 이더리움Ethereum

▲ 이더리움 8

이었다. 이더리움의 화폐 단위는 이더ETH로 표시한다.

이더리움은 거래에만 한정된 1세대 블록체인과 구별하여 2세대 블록체인으로 분류된다. 이더리움과 같은 2세대 블록체인은 '스마트 계약smart contract' 기능을 수행할 수 있다는 점에서 비트코인과 같은 1세대 블록체인과 결정적으로 다르다고 할 수 있다.

스마트 계약이란 어떤 조건을 충족하면 자동적으로 다음 절차가 진행되도록 미리 약속한 계약을 말한다. 예를 들어 자판기에 돈을 넣으면 중간에 판매인과 따로 이야기할 필요 없이 바로 상품이 나온다. 즉 동전을 넣는 조건이 충족되면 상품이 나온다는 다음 절차가 미리 결정된 계약에 의해 서로 동의한 사항이 자동적으로 이행되는 것과 유사한 시스템이다.

비트코인은 블록체인 기술을 기반으로 한 암호화폐이다. 반면 이더리움은 한 단계 업그레이드 되어 블록에 데이터를 저장하고 더 나아가 스마트 계약을 할 수 있다. 비트코인은 말 그대로 '코인'이지만, 이더리움은 프로그래밍이 가능한 블록체인이다. 비트코인은 암호화폐에 그치지만, 이더리움은 소프트웨어 플랫폼이다. 비트코인이 결제 기술이라면, 이더리움은 실생활에 적용될 수 있는 기술이다. 이더리움이 제공하는 이더는 비트코인처럼 사이버 공간에서 암호화폐의 일종으로 거래되기도 하면서 동시에 블록체인 기술을 기반의 스마트 계약을 가능하게 하는 분산 컴퓨팅 플랫폼이다.

1.3.2 암호화폐는 어떤 장점이 있는가?

거래에는 많은 비용이 들어간다. 신뢰를 담보하기 위한 비용이다. 예를 들어 우리가 백화점에서 물건을 살 때 카드로 결제하게 되면 그 정보는 부가가치 통신망Value Added Network: VAN사, 카드회사, 은행 등을 거쳐 거래가 성사된다. 여기에서 이러한 거래에 개입한 각각의 주체들은 일정비율을 수수료라는 명목으로 가져가게 되어 있다. 결국 이러한 수수료는 전부 물건을 판매하는 사람이 부담하기 때문에 자연스럽게 상품 값에 반영되어 소비자에게 전가된다. 따라서 판매자는 수수료의 부담을 지지 않은 현금을 선호한다. 이렇게 중간 수수료를 지불하지 않고서도 마치 현금처럼 구매자가 직접 판매자에게 상품 대금을 지급할 수 있는 지급수단이 바로 비트코인과 같은 암호화폐인 것이다. 즉 신뢰를 담보하기 위한 중간 비용을 줄일 수 있어 판매자나 구매자 모두에게 이익이 되고 따라서 간접적으로 거래의 활성화까지 바라볼 수 있게 되는 것이다.

VAN사란 간단히 말해서 신용카드 중계기관이다. 예를 들어 음식점에는 단말기가 있어 카드 사용이 가능하게 되어 있다. VAN사는 가맹점에 단말기를 공급하고 카드사와 계약을 맺어 건당 얼마정도의 수수료를 받는다.

2 관련 정책과 제도

2.1. 정책 현황

블록체인의 가치에 대해 세계적으로 눈을 뜨기 시작하면서 관련 정책과 법제도가 마련되고 있다. 가장 선도적인 미국은 블록체인 기술을 정부 서비스에 접목하기 위해 연방정부와 주정부 차원에서 관련 정책과 법률제정을 추진하고 있다. 연방차원에서는 제4차 열린 정부를 위한 국가 전략(4th U.S. National Plan for Open Government)에 블록체인 기반의 보고시스템을 포함시켰고 주 정부 차원에서는 2016년에 이미 버몬트 주에서, 2017년에는 애리조나 주와 네바다 주에서 블록체인상의 기록과 서명의 법적효력을 인정하거나 블록체인에 기반 한 거래에 면세하는 법안을 통과시켰다.

블록체인과 관련해서 현재 가장 주목을 받는 국가는 놀랍게도 우리에겐 생소한 에스토니아이다. 왜냐하면 에스토니아는 세계 최초로 블록체인을 정부시스템에 도입한 국가이기 때문이다. 에스토니아는 이미 1997년 전자

에스토니아 전자영주권	
개요	블록체인 기술 이용한 전자영주권
발급절차	에스토니아 전자정부 사이트에서 신청
발급 대상	제한 없음
혜택	방문 없이 에스토니아·EU에 법인설립
신청자	3만9,049명
설립법인	약 6,000개

▲에스토니아 전자영주권 9

정부 시스템을 구축하여 세금이나 주민등록 및 투표 등을 전산화해왔으며, 2008년에는 정부 기록에 블록체인을 도입하는 것을 검토하여 2012년 보건이나 법제 및 사업자 등록 등에 블록체인을 적용하였다. 에스토니아는 2014년도에 세계 최초로 블록체인 기술을 신분증과 연동한 전자시민권인 e−레지던시e-Residency 서비스를 출시했다. 경상도와 전라도를 합친 것보다도 작은 크기에 인구가 130만 명에 불과한 에스토니아는 지하자원도 없고 자연환경도 열악하여 혁신적인 제도를 통해 경제부국으로 도약하기 위한 방편으로 국경의 벽을 허물고 전 세계 모든 사람들에게 온라인으로 신청 후 100유로(약 13만 원)만 부담하면 에스토니아 시민이 될 수 있도록 한 것이다.

이 시민권을 가지게 되면 전 세계 누구나 에스토니아나 EU 회원국에서 법인을 설립해 온라인 창업이 가능하고 에스토니아의 전자정부 서비스를 제공받을 수 있을 뿐만 아니라 비즈니스에 필요한 은행업무나 온라인 결제도 가능해진다.

우리나라는 한때 비트코인 열풍으로 이에 대한 투기를 막기 위한 규제 여부가 크게 논의된 적은 있었으니 실질적으로는 아직 블록체인에 대한 사회적 공감대가 다른 나라에 비해 부족한 상황으로 볼 수 있다. 2017년에 들어서야 비로소 과학기술정보통신부는 한국인터넷진흥원KISA에 블록체인 전담팀을 구성했고 정보통신기획평가원IITP을 중심으로 블록체인 기술개발중장기 계획을 마련해왔다. 2018년에는 블록체인 산업육성을 위한 '블록체인 기술 발전 전략'을 발표한 바 있다. 하지만 아직은 여느 선진국에 비해서는 그 대응이 더딘 측면이 없지 않은 실정이다.

2.2 블록체인과 개인정보와의 충돌

2.2.1 개인정보보호법상의 블록체인

일반적으로 개인정보를 수집할 때 정보주체의 동의를 받도록 되어 있다. 하지만 블록체인에서는 누군가가 정보를 수집하는 것이 아니라 스스로가 자발적으로 자신의 정보를 제공하는 경우가 많다. 따라서 기존의 동의방식의 정보수집이라는 패러다임은 블록체인에서 적용되기 곤란하게 된다. 앞서 설명한 바와 같이 블록체인에 올라온 데이터 들은 공유를 통해 투명성을 확보하고 있기 때문에 정보주체의 개념이 모호해지게 된다. 이런 상황에서 정보주체의 개인정보자기결정권이라는 권리는 블록체인의 데이터 공유원칙과 충돌하기 때문에 이에 대한 깊은 논의가 필요하게 된다.

블록체인은 그 특성상 우리나라에만 국한되어서 형성되지 않고 오히려 전 세계적으로 네트워크화 하는 경우가 많다. 이는 네트워크에 참여하는 노드가 외국에 위치하는 경우가 많다는 것을 의미하는데 이는 결국 국내법인 개인정보보호법의 적용 여부 문제를 발생시킨다는 것이다. 즉 외국에 위치한 노드가 국내에 위치한 개인정보를 처리할 경우에도 우리의 개인정보보호법제를 적용할 수 있는지 문제가 된다.

블록체인은 블록에 기재되어 검증되고 승인된 정보를 삭제하거나 변경하는 것은 거의 불가능한 특성을 가지고 있어서 우리 개인정보보호법상의 정정 및 삭제권이나 목적 달성 후 폐기 등과 권리 보장이 불가능해진다. 왜냐하면 블록체인 자체가 정보의 삭제를 막기 위하여 설계되었기 때문이다. 이렇게 블록체인의 특성이 우리 개인정보 보호법 규정과 충돌할 때의 대책을 근본적으로 검토해 보아야 한다.

2.2.2 잊힐 권리

'잊힐 권리right to be forgotten'란 "인터넷에서 생성·저장·유통되는 개인의 사진이나 거래 정보 또는 개인의 성향과 관련된 정보에 대해 소유권을 강화하고 이에 대해 유통기한을 정하거나 이를 삭제, 수정, 영구적인 파기를 요청할 수 있는 권리"를 말한다.

옥스퍼드 대학 교수인 빅토르 마이어 쇤베르거는 그의 저서「잊힐 권리delete」에서 모든 디지털 정보에 유효기간을 설정 후, 그 기간이 경과하면 폐기를 요구할 수 있는 잊힐 권리를 보호해야 한다고 강조한 바 있다.

기존의 시스템에서는 누군가가 '잊힐 권리'를 행사하여 자신의 정보 삭제를 요청하면 중앙서버에 있는 기록 지우기만 하면 되는 비교적 간단히 수행

▲ 잊힐 권리[10]

할 수 있었다. 그러나 블록체인의 경우 이러한 중앙정보처리자 없이 참여한 모든 노드가 각자 자신의 컴퓨터에 데이터를 나누어 저장하기 때문에 한번 블록에 기록된 데이터를 모든 컴퓨터에서 일률적으로 삭제하는 것은 거의 불가능하다. 이러한 데이터의 임의 삭제나 위변조의 불가능성 때문에 블록체인에 올라온 데이터는 신뢰할 수 있게 되는데 정작 이러한 특성이 정보주체의 '잊힐 권리'를 보장하고 있는 현행 법률과 상충되게 된다.

당장 국내 개인정보보호법과 전자금융거래법에서는 '기록의 파기와 정정

및 삭제의 의무'를 규정하고 있는데 이와 부딪친다. 우리 개인정보보호법 제21조와 제36조에 따르면 "보유기간이 지나거나, 개인정보 처리 목적 달성 등으로 인해 개인정보가 더 이상 필요하지 않게 되었을 때, 또는 정보주체가 요구하였을 때" 개인정보를 정정하거나 삭제할 수 있도록 하고 있다. 전자금융거래법 제22조에는 전자금융거래를 위해 개인정보를 수집한 경우에도 보존 기간이 경과하거나 거래관계가 종료된 경우에는 5년 이내에 전자금융거래기록을 파기해야 한다고 규정하고 있다.

- 개인정보보호법 제21조 – 개인정보의 파기
① 개인정보처리자는 보유기간의 경과, 개인정보의 처리 목적 달성 등 그 개인정보가 불필요하게 되었을 때에는 지체 없이 그 개인정보를 파기하여야 한다.

- 개인정보보호법 제36조 – 개인정보의 정정·삭제
① 제35조에 따라 자신의 개인정보를 열람한 정보주체는 개인정보처리자에게 그 개인정보의 정정 또는 삭제를 요구할 수 있다. 다만, 다른 법령에서 그 개인정보가 수집 대상으로 명시되어 있는 경우에는 그 삭제를 요구할 수 없다.

- 전자금융거래법 제22조 – 전자금융거래기록의 생성·보존 및 파기
① 금융회사 등은 전자금융거래의 내용을 추적·검색하거나 그 내용에 오류가 발생할 경우에 이를 확인하거나 정정할 수 있는 기록(이하 "전자금융거래기록")을 생성하여 5년의 범위 안에서 대통령령이 정하는 기간 동안 보존하여야 한다.
② 금융회사 등은 제1항에 따라 보존하여야 하는 기간이 경과하고 금융거래 등 상거래관계가 종료된 경우에는 5년 이내에 전자금융거래기록을 파기하여야 한다.

2010년대 이후 '잊힐 권리'가 새로운 기본권으로 각광받기 시작하면서 인터넷에 올린 자신의 개인정보나 흔적을 대행해서 지워주는 새로운 직업이 등장했다. 더 나아가 최근에는 사망자의 뜻에 따라 온라인에 남아 있는 고인의 개인정보 등을 지워주는 '디지털 장의사'라는 신종 직업이 탄생하기도 했는데 이와 같이 기술변화에 따라 새로운 직업이 등장하기도 하는데 블록체인 기술로 인해서 앞으로 생길 수 있거나 각광받을 수 있는 미래 직업의 흐름에 대해 예측해보자.

만약 누군가가 악의적인 목적으로 개인에 대한 왜곡된 정보나 사생활 등 숨기고 싶은 정보를 일부러 블록체인에 올린다면 삭제나 위변조 등이 사실상 불가능한 블록체인의 특성상 이로 인한 피해자의 고통은 지속적일 수밖에 없을 것이다. 실제로 2018년에 발표된 한 논문에 따르면 비트코인의 블록체인에 기록된 데이터들 중 1.4% 정도는 비트코인 거래 정보와는 무관한 저작권 침해나 개인정보 침해 관련 정보로 밝혀졌다고 한다. 따라서 이러한 문제는 블록체인 생태계의 근간을 흔들 수 있는 사안이 되는데 그렇다면 위의 문제를 어떻게 해결할 수 있는지에 대해 논의해보자.

사례 3

유럽사법재판소^{European Court of Justice}는 2015년 10월에 "EU가 법정 화폐인 통화와 은행권, 동전에 가산세를 부과하지 않도록 규정하고 있기 때문에 비트코인과 전통적인 화폐의 교환에 대해 부가가치세를 부과해서는 안 된다"고 판결한 바 있다. 즉 비트코인과 같은 암호화폐도 화폐이기 때문에 다른 통화와 마찬가지로 환전 시 부가가치세를 물리지 않겠다는 취지이다. 독일도 이러한 유럽사법재판소의 판결을 수용하여 비트코인으로 물건을 구매할 시에는 세금을 물리지 않겠다고 했다. 그러나 만약 비트코인을 물건 구매에 사용하지 않는다면 이는 유럽사법재판소 판례의 적용대상이 아니기 때문에 세금을 물리겠다는 의사를 표명했다. 이와 같은 독일의 결정에 대해 논의해보자

사례 4

2017년 10월 26일 개최된 금융정보보호 컨퍼런스^{FISCON}에서 대한민국 경찰청이 발표한 바에 따르면 암호화폐가 익명거래의 특징을 이용해 범죄수익금 취득, 편법 증여, 탈세, 불법 해외송금 등의 수단으로 악용되는 경우가 있다고 한다. 이러한 문제를 해결할 방법은 무엇인가?

4 평가와 전망

블록체인 기술이 가져올 전망과 관련해서 빠지지 않는 것이 일자리문제이다. 어렵지 않게 예측이 가능한 분야도 분명 존재한다. 예를 들어 이더리움과 같은 블록체인 기반 스마트 계약이 활성화되면 거래의 정확성을 담보해왔던 변호사나 법무사 등의 공증이나 인증업무 등은 감소할 것이다. 이는 결국 변호사나 법무사 등의 수요를 대폭 감소시킬 것이고 필연적으로 이들

118 제1부 4차산업혁명을 어떻게 이해할 것인가

의 사회적 입지는 좁아질 수밖에 없을 것이다. 같은 맥락에서 부동산 거래에 블록체인 기술을 사용하게 되면 공인중개사법무사 및 등기소의 역할도 대폭 줄어들 것이다. 앞에서 살펴본 바와 같이 금융권에서의 소액결제나 국제송금업무의 경우에도 블록체인 기술이 활성화 되면 굳이 개인 간의 거래에 있어서 제3자의 개입을 필요로 하지 않기 때문에 은행이나 송금기관에 수수료를 지불하지 않고서도 업무가 가능해지게 되고 이는 결국 금융기관이나 중개기관의 수익 감소로 이어지게 될 수 있다.

그렇다면 블록체인으로 인해 일자리를 감소만 되는 것인가? 반드시 그런 것만은 아니다. 2018년 9월 미국의 경제지 포브스는 2018년 상반기 전 세계 주요기업들의 블록체인 관련 일자리는 2017년과 비교해 보았을 때 오히려 상승했다고 보도했다. 당장 미국의 마이크로소프트나 아마존 및 페이스북 같은 IT기업이 블록체인 분야에 뛰어들면서 블록체인 전문가들의 수요가 급격히 증가했다. 국내에서도 2018년 9월 기준으로 취업정보 사이트인 '사람인'에 따르면 블록체인 관련 일자리는 꾸준히 증가하는 것으로 드러났다. 한국블록체인협회가 조사한 바에 의하면 블록체인 관련 일자리가 지속적으로 창출될 것이라는 낙관적인 전망치를 내고 있다.

이러한 긍정적인 전망은 블록체인 기술 자체가 성장 잠재력이 매우 높은 분야이며, 4차 산업혁명 시대에 없어서는 안 될 핵심 기술로 받아들여지고 있다는 점에 기인한다. 2016년 세계경제포럼World Economic Forum에서는 블록체인 기반 플랫폼이 2025년 세계 GDP의 약 10%를 차지할 것으로 전망한 바 있으며 IT기술 전문 글로벌 시장조사기관 가트너Gartner도 블록체인으로부터 창출되는 부가가치가 2017년 40억 달러에서 2025년엔 1,760억 달러, 2030년 3조 1,600억 달러까지 성장할 것으로 전망하였다.

이와 같은 파급력과 잠재력을 고려하여 세계 각국은 블록체인 관련 기술개발에 더욱 박차를 가할 것으로 전망된다.

5 더 읽어볼만한 자료

① 정민아 · 마크 게이츠, 「하룻밤에 읽는 블록체인 암호화폐 & 블록체인 필수지식 70문 70답」, 블루페가수스(2018)

이 책은 블록체인과 비트코인에 대해서 최대한 쉽게 설명하면서도 동시에 한때 대한민국에서 광풍이 불었던 암호화폐의 투자와 그에 따른 역풍을 최대한 현실감 있게 반영하고 있다.

② 과학기술정보통신부·한국과학기술기획평가원, 「블록체인의 미래」(2018)

이 보고서는 과학기술정보통신부의 위탁을 받아서 한국과학기술기획평가원에서 작성한 2018년 기술영향평가의 결과물이다. 이 보고서에는 블록체인 기술이 향후 사회 전반에 미칠 영향에 대해 시민과 전문가가 함께 논의한 결과를 담고 있다.

③ 조영선, 「Why? 암호화폐와 블록체인」, 예림당(2017)

이 책은 과학학습만화로 암호화폐와 블록체인에 대해 자세히 설명하고 있으면서도 내용은 물론, 올바른 활용 방안과 미래 네트워크 기술과의 융합도 예측해 볼 수 있도록 유도하고 있다.

④ 좌봉두 · 박정환, 「블록체인 이해와 암호화폐」, 한올(2018)

이 책은 특히 제주도 출신 경영학 박사가 바라본 블록체인과 암호화폐에 대해서 설명하고 있으며 에스토니아를 벤치마킹해 제주도를 블록체인의 허브로 만들기 위한 나름대로의 생각들을 엿볼 수 있다.

사이버보안

1

"패스워드는 속옷과 같다. 남에게 보여서도 안 되고, 자주 바꾸어야 하며, 타인과 함부로 공유해서도 안 된다."

- 세계적 블로그 로커그놈(LockerGnome) 설립자 크리스 피릴로(Chris Pirillo)-

1 사이버보안의 의의는 무엇인가

1.1. 사이버보안의 개념은 무엇인가

2

사이버보안은 사람들이 사이버 공간에서 자신들의 정보를 기록하거나 정보를 활용하는 행위를 안전하게 할 수 있도록 믿을 수 있는 공간을 만들고 유지하는 것을 의미한다.

그런데 사이버 세계와 오프라인이 종래 '분리'되어 있다가 최근에는 빅데이터와 사물인터넷 기술의 발전으로 인하여 '상호 연결'되며 접속이 활발해지고 있다. 이에 따라 종래의 사이버상에서만의 안보에 대한 논의는 변화와 수정을 하지 않으면 안 되게 되었다.[3]

사이버 안전과 보호의 개념과 범위가 처음에는 사이버상의 '정보 자체'에 대한 것에만 국한되다가, 사이버 '시스템'에 대한 것을 포함하는 것을 추가하게 되었다.[4]

사이버 보안이 ① 정보 자체에 대한 안전과 ② 시스템의 안전 두 가지를 대상으로 하는 것으로 확정되게 된 데에는 중요한 두 가지 독일 연방헌법재판소 판례가 계기가 되었다.

독일연방헌법재판소가 '인구조사판결'에서 '정보자기결정권'을 인정하는 기념비적인 판결을 하였다. 최근에는 '온라인수색판결'을 통하여 이른바 'IT 기본권'을 인정하는 또 다른 기념비적인 판결을 하였다. 독일 연방헌법재판소는 최근 국민들에게 사이버 시스템의 비밀이 보장되는 '기밀성'과 사이버 시스템이 결함이 없고 안전하여야 하는 '무결성' 등을 이제는 기본권으로서 보장된다고 선언하였다.[5]사이버 안전의 범위는 이제 정보 자체의 안전과 사이버 시스템의 안전을 모두 포함하게 된 것이다. 시스템의 안전을 보다 강조하는 말로 '컴퓨터 보안'이라는 용어가 사용되기도 한다. 컴퓨터 보안은 사이버 보안 또는 IT 보안이라고도 하며 컴퓨터 시스템을 하드웨어, 소프트웨어 또는 컴퓨터 시스템에 저장된 정보의 도난 또는 손상으로부터 보호하고 그러한 컴퓨터 시스템이 제공하는 서비스의 중단 또는 오도로부터 보호하는 것이다.

1.2. 사이버 보안의 필요성이 있는가

즉, 2014년에 711억 달러로 2013년 대비 7.9% 증가하였고, 2015년에

750억 달러였던 사이버보안 지출이 2018년에는 1,010억 달러에 이른 것으로 추정된다.[6]

사이버보안은 각종 조직의 네트워크나 이와 연결된 정보들이 손상되지 않도록 무결성을 보호하는 것을 목적으로 한다. 사이버보안을 하는 목적은 사이버 공격의 대상이 되는 전체 연결 체인들에 걸쳐서 광범위하게 존재하는 '데이터'는 물론 사이버 '네트워크 시스템'을 모두 함께 보호하는 것에 있다.

1.3. 사이버 안보와 위험성 사회에 대해서

울리히 벡U.Beck은 새로운 현대형 위험과 관련하여 '리스크'를 논의하고 있다. 과거와 달리 이미 발생한 장해를 제거하는 것만으로는 더 이상 안전하게 시민의 생명과 신체 및 재산 등 기본권의 보호를 장담할 수 없는 사회가 되었다는 것을 의미한다. 이제는 위험 속에 시민들이 상시적으로 노출되게 되어 안전을 장담할 수 없게 된다. 그러면서도 현대의 '위험사회' Risikogesellschaft[7] 속에서 국가공권력의 행사 역시 어떻게 정당하면서도 효과적으로 이루어질 수 있을 것인지 다양하게 논의하고 있다.[8]각 보호 유형(기밀성, 가용성 및 무결성)과 관련하여 사이버 위험과 장애의 부정적 영향을 어느 정도 이해하는 것이 중요하다.

---

2 사이버 위협의 형태는 어떠한 것이 있는가

2.1. 사이버 위협의 대상을 국제표준으로 분류하면

통상적인 사이버 위협은 세 가지 기준 중 어느 하나라도 위험하게 만드는 것이라고 볼 수 있다.

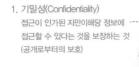

1. 기밀성(Confidentiality)
접근이 인가된 자만이해당 정보에
접근할 수 있다는 것을 보장하는 것
(공개로부터의 보호)

9

2. 무결성(Integrity)
정보 및 처리방법의 정확성과 완전성을
보장하는 것(변조로부터의 보호)

3. 가용성(Availabilty)
인가된 사용자가 필요시 정보 및
관련 자산에 접근 할 수 있도록
보장하는 것
(파괴/지체로부터의 보호)

IISO 27000 정보 보호 표준에서는 컴퓨터시스템에 대하여 ① 기밀성(機密性; Confidentiality), ② 가용성(可用性; Availability) 및 ③ 무결성(無缺性; Integrity)을 요구한다.[10] 최근에 독일 연방헌법재판소는 이러한 정보시스템에 대한 권리들을 이른바 IT기본권으로 인정하고 있다.[11] 유럽에서는 「개인정보보호규정」GDPR을 제정하여 우리에게도 영향을 미치고 있다.[12]

2.1.1. 기밀성에 대한 공격이란

13

정보화 사회와 이에 따른 전자거래를 위한 중요한 전제 조건 중의 하나는 보안이 유지되어야 하는 기밀성(機密性; Confidentiality)이 있어야 한다. 그런데, 해킹은 컴퓨터 네트워크의 취약한 보안망에 불법적으로 접근하거나 정보 시스템에 유해한 영향을 끼쳐서 전자문서의 기밀성을 침해하게 된다. 따라서 종이문서와 달리 전자 문서는 점점 보안 기술과 보안 메카니즘에 대한 의존도가 높아져가게 되는 문제를 안고 가게 된다.[14] 기밀성에 대한 공격은 사이버상의 해킹에 그치지 않는다. 신용카드 사기나 신분도용에서 시작해서 비트코인 등 암호화폐의 지갑을 절도하는 것 등에 이르기까지 다양하다. 이러한 기밀성에 대한 공격은 국가가 스파이를 고용하거나 스파이용 악성코드를 활용해서 정치목적, 군사목적, 산업과 경제목적 등으로 정보를 획득하는 것으로도 나타나고 있다는 사실이 드러나고 있다. 국가에 의하여 필요에 따라 행하여지게 되는 '온라인 수색'Online - Durchsuchung은 정보기술시스템에 은밀하게 접근하는 것이다. 온라인 수색은 적법절차와 정당한 사유 없이 비례의 원칙에 위반할 정도로 하면 위헌이며 위법한 행위가 된다.[15]

한편 사람을 살리거나 테러 위험을 축소하며 사전에 방지하기 위하여 정당한 목적으로 사용되는 것을 '전략적 해킹'Tactical Hacking이라고 우호적으

로 표현하기도 한다.[16]

과거에는 기술적 방법에 의한 분류 위주로 논의되다가 최근에는 침해주체별로 사이버 공격에 대한 유형을 새롭게 분류하는 입장도 등장하고 있다.[17] 해커 등에 의한 외부적 유형과 직원들의 실수 등에 의한 내부적 유형으로 새롭게 분류하는 방법[18]도 이해에 도움을 줄 수 있다.

2.1.2. 무결성에 대한 공격이란

전자문서는 정보화 사회의 유통과정과 전자정부의 소통과정 등에서 디지털 정보가 변형되거나 훼손, 수정되지 말아야 한다. 이를 무결성(無缺性; Integrity)이라 한다.[19] 무결성 공격은 사이버상의 사보타주라고도 부른다. 무결성에 대한 공격은 데이터 자체에 대한 공격에 그치는 것이 아니라 데이터가 존재하는 사이버 시스템 자체를 공격하는 것도 포함한다. 무결성에 대한 공격방법은 데이터나 데이터가 존재하는 시스템들을 손상하거나 변질시키거나 파괴하는 행위에 이르기까지 다양하다. 오늘날 무결성에 대한 공격 역시 개인뿐만 아니라 각종 해킹단체는 물론이고 국가에 의해서도 의도적으로 행해지기도 한다.

2.1.3. 가용성에 대한 공격이란

가용성(可用性; Availability)은 서버나 네트워크 등 사이버상의 정보 시스템이 장애 없이 정상적으로 운영되는 능력을 말한다. 시스템이 장애failure 상태에 빠져 더 이상 서비스 혹은 자원을 제공하지 못하는 경우는 가용성이 저하된다고 표현하게 된다.[20]

먼저 DDoS 공격에 대하여 전자정부는 국가와 사회 및 시민들의 안전을 방어해 낼 수 있는 시스템과 정보통신기술 및 법적 장치들을 보유하고 있어야 한다. 디도스DDoS; Distributed Denial of Service는 여러 대의 공격자를 분산 배치하여 동시에 '서비스 거부 공격Denial of Service attack; DoS'을 함으로써 시스템이 더 이상 정상적 서비스를 제공할 수 없도록 만드는 것이다.[21]

2011년에 '농협 DDoS 공격 사례'가 발생하여 은행고객들의 각종 자료와 내용이 해킹당하고 농협의 서버가 파괴당하는 일이 발생하였는데, 전자정부

차원의 대책들이 깊이 있게 논의하게 되는 계기가 되었다.[22] '현대캐피탈 고객정보 유출사건' 역시 사회적인 반향을 크게 불러 일으켰다.[23]

그 밖에도 최근에는 로마보병 선봉부대 HASTATI 악성코드와 APT 등 '악성코드' 공격사례가 역시 사회적인 주목을 받았다.[24] 표적이 데이터에 접속하는 걸 방해하는 랜섬웨어의 형태로도 많이 나타난다. 랜섬웨어는 표적의 데이터를 암호화하고 피해자에게 암호해독을 위하여 몸값을 요구한다. 이렇듯이 사이버상의 정보시스템이 정상적으로 운용되지 못하도록 하는 공격기술들이 점차 발전하면서 우리 사회의 안전을 위협하고 있다.

2.2. 사이버 위협의 특성– 국경을 초월하는 사이버 공격에 대하여

25

해킹hacking이라 함은 컴퓨터 네트워크의 취약한 보안망에 권한 없이 불법적으로 접근하거나 정보 시스템에 유해한 영향을 끼치는 행위이다. 앨빈 토플러에 의하면 정보통신기술의 발전은 정부와 시민 이외의 제3의 세력들로서 해킹 세력들을 키워내게 되었다.[26] 따라서 해킹과 관련된 법률관계는 '정부 대 시민'의 단순한 대립구조가 아니라. '정부와 시민 및 제3의 해킹 세력' 등으로 복잡하게 얽히게 되는 다극적인 구조로 파악하여야 한다.

해킹은 권한이 없는 경우뿐만 아니라 권한을 넘어서는 경우도 포함한다. 그러나 최근에는 예외적인 경우에는 정보주체의 동의 없이 침해하지만 국가 등의 허가를 받아 행하는 전략적 해킹 등의 개념도 논의되기 시작하고 있다.[27]

해커*라는 제3의 세력의 등장, 구글이나 페이스북 같은 사이버상에서 막강한 힘을 가진 다국적 기업의 출현, 각종 NGO 단체 등 국경을 초월하는 세력, 국가와 국가 사이의 해킹과 안보다툼 등 수많은 중심축들이 '다원적'으로 생겨나고 있고 갈등과 조화 관계에 놓이게 된다.[28]

해킹의 주체는 해킹을 감행하는 자연인, 단체는 물론 최근 필요에 의하여 일부 국가에서 행하기도 한다는 점이 드러나고 있다. 해킹의 상대방 역시 자연인은 물론 각종 단체와 기업에만 국한되지 않고, 최근 국가의 각종 행정조직과 기간시설 등을 가리지 않는다. 해킹에 의하여 각종 기본권과 법익들이 침해되는데, 정보

29

의 자기결정권과 프라이버시, 인간의 존엄성 등은 물론 구체적인 재산권의 침해, 생명·신체의 안전, 행동의 자유, 각종 위험으로부터의 안전, 국가안전보장과 사회질서, 국제 안보 등에 이르기까지 다양하다.[30]

영국 국립사이버보안센터NCSC에서는 대규모의 국제적 사이버 범죄는 영국 국민과 기업에 위험을 초래하고 있고, 일상과 사회, 경제적 번영을 위태롭게 한다고 보았다. 이 보고서에 따르면 최근 영국에서만 1년간 900여 건의 사이버 공격이 이루어졌으며, 정부 기관이 가장 많은 공격을 받았으며, 교육기관과 기술기업, 관리 서비스 업체, 교통·의료 기관 등도 주된 공격 대상이었다고 한다.[31]

2.3. 사이버 보안위협 환경과 위협행위자들의 동기에는 무엇이 있는가

(1) 사이버 보안위협환경은 어떠한 것이 있는가

사이버 안전과 보호를 위협하는 공격 방법의 기술상의 '진화'가 정부가 통제하기 곤란할 정도로 심각하고 광범위하며 빠르게 진행되고 있다.[32]

이러한 사이버 공격이 행해지는 데는 각종 동기와 이해관계 등이 숨어있다.

사이버 공격은 대부분 의도적이거나 악의적인 경우들이지만, 무의식적으로 부주의하게 과실로 이루어지는 경우들도 있다.

33

의도적이고 악의적인 사이버 공격은 다시 피해자를 특정하여 행해지는 경우와 불특정 다수의 피해자가 발생하는 경우로 나뉜다.

사이버 공격의 방법은 최근에는 개방형 네트워크*, 서비스 및 포트**의 스캐닝***, 기본 또는 공통 암호의 입력 시도, 패치****되지 않은 서비스 찾기, 피싱***** 이메일 전송과 같은 저비용 공격 벡터******를 용하기도 한다.

이러한 불특정다수인들에 대한 사이버공격은 표준적인 수준의 보호조치를 통하여 기회주의적 공격의 위험을 완화하는 것이 상대적으로 용이하다.

한편 사이버 공격이 특정인이나 특정 기업 또는 특정 공공기관을 목적으로 하는 것을 '표적 공격'이라고 한다. 이러한 경우에는 사이버상의 보안은 매우 어려워진다. 표적 공격은 기회주의적 공격과 동일한 저비용 공격 벡터를 사용한다. 그러나, 초기 공격이 실패할 경우, 표적 공격자는 더욱 단호해지며, 얼마나 많은 가치가 훼손될 수 있는가 하는 것에 따라 더 정교한 방법을 사용하는 데 시간과 자원을 투여한다. 표적 공격자는 종종 정교한 소셜 엔지니어링 및 스피어피싱*******을 사용하여 시스템에 접근하기도 한다. 이러한 방식이 실패할 경우에는 표적 공격자는 시스템, 소프트웨어 또는 프로세스********를 분석하여 이용 가능한 대안적 취약점을 찾는다.[35]

(2) 사이버 안보의 위협행위자 및 그 동기에는 무엇이 있는가

어떤 행위자가 공격할 가능성이 가장 높은 행위자인지 어느 정도 이해하면, 공격자의 동기를 가정할 수 있고, 얼마만큼의 시간과 자원 그리고 의지를 투입할 것인지, 그리고 어떠한 취약점을 노릴 것인지 이해할 수 있다.

사이버 안전을 침해하는 각종 행위를 하거나 유해한 환경을 조성하는 자가 해커인 경우이다.

해킹 세력들은 국내에 국한되지 않으며 국제적인 활동을 하는 경우들이 많다. 또한 해커들은 사이버상으로는 국가와 전력이 비대칭이지 않고 대등하거나 심지어 우월한 정보통신 기술력을 보유하기도 한다. 이러한 해커들[37]은 사이버상으로는 종래의 국가와 시민의 대립구조에 큰 변화를 가져오는 제3의 축이 된다. 해킹 세력들도 의도에 따라 시스템을 뚫는 해커와 악의적인 침입자인 크래커cracker*로 구분되기로 한다. 크래커에는 정보 획득을 위한 단순 침입자인 '인트루더Intruder'와, 시스템의 서비스를 막는 '어태커Attacker', 시스템을 파괴하고 상용 프로그램의 복사 방지장치를 풀거나 바이러스를 전파하는 '디스트로이어Destroyer' 등이 있다.[39]

기업에 의한 침해는 입법적인 로비나 활동으로까지 이어지고 있다. 최근 기업들은 4차 산업혁명을 기치로 내걸면서, 사물인터넷Internet of Things; IOTs 과 빅데이터Big Data 등을 보다 적극적으로 활용하기 위하여 종래의 옵트인 Opt-in 원칙에서 옵트아웃Opt-out원칙으로의 전환을 하자는 주장들을 지지해 왔다. 기업들은 이러한 방향으로 입법청원을 해 왔으며, 그러한 압력과 노력들이 '옵트인 원칙의 완화'를 거쳐서 '옵트아웃 원칙으로 변화'하는 것이 현실적인 법령으로 입안되어 나갈 추세이다. 최근의 예로서 '개인정보 비식별 조치 가이드라인'이 2016. 7.에 제정되었다.[40]

이러한 변화가 프라이버시와 기본권 등을 약화시킨다면 위법한 침해뿐만 아니라 적법한 침해도 사이버상에서 발생한다.

해킹 세력들은 금융정보를 탈취하여 금융사기를 의도하는 자들로부터 위키리크스 같이 정치적인 이해관계를 가지고 움직이는 경우들도 있다.[41] 해킹 세력들은 국내에 국한되지 않으며 국제적인 활동을 하는 경우들이 많다. 또한 해커들은 사이버 상으로는 국가와 전력이 비대칭이지 않고 대등하거나 심지어 우월한 정보통신 기술력을 보유하기도 한다. 이러한 해커들은 사이버상으로는 종래의 국가와 시민의 대립구조에 큰 변화를 가져오는 제3의 축이 된다.

해킹을 하는 주체들은 사이버 범죄자나 사이버 테러리스트, 해외 정보수집을 담당하는 정부기관에 국한되지 않는다. 해킹을 하는 사람들은 친근한 지인들, 고용된 직원들, 경쟁 회사, 장난 등에 이르기까지 다양할 수 있다.

또한 핵티비스트들은 정치적이거나 이데올로기상의 동기를 가지고 단체나 기관에 대하여 사이버공격을 한다.[42]

탐사 저널리스트 또는 화이트햇 해커를 예로 들 수 있다. 결점과 취약점을 고치지 않고 숨기는 데 자원을 사용할 경우 화이트햇 해커(윤리적 해커)가 위협을 제기할 수 있다.[43]

* 크래커는 악의적인 목적을 가지고 다른 사람의 컴퓨터시스템에 무단으로 침입하여 정보를 훔치거나 프로그램을 훼손하는 등의 불법행위를 하는 사람을 의미한다.[38]

3 사이버 공격 수행 방법을 알아보자

사이버 공격을 수행하는 방법은 다음과 같다.

3.1. 사회공학적 공격(Social engineering)

44

* 컴퓨터 보안에서 인간
상호 작용의 깊은 신뢰를
바탕으로 사람들을 속여,
정상 보안 절차를 깨뜨
리고 비기술적인 수단으
로 정보를 얻는 행위

사이버 공격을 하는 자들은 사람들 사이의 사회적 관계를 통하여 컴퓨터를 해킹하고 인간의 생활과 경제 및 내면을 캐내려고 한다. 이를 사회공학*적 공격이라고 한다. 사회공학Social Engineering45은 아무리 기계적인 보안수준이 높다고 하더라도 결국 사람을 통해서 해킹이 용이하게 되는 점을 이용하는 것이다. 랜섬웨어도 사회공학적 방법으로 접근해서 전파할 때가 많다. 심지어 신뢰할 수 있는 웹사이트에서 트로이목마를 심어 해킹을 한다. 이러한 점들에 대비하기 위해서는 정기적이고 지속적이며 체계적인 교육이 사람들에게 필요하다

3.2. 피싱 공격(Phishing attacks)

47

피싱 공격은 사람의 심리나 행위를 이용하여 비밀번호나 암호를 알아내어 각종 금융정보나 기밀을 알아내는 행위를 의미한다. 최근 우리 사회구성원들이나 주변 지인들 중 누구나가 한두 번은 경험하였을 수 있을 정도로 보이스 피싱 사례도 빈번하게 발생하고 있다.46

① '보이스 피싱'Voice Phishing은 전화를 통하여 신용카드 번호 등의 개인정보를 알아낸 뒤 이를 범죄에 이용하는 전화금융사기 수법을 말한다.

② '스미싱'smishing은 다수인에게 핸드폰의 문자메시지를 이용하여 핸드폰에서 트로이목마를 주입하는 해킹 기법인데 맥아피가 'SMS + Phishing'이

라고 분석하여 호칭하였다. 해커가 핸드폰 사용자에게 웹사이트 링크를 포함한 문자메시지를 보내는데, 휴대폰 사용자가 이를 클릭하여 접속하면 트로이 목마를 주입해 인터넷으로 휴대폰을 통제하고, 이차적으로 금융사기를 유발한다.[48]

③ '파밍'Pharming*은 합법적으로 소유하고 있던 사용자의 도메인을 탈취하거나 도메인 네임 시스템DNS 또는 프락시 서버의 주소를 변조함으로써 사용자들로 하여금 진짜 사이트로 오인하여 접속하도록 유도한 뒤에 개인정보를 훔치는 새로운 컴퓨터 범죄 수법을 말한다.

3.3. 패치되지 않은 소프트웨어를 이용하는 경우

우리는 회사의 컴퓨터나 네트워킹이 해킹을 당하여 고객들의 피해와 손해가 발행할 경우에 회사의 법적 책임 유무를 결정짓는 중요한 판단 요소를 알 필요가 있다. 그것은 무엇보다도 기업이 보안패치Security Patch를 내려 받아 신속하게 보안의 취약점을 보완하는 의무를 이행하였는가 여부이다. '보안패치'는 운영체계나 응용프로그램에 내재된 보안 취약점을 보완하는 소프트웨어이다. 보안패치를 할 경우 취약점을 악용하는 악성코드 감염을 방지하고, 각종 PC 오류의 원인을 제거해 줄 수 있다.[50]

법원도 손해배상 판결에서 이를 중요한 판단요소로 활용하면 될 것이다. 그러나, 사이버 보안패치를 개발해서 기업들에게 내려 받기 이전에 사이버 공격을 해 버리는 이른바 '제로데이 공격'zero day attack이 있는 경우에는 기업의 책임을 묻기는 용이하지 않다.

3.4. 소셜 미디어 위협(Social media threats) 까지도

소셜 미디어를 이용하여 연예를 명분으로 대화를 유도하거나 취미 또는 직업적 관심사 등에 대한 대화를 유도하여 피싱을 하는 현상이 증가하고 있다. 이를 이른바 '캣피싱Catfishing'[52]이라고 하여 최근에 피해자들이 증가하고 있어

51

*피싱과 같은 위험하고 강력한 공격에 대비하기 위해서는 '이중 인증'(二重認證 Two-Factor Authentication)을 거치도록 하는 것이 좋다. '이중 인증'은 두 가지 인증 방법을 조합 적용하는 안전성을 향상시키는 인증이다. 이중 인증을 위해서는 3가지 요소로 구분할 필요가 있다고 한다. ㉠ 바로 자신이 알고 있는 것(what you know: 패스워드, PIN 등), ㉡ 자신이 소유한 것(what you have: 스마트 카드, 토큰, 키 등), ㉢ 자신 그 자체(what you are: 지문 등 생체 정보) 등이 이중 인증을 위한 3요소이다.[49]

문제가 되고 있다.

3.5. 진화형 사이버공격(APT; Advanced Persistent Threats)란 무엇인가

'진화형 사이버 공격'APT; Advanced Persistent Threats53이란 방화벽 같은 보안 시스템을 우회하여 해킹을 하기 위하여 표적이 된 컴퓨터나 네트워킹에 머물면서 꾸준히 관련 정보를 모은 뒤 일정 단계에 이르러 약점을 파악하여 공격하는 사기적인 기술로서, 저자가 이 글을 통하여 한글 명칭을 붙인 사이버 공격기술이다. 경쟁 국가의 정부기관이나 경쟁 기업 직원들이 표적이 된 회사의 산업정보를 빼가기 위해서 최근에 사용되고 있는 매우 위험한 기술이다.

4 사이버보안의 방법들에는 무엇이 있는가

4.1. 사이버보안과 비용편익분석을 연결해서 생각해 보자

55

인간은 경제적인 고려를 하는 존재이며, 사이버 공격을 하는 국가기관, 기업, 단체 및 개인들도 마찬가지이다. 사이버 공격을 행하는 자들도 비용-편익분석CBA; Cost - Benefit Analysis 을 행하고, 그에 기초한 이익들을 비교형량하여 해킹 여부와 대상 및 방법을 정한다.54

따라서 사이버보안은 사이버 공격자들로 하여금 사이버 공격 비용이 사이버 공격을 통하여 얻게 되는 이익을 초과하도록 느낄 수 있을 정도로 목표 및 수준과 내용이 결정되어야 한다. 그런데, '비용과 편익을 바라보는 관점'을 전혀 다르게 가져가서 이익형량을 하여야 한다는 것이다. 사이버 보안에 있어서 비용편익분석을 검토할 때 경제학적인 관점에 매몰

되어서는 안 된다. 사이버보안은 헌법적 가치와 개인의 자기정보결정권 등을 고려하여 사람을 중요하게 생각하는 방식으로 접근되어야 한다.

사람의 인격과 프라이버시 등을 충분히 보호하기 위한 사이버 안보 비용과 투자를 소홀히 한 채, 기술을 개발하고 산업과 과학기술을 발전시키려 드는 것은 사상누각을 짓는 것과 같다. 따라서 사이버보안를 위해서는 그 자체의 기술력을 제고시키는 과학과 기술에 대한 투자도 당연히 수반되어야 한다.

나아가서 사이버보안를 위해 과학기술을 발전시키는 과정 중에 개인의 정보자기결정권과 프라이버시 등 헌법과 민주주의 및 적법절차 등에 소요되는 비용을 '죽은 비용'으로 바라보지 말고 반드시 필요한 비용으로 바라보면서 서로 조화될 수 있도록 투자와 제도개선에 노력하는 것이 요청된다.[56]

4.2. 사이버보안의 범위와 방법들에는 무엇이 있는가

사이버보안의 범위는 광범위하다. 사이버보안의 핵심 영역은 다음과 같이 설명할 수 있으며, 좋은 사이버보안 전략은 이 모든 것을 고려해야 한다.

4.2.1. 주요 인프라 보안도 중요

사이버 안전은 사이버상의 위험과 재난에 국한되지 않는다. 현대형 위험은 사이버상의 위험과 오프라인상의 위험 등 서로 다른 종류의 위험과 재난들이 결합하는 유형으로 등장하고 있다.[57]

58

사이버상의 공격은 중요 인프라 시설에 대한 네트워크와 컴퓨터 시스템에 침투하여 오작동이나 폭발을 일으키는 것을 노리기도 한다. 중요한 인프라에는 원자력발전소와 수력발전소 및 화력발전소 등 전력망, 철도와 도로에 대한 교통망 시스템, 댐과 보 및 수도망을 통한 수질 정화, 자동차와 선박 및 비행기 등에 대한 교통신호등 및 병원을 포함해 사회가 의존하는 사이버 물리 시스템이 포함된다.

*유럽을 대표하는 독일에서는 사이버 공격과 오프라인 공격이 결합되는 유형들에 대비하여 에너지 발전시설의 네트워킹 안보에 대한 입법이 이루어지고 있다. 「에너지산업법」(Energiewirtschaftsgesetz)이 제정되어 에너지 산업시설의 망을 규율하기 시작하였다. 동 법에서는 국가의 책임만을 규정하는 것이 아니라 에너지 망을 운영하는 자들에 대한 책임과 과제도 함께 규정하고 있다[59]

국가나 지방자치단체는 물론 이러한 시설망과 시설에 대한 관리를 위임받은 민간기업들은 이러한 위험을 항상 탐지하고 모니터링하며, 대응 매뉴얼과 행정계획 수립 등 보호조치를 취하도록 노력하여야 한다. 아울러 위험 및 재난에 대한 사전 평가와 사후 평가 시스템을 법제적으로나 사실적으로 모두 충분한 수준으로까지 보호하여야 한다.*

4.2.2. 네트워크 보안도 중요

(가) 네트워크 모니터링과 경고를 잘 하자

무권한자는 물론 악의적인 내부자들이 해킹하는 것을 효과적으로 막기 위해서는 네트워크 보안에 더욱 신경을 써야 한다. 국가나 기업 및 개인은 잠재적인 해킹 피해자들이기도 하므로, 네트워크 보안 모니터링을 강화하고 실시간으로 비정상적인 트래픽을 표시하여 사전에 위험을 발견할 수 있도록 노력하는 것이 필요하다.[60]

컴퓨터 시스템과 네트워크에 대한 취약점을 지속적으로 스캐닝하도록 하여야 하고, 정기적으로 침투 테스트를 해보는 것도 필요하다.

(나) 네트워크 격리와 분할이 효과적이다

네트워크를 적절하고 효과적으로 격리를 해 두어서 해킹의 연결고리를 구조로 분리해 두는 것도 해킹에 대비한 좋은 방법일 수도 있다. 네트워크를 가상으로 분리해 두는 방식도 좋으며, 다른 케이블 배선 및 기어를 사용하여 격리하는 방식도 가능하다. 물리적 보안 네트워크와 다른 도메인 네트워크 리소스들을 격리하는 것도 고려될 수 있다.[61]

(다) 네트워크 암호화도 하자

네트워크는 지속적으로 암호화하여 사용하는 것이 필요하다. 이를 통하여 사용자들은 사용자의 컴퓨터나 프로그램 등을 의미하는 클라이언트, 가상 기억 장치 시스템VMS; virtual memory system 및 카메라 사이의 통신을 보호할 수도 있다. 또한 네트워크 트래픽을 분석하는 스니핑을 이용한 정보 추출행위를 방지할 수도 있다. 그리고 전송 중의 데이터 변경을 방지하는 데

도 유용하다.[62]

(라) 네트워크 액세스 제어- 802.1X도 하자

IEEE 802.1X는 승인되지 않은 네트워크 장치가 로컬 네트워크에 액세스하는 것을 방지하도록 고안된 표준이다. 장치는 네트워크(및 그 리소스) 액세스가 허용되기 전에, 자체 인증을 해야 한다. MAC 주소(MAC 필터링), 사용자/암호 또는 클라이언트 인증서와 같은 여러 인증 방법을 사용할 수 있다.[63]

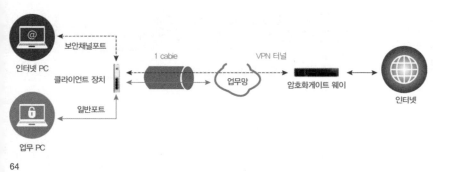

64

(마) 기타 방법에는 무엇이 있을까

㉠ 간이 망 관리 프로토콜(SNMP)

'간이 망 관리 프로토콜'Simple Network Management Protocol, SNMP은 IP 네트워크상의 장치로부터 정보를 수집 및 관리하며, 또한 정보를 수정하여 장치의 동작을 변경하는 데에 사용되는 인터넷 표준 프로토콜protocol*을 말한다. '간이 망 관리 프로토콜'SNMP을 지원하는 대표적인 장치에는 라우터router**, 스위치, 서버, 워크스테이션workstation***, 프린터, 모뎀 랙Lag**** 등이 있다. '간이 망 관리 프로토콜'SNMP은 네트워크 모니터링의 목적으로 네트워크 관리에서 널리 사용된다.[66]

간이 망 관리 프로토콜SNMP을 사용하여 카메라를 지속적으로 모니터링하는 것은 사이버상의 공격에 대한 위험을 알아차리는 데 도움을 준다.[68]

* 프로토콜은 컴퓨터간에 정보를 주고받을 때의 통신방법에 대한 규칙과 약속 즉, 통신규약을 의미한다.

** 라우터는 서로 다른 네트워크를 연결해주는 장치로서 '길'이라는 의미에서 유래되었다. 인터넷 공유기가 대표적인 라우터의 예라고 할 수 있다.

*** 워크스테이션은 개인이나 적은 인원수의 사람들이 특수한 분야에 사용하기 위해 만들어진 고성능 컴퓨터를 말한다[65]

**** 랙은 온라인 게임이나 모바일 게임 등 네트워크를 사용하는 게임에서 서버(Server)와 클라이언트(Client) 간에 정보를 주고 받으면서 지연이 발생하는 것을 뜻한다.[67]

ⓛ 로그기록과 Syslog 서버

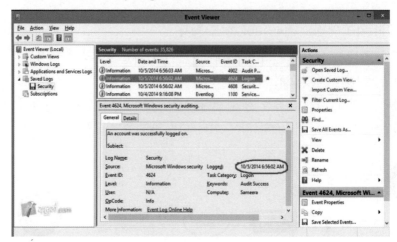

69

　해킹을 탐지하거나 조사함에 있어서 매우 중요한 것은 로그 파일이다. 컴퓨팅에서 로그파일logfile은 운영 체제나 다른 소프트웨어가 실행 중에 발생하는 이벤트나 각기 다른 사용자의 통신 소프트웨어 간의 메시지를 기록한 파일을 말한다. 로그를 기록하는 행위는 로깅logging이라고 한다.[70]

　원격 Syslog 서버는 일상 운영 중의 모든 카메라 로그 메시지를 수집할 수 있다. 원격 Syslog 서버를 사용하면 로그 보안을 잘 유지할 수 있다. 로그 기록을 이용하면 해킹과 관련된 문제들을 잘 해결할 수 있고, 비정상인 침입 흔적을 찾는 과학 수사에도 큰 도움을 줄 수 있다.

4.2.3. 클라우드 보안도 중요하다

71

　클라우드는 영어로 구름을 의미하는데, 구름 속에 데이터나 프로그램을 넣어두고 필요할 때마다 내려 받아 사용하는 것을 연상하여 개념을 정의하였다고 보여진다. 클라우드 서비스는 기업 내에 서버와 저장장치를 두지 않고 외부에 아웃소싱해 쓰는 서비스를 의미한다.

　빅데이터를 클라우드로 관리하면 방대한 데이터들이 모이게 되므로 분석과 활용이 용이하다.[72]

또한 필요한 시스템이나 소프트웨어 또는 데이터만 사용하면 되므로, 비용이 저렴하면서도 안전하다.

「클라우드컴퓨팅 발전 및 이용자 보호에 관한 법률」 제2조 제1호 "클라우드컴퓨팅" (Cloud Computing)이란 집적·공유된 정보통신기기, 정보통신설비, 소프트웨어 등 정보통신자원(이하 "정보통신자원"이라 한다)을 이용자의 요구나 수요 변화에 따라 정보통신망을 통하여 신축적으로 이용할 수 있도록 하는 정보처리체계를 말한다.
제2조 제2호 "클라우드컴퓨팅기술"이란 클라우드컴퓨팅의 구축 및 이용에 관한 정보통신기술로서 가상화 기술, 분산처리 기술 등 대통령령으로 정하는 것을 말한다.
동법 제2조 제3호 "클라우드컴퓨팅서비스"란 클라우드컴퓨팅을 활용하여 상용商用으로 타인에게 정보통신자원을 제공하는 서비스로서 대통령령으로 정하는 것을 말한다.

그런데 많은 사람들이 클라우드는 해킹과는 거리가 멀고 안전하다고 생각하는 경향에 있지만, 실제로는 해킹의 안전지대가 결코 아니다. 예를 들어, 수많은 기업들이 클라우드 서비스를 활용하게 되면서 2017년에는 잘못 구성된 클라우드 인스턴스로 인해 거의 매주 데이터 유출 사고가 발생하기도 하였다고 한다. 클라우드 제공업체들은 보안시스템을 강화하고 보안프로그램을 개발해 나가고 있기는 하지만, 기술의 발전에 비례해서 해킹의 기술도 함께 커가고 있다.

4.2.4. 애플리케이션 보안도 놓치지 말자

어플리케이션은 이제 컴퓨터의 웹에서뿐만 아니라 모바일과 클라우딩 서비스에 이르기까지 활용도와 위험성이 동시에 높은 성격을 가지게 되었다. 어플리케이션에 대해서는 보안을 위한 설계단계부터 철저하게 만들어져야 하고, 이에 대한 안전도 평가와 침투테스트 등을 병행하여야 한다. 어플리케이션을 사용하는 사람들에 대한 교육도 중요하다.

IoT 보안, 어떻게 하면 좋을까요? [73]

4.2.5. 사물인터넷(IoT) 보안도 이제는 챙겨야 한다

사물인터넷IoT; Internet of things는 가전 제품, 센서, 프린터 및 보안 카메라와 같은 다양한 사이버 물리적 시스템을 의미한다. 사물인터넷 시대가 무르익어가기 시작한 현대 사회에서는 인터넷과 인터넷의 연결을 뛰어 넘어서서, 인터넷과 전통적인 사물들이 결합하여 작동이 원활해지고 있다.

그런데 문제는 컴퓨터와 컴퓨터를 연결하는 경우에 대비해서는 보안 수준이 상대적으로 높게 구축되어 가고 있지만, 사물인터넷IoT 기기들은 상대적으로 보안이 취약한 상태로 출하되며, 보안 패치가 거의 제공되지 못한다. 따라서 악성코드 봇Bot에 감염되어 해커에 의하여 마음대로 제어되는 봇넷의 일부가 되기도 한다. 봇넷은 스팸메일이나 악성코드 등을 전파하도록 할 수 있는 좀비 PC들로 구성된 네트워크를 말한다.[74]

초연결사회에서 사물인터넷의 활용은 해당 기기 사용자는 물론 인터넷과 연결되어 있는 수많은 사람들과 기업들의 사이버 안전을 위협하게 한다.

4.2.6. 전자서명과 인증기관 (CA)이 중요하다

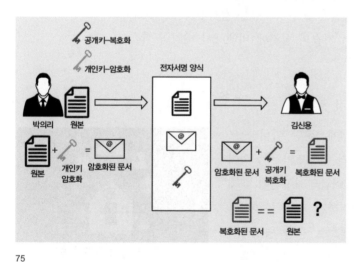

75

사이버 사회가 고도화되면서 종이문서 등 아날로그 방식의 의사표시 수단과 전자문서 등 디지털 방식의 의사표시 수단이 과연 실질적으로 동일한 가치를 인정받을 수 있는지 논란이 많이 있었다. 그러나, 이제는 세계적인 추세는 등가성을 인정하고 있다. 다만 그 전제 조건이 보안성을 담보할 수 있어야 한다는 것이다. 이를 위해서 전자서명을 활용하도록 요구하는 것이 세계적인 추세이다.[76]

자가 서명 인증서를 사용하든 인증기관CA; Certificate Authority가 서명한 인증서를 사용하든 암호화 수준에는 실질적인 차이가 없다고 보기도 한다.[77]

4.2.7. 인공지능을 활용한 보안도 고려하자

인공지능은 인간과 달리 감정이나 뇌물 등에 흔들리지 않기 때문에 사이버 보안을 담당하기에 더 적합할 수도 있다. 그렇지만 인공지능도 알고리즘을 잘못 프로그램하거나 알고리즘에서 오류가 발생하는 경우들도 생기게 된다.

78

따라서 인공지능에게 전적으로 맡기기 보다는 사람이 적절하게 인공지능시스템을 활용하여 감시하는 융합 형태의 보안시스템이 가장 바람직하다고 생각된다.

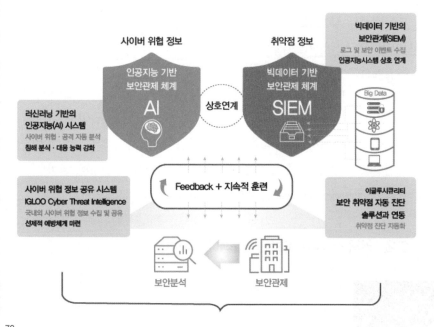

5 외국의 입법사례- 비교법적 영역은 어떠할까

5.1. 독일의 사이버보안법 개정에 대하여

헌법적 차원의 독일기본법이 최상위에서 작동하면서 사이버 안전과 보호를 통합하는 규범의 역할을 한다, 그러면서 일반법으로서 「전자정부법」, 「행정절차법」, 「IT 안보법」, 「IT망법」, 「IT – 국가계약」, 「무선통신국가계약」등을 구축하고 있다. 개별법으로서 헌법과 일반법을 구체화하고 있는 것으로서, 「전기통신법」, 「텔레미디어법」, 「정보보호법」, 「국제적 테러와의 전쟁에 있어서의 정보교환을 개선하기 위한 법률」, 「에너지 산업법」, 「접근차단법」등이 있다.[80]

독일에서는 네트워크 및 정보 시스템 보안 기준 강화를 위해 독일사이버보안법BSI[81] Act이 최근 개정되었다.

독일에서는 네트워크 및 정보 시스템의 보안 기준을 강화하기 위한 목적으로 주요 인프라시설 운영자 및 디지털 서비스 제공자가 준수해야 하는 BSI Act 법안을 개정하였다. 주요 인프라시설의 운영자 및 디지털 서비스 제공자들은 2018년 5월 10일부로 네트워크 및 정보 시스템을 보호하기 위해 해당 법안을 준수해야 한다. 또한, 보안 관련 사건들이 디지털 서비스 제공에 중요한 영향을 미칠 때는 지체 없이 BSI에 보고해야 한다.

5.2. 영국의 사이버보안 대책에 대하여

82

영국 정부는 악성코드 및 사이버범죄 조직인 The Dark Overlord를 통한 사이버 보안 위협에 대한 경고를 발표하고 있다.

영국 국가사이버보안 센터는 각 주간 영국에서 발생하는 사이버보안 관련 위협에 대해 보고서로 발표하였다. 최근 비영리 기관 및 넷플릭스에 대한 랜섬웨어 공격 및 미공개 영상 유출 등에 관여한 The Dark Overlord와 같은 익명 사이버 공격 그룹에 대한 위협을 경고하였다. 영국 정부는 이에 대비하기 위해 국가사이버보안센터NCSC에서 발생한 위협 보고서에 따라 3가지 사이버 보안 위협을 경고하였다.

5.3. 미국의 사이버 안보 대책에 대하여

5.3.1. 사이버위협정보 공유 촉진 행정명령이 내려졌다

미국 대통령은 사이버위협정보Cyber-Threat Info를 공유하고, 보안침해사고로부터 시스템을 보호하기 위해 사법기관, 국방, 정부기관 및 민간기업간 협력을 촉진하는 행정명령을 발표('15.2.13)하였다. 행정명령에는 정보공유 및 분석 전문기구ISAO*를 조직하고, 국토안보부DHS가 정보공유를 처리하도록 되어 있다.

한편, 해당 행정명령에 대하여 관련 업계는 정부가 정보를 강제로 통제하기 위한 것으로 비판하기도 한다. 그 이유는 이번 행정명령이 미국 정부의 사찰 관행에 대한 개혁조치 없이 사이버보안 정보 공유에 대하여 불안해하는 상황에서 일방적으로 안전만 강조하는 듯이 발급되었기 때문이라고 한다.[83]

> * ISAO는 현재 산발적으로 운영되고 있는 사이버보안 정보분석 기구들의 기능을 강화한 형태로, 비영리기구나 특수목적법인 혹은 회원제 협의체 등 다양한 형태로 구성된다.

5.3.2. 미국 상무부(DOC) 사물인터넷 발전 및 사이버보안을 위한 보고서를 알아보자

미국 상무부의 통신정보관리청NTIA은 사물인터넷IoT 발전 및 사이버보안을 위해 상무부의 역할과 향후 계획을 정리한 보고서를 발표하였다.

이 보고서에 의하면 사물인터넷기술은 의료장비, 자동차, ICS 등에서 활용되며 사이버 사고 발생시 물리적인 피해도 발생할 수 있다. 따라서 이에 대한 사이버보안이나 개인정보보호 문제점에 대한 해결이 필요하다고 보았다.[84]

시사점은 사물인터넷의 문제점(사이버보안, 지적재산권, 개인정보보호 등)을 개선하기 위해 사물인터넷에 특화된 정책 개발이 필요하다는 것과 사물인터넷 표준화, 가이드, 개발 툴 제작을 통해 사물인터넷 산업 육성을 하여야한다는 것이다.

5.4. 호주의 사이버 안보 대책에 대하여

호주의 빅토리아 주 정부는 5개년 사이버보안 전략을 발표하였는데, 정부, 정보, 서비스 및 인프라 보호, 침해상황에 대비한 대응인력 준비 등의 내용을 다루고 있다고 한다. 이 전략은 일종의 행정계획으로 보여지는데, 사이버 위협으로부터 정부 서비스와 정보를 보호하는 것과 아울러 민간 부문의 보안정보를 정부에 공유할 것을 요청하는 내용 등을 포함하고 있다.[85]

6. 사이버 안보나 보안을 위한 정책적 과제들에는 어떠한 것들이 있을까

해킹에 대한 방어와 대비 등 사이버 안보를 국가기관이 일방적으로 전담하는 규제국가의 패러다임은 규범구조적인 면에서 민주주의와 헌법을 훼손할 위험성이 크며, 실효성면에서도 지나치게 국가에게 부담이 될 뿐만 아니라 전문성과 신속성 및 유연성이 떨어진다.

따라서 최근의 세계적인 흐름에 따라 보장국가의 국가관에 따라 국가와 민간이 함께 공동의 해킹 제어 책임을 지며, 시장에 대한 거리를 유연하게 조절하며 제어하는 제어국가의 방식으로 패러다임을 변화시키는 것이 필요하다.[86]

6.1. 사이버 안보나 보안을 정보보호산업육성 정책 과제들을 챙겨보자

과학기술정보통신부에 의하면 정보보호 산업을 육성하기 위한 정책 과제로 ① 정보보호 법제 개선 ② 보안사고 대응 계획 수립 ③ 산업 활성화 ④ 예산 증액 ⑤ 사이버위협에 대한 국제 공조 마련 ⑥ 정보보안에 대한 국민 인식 개선 ⑦ 정보보호 인력 양성 ⑧ 정보보안 R&D 투자 등이 언급되고 있다.[87]

6.2. 사이버 안보나 보안을 위한 정부조직의 전문화가 필요

5G가 확산됨에 따라 사이버위협이 오프라인 생활에도 영향을 미칠 수 있게 되고, 그만큼 사이버보안의 중요성이 이전보다 더 강조되는 추세다. 따라서 조직개편으로 초래될 악영향도 클 수밖에 없다는 지적이다.[88]

6.3. 사이버 안보나 보안을 위한 민관협력과 협치의 거버넌스가 요청된다

6.3.1. 민관협동의 필요성이 중요하다

거버넌스에 대해 참여, 공유, 개방의 중요성이 주목받는 현 시점에서 가장 기초라고 할 수 있는 협치가 정부의 영역과 국경을 넘나드는 사이버 공격에 대하여 근본적으로 요구된다.

정부의 규제만으로는 글로벌화되고 기술력이 고도화되는 사이버보안을 모두 감당하기는 어렵기 때문이다.

89

6.3.2. 민간영역에서의 보안협력방안에는 어떠한 것들이 있을까

따라서 성공적인 사이버보안이 가능하려면 민간의 협력이 많이 필요하다.

① 최고정보보호책임자CISO; Chief Information Security Officer가 고객 정보를 포함한 기업 내 모든 정보의 보호를 할 책임을 성실하고 충실하게 이행하도록 하는 것이 필요하다.

② 기업의 보안담당 최고 책임자CSO; Chief Security Officer의 역할도 최근의 각종 위험과 재난에 대비하기 위하여 고위직으로서 책임을 다할 것이 요구된다.

③ 보안 분석가Security analyst를 활용하도록 하여야 한다. 보안 분석가는 사이버보안 분석가, 데이터 보안 분석가, 정보 시스템 보안 분석가, 또는 IT 보안 분석가라고도 한다. 보안분석가의 책임은 구체적이고도 중요하다. 보안분석가의 책임으로는 보안 조치 및 제어 계획을 수립하고 이를 구현하며 업그레이드할 책임이 있다. 보안분석가는 무단 접속, 수정, 또는 파괴 행위로부터 디지털 파일과 정보 시스템 보호에 대한 책임을 또한 진다. 나아가 보안분석가는 데이터 관리 및 보안 접속 모니터링에 대한 책임도 있다. 그리고 보안분석가는 내외부 보안 감사도 수행한다.[90]

④ 보안 아키텍트Security architect를 활용하는 것도 필요하다. 보안아키텍트는 조직의 컴퓨터 및 네트워크 보안 인프라를 계획, 분석, 설계, 구성, 테스트, 구현, 유지, 지원하는 책임을 진다.

⑤ 보안 엔지니어Security engineer도 활용하는 것이 좋다. 보안 엔지니어는 사이버보안을 하는 현장에서 업무를 담당하기 때문에, 수준 높은 보안 기술과 조직적 의사소통 기술을 함께 가지고 있어야 된다고 한다.[91]

7.1. 사이버 안전에 대하여 어느 정도로 알고 있고 인식하고 있는가?*

사이버 위험이 사이버상의 위험에 그칠 것이라고 보는 것은 사이버 공간이라는 '찻잔 속의 위험'으로 착각하는 것으로서, 중대한 결함이 있는 이론적 접근이다. 이제 사물인터넷과 빅데이터 기술의 발전으로 인하여 온라인과 오프라인이 '연결'하고 상호 접속하게 할 수 있게 되었기 때문이다. 따라서 사이버 안보에 대하여도 사이버상의 안보라는 유형과 오프라인과 결합되는 유형을 모두 '포함'하여 이론적 접근을 하지 않는다면, 변화하는 현실에 대한 규범력을 상실하게 된다. 현대형 위험은 결합형이 많은 것이 특징으로서, 접속의 지속성과 규모의 확대 등으로 인하여 앞으로 발생하게 될 사이버 안보에 대한 위험의 구체적인 내용은 미지의 것으로서 더욱 불확실성을 가중시킨다. 종래의 시각에 대한 수정이 필요하다.[92]

7.2 사이버안보를 강화하기 위해서 개인정보 등 자유권을 침해할 위험도 커져가는데 어느 것을 우선시 할 것인가? 아니면 조화를 추구할 것인가?**

사이버 안전의 강화와 프라이버시나 정보자기결정권 등의 조화가 중요해 지고 있다. 충돌되는 '보호가치들과의 조화'가 사이버 안보행위의 '적법요건'으로 자리를 잡아가고 있다.[93]

7.3. 사이버보안의 수준을 높이면서도 개인정보보호의 수준도 함께 높일 수 있도록 노력할 것인가?***

프라이버시와 기본권 보호수준의 '국제적 기준의 상향'이다. 최근 '유럽 사법재판소'는 미국의 기준을 신뢰할 수 없는 수준의 것으로서 위법하다고 강경하게 판시하였다. 결국 미국은 기존의 완화된 기준인 '세이프하버'Safe Harbour를 포기하고 '프라이버시 쉴드'Privacy Shield라는 상향된 기준을 입법하였다. 그러나 우리는 국제적 흐름에 '역행'하면서 보호기준을 완화하려 하고 있다. 국제사회에서의 기준위반으로 인하여 발생할 잠재적 피해는 국가나 기업에게 막대한 것으로 보인다. 철저한 연구 없는 법 개정에 대한 심각한 경각심을 가져야 한다. 국제사회는 법치주의와 민주주의 발전 수준에 대한 가격과 가치를 부여하기 시작하였다. 개인정보 보호기준이 유럽에 미치지 못하는 국가들에게는 '높은 관세와 과징금 및 무역의 자유의 제한 등'이 가능해지기 시작하였다.[94]

8 평가와 전망

사이버상의 안전과 보호의 끊임없이 변화하는 현실에 대응할 수 있는 힘을 구비하기 위해서 기존의 생각들에 대한 대폭적인 수정이 필요할지 모른다. 사이버안전과 보호의 개념과 양상은 '휴릭스틱적인 성격'이 강하므로 계속해서 변화해 가는 과정을 살펴야 한다.

9 더 읽어볼 만한 자료

① 이원상, 「사이버범죄론」, 박영사(2019)

사이버범죄에 대응하기 위해서는 우선 늘 새롭게 등장하는 첨단 기술들을 이해해야 하고, 그로 인해 발생하는 새로운 범죄 유형들에 대해 분석해야 한다. 그를 기반으로 현행 형사법의 학문적 이론들과 첨단 기술의 특성을 접속시켜 적절한 형사법 이론을 구축하고, 입법적 미비가 있으면 입법적 촉구를, 실무에서의 미흡함이 있으면 실무적 개선을 요구해야 한다. 그런데 문제는 첨단 기술은 어렵기 때문에 법학자들이나 입법자들이 제대로 이해하기 쉽지 않고, 그로 인해 적절한 법학 이론들이 구축되지 못하며, 그 결과는 입법의 왜곡이나 실무적인 한계로 나타나게 된다. 그래서 일반 시민들에게 거부감이 없도록 그동안의 연구들을 리마스터링remastering하여 작은 책을 발간하게 되었다.

② 양천수, 「제4차산업혁명과 법」, 박영사(2017)

이 책은 제4차 산업혁명과 법에 대해 다룬 도서이다. 제4차산업혁명과 법의 기초적이고 전반적인 내용을 확인할 수 있도록 구성되어 있다.

③ 최성배, 「4차산업혁명 시대의 정보보안과 진로설계」, 박영사(2018)

1, 2부는 4차 산업혁명과 정보보안을 주제로 가벼운 프리토킹부터 세계적 흐름에 대해서 알아 볼 수 있는 교양지식과 정보를 제공해 줄 것이다.
3부는 정보보안을 새롭게 시작하고자 하는 학생들이 학업·병역·취업에 이르기까지 큰 그림을 그려볼 수 있도록 다양한 정보를 담았으며 4부는 학생에서부터 교사, 교수, 현직자에 이르기까지 인터뷰를 진행해 현장에서 바라 본 정보보안 이야기를 들어볼 수 있도록 정리해놓았다.
정보보안인력의 라이프사이클에 대해서 알고 싶으신 학생과 학부모, 교사가 독자층이라면 3, 4부를 먼저 보길 권해드리고, 긴 호흡을 가지고 정보보안에 취해보고 싶은 일반인이 독자라면 1부를 시작으로 독서하시길 권한다.

④ 진대양·박동균·김종오, 「5G시대와 범죄」, 박영사, 2018

새로운 사회는 인공지능AI과 첨단 과학기술들의 연결성이 극대화되는 산업 환경이다. '5G시대'는 현재 쓰이는 4G보다 데이터 전송속도가 1,000배 이상 빠르다. 곧 상용화될 인터넷이다. 이에 따라 범죄 환경도 급격히 변화할 것이다. 사회상의 변화에 따라 어떻게 범죄를 통제해야 할 것인가가 화두이다.

공유경제는 사람들과의 관계를 구축하기 위한 장치이다. 공유경제는 관계를 설정하고 그 관계를 이용한다.

로런스 레식Lawrence Lessig 하버드 로스쿨 교수

1 공유경제란 무엇인가

1.1. 공유경제에 대해 알아보자

공유경제Sharing Economy란 재화나 공간, 경험과 재능을 다수의 개인이 협업을 통해 다른 사람에게 빌려주고 나눠 쓰는 온라인 기반 개방형 비즈니스 모델을 말한다. 독점과 경쟁이 아니라 공유와 협동의 알고리즘이라고 할 수 있겠다. 이러한 공유경제는 플랫폼을 매개로 유휴 자산을 공유함으로써 비용의 절약뿐 아니라, 환경 보호, 사회적 자본의 증대, 공동체 강화, 소비자의 선택과 편리성 강화 등의 효용을 창출한다. 소유에서 공유로의 전환을 통해 디지털과 모바일 기술의 힘으로 급성장하며, 경제의 한 부분으로 자리 잡아 가고 있다.

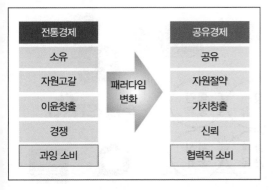

□ 그림 6-1 전통경제와 공유경제의 비교[1]

전통경제 → 공유경제

전통경제	공유경제
소유	공유
자원고갈	자원절약
이윤창출	가치창출
경쟁	신뢰
과잉 소비	협력적 소비

패러다임 변화

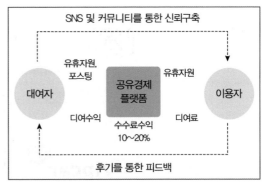

□ 그림 6-2 공유경제의 비즈니스 모델[2]

SNS 및 커뮤니티를 통한 신뢰구축

대여자 — 유휴자원, 포스팅 → 공유경제 플랫폼 — 유휴자원 → 이용자

대여수익 ← 수수료수익 10~20% → 대여료

후기를 통한 피드백

예컨대 우리 집의 남는 방을 여행자나 학생에게 빌려주고, 차를 나눠 타고, 남는 시간에 자신이 할 수 있는 일을 재빨리 찾아 하고 돈을 받는 것은 효율적이고 모두에게 도움이 되는 일인 것이다.

공유경제라는 이름은 2008년 미국 하버드대 로렌스 레식Lawrence Lessig 교수가 붙였지만, 공유경제를 널리 알린 것은 미국의 차량 공유 서비스 우버Uber와 숙박 공유 서비스 에어비앤비Airbnb이다. 월가에 따르면, 2014년 기준 이 두 기업은 이미 동종 업계 오프라인 1위 업체의 시장 가치를 넘어섰으며, 이들 외에도 '렌딩 클럽(P2P 대출)', '틴더(데이팅)', '저스트잇(음식 주문)', '위키피디아(온라인백과사전)', '이노센티브(공동 연구 개발 플랫폼)' 등도 대표적인 공유경제 모델로 거론된다.

공유경제는 한국에서도 빠르게 확산하고 있는데, 나눌수록 경제적·사회적 가치가 더욱 커진다는 생각에 빈방, 자동차, 사무실, 주차장, 옷·도구, 지식·재능, 경험·취미까지 공유하는 문화가 확산하고 있는 것이다.

1.2. 특징은 무엇일까

공유경제의 특징은 거의 모든 경제 활동이 '개인 대 개인 간 거래Peer to Peer·P2P'라는 점이다. 공유경제 전문가이자 『위 제너레이션We Generation』 저자인 레이첼 보츠먼Rachel Botsman은 "공유경제 서비스는 소셜네트워크서비스 SNS를 활용한 신뢰를 기반으로 작동한다"고 말했다.[3] 미래학자 중에는 공유경제를 예찬하는 사람들이 적지 않은데, 대표적인 인물이 "소유의 시대는 끝났다"고 주장하는 제러미 리프킨Jeremy Rifkin이다. 그는 2014년 출간한 『한계비용 제로 사회The Zero Marginal Cost Society』에서 미국인의 약 40퍼센트가 이미 '공유경제'에 참여하고 있다면서, "자본주의 시스템은 막을 내려가고 그 대신 협력적 공유사회가 부상하고 있다"고 말했다. "무료에 가까운 재화 및 서비스"를 사회적으로 공유하는 협력적 공유경제가 이미 프로슈머*와 3D 프린팅, 피어 투 피어(P2P) 네트워크, 협동조합, 사회적 기업, 대안 화폐, 재생 에너지, 비영리부문을 통해 우리 경제생활에 깊이 들어와 있다는 것이다. 리프킨은 또 공유경제는 "생태학적으로 가장 효율적이며 지속 가능한 경제로 가는 지름길이다"라고 예찬했다.[4] 시장의 교환가치가 사회의 공유가치

*직접 생산하는 소비자

로 대체되기 때문에 새로운 상품이 시장에서 덜 팔리고 자원도 덜 사용되고 지구 온난화 부담도 줄어든다는 게 리프킨의 주장인 셈이다.

1.3. 디지털플랫폼의 등장

세계경제포럼은 2025년 글로벌 디지털플랫폼 매출액이 약 60조 달러(약 7경 2,000조 원) 규모로 성장하며 글로벌 전체 기업 매출의 30%가 플랫폼 비즈니스를 통해 이뤄질 것이라 전망하고 있으며, UNCTAD(2020)에서도 데이터의 축적과 플랫폼에 의한 가격경쟁력, 네트워크 효과로 인한 경쟁우위를 배경으로 디지털플랫폼 경제가 그 위상을 더욱 강화할 것으로 전망하며 플랫폼 경제의 대세론을 강조하고 있다.

문제는 디지털플랫폼이 알고리즘에 의해 데이터 수집·분석·저장 비용이 감소하며 생산 측면의 비효율성 감소와 수요 측면의 소비자 후생 증대라는 효과를 창출하는 반면, 규모의 경제economies of scale와 범위의 경제economies of scope가 동시에 작동하면서 강력한 네트워크 효과로 인해 지배적 플랫폼으로 시장쏠림tipping, 즉 독과점 현상을 초래할 수도 있다는 점이다.

이에 우리나라 역시 국회와 공정거래위원회가 디지털 공정경제 달성이라는 기치 하에 네이버·카카오의 독과점 남용 행위를 제재하기 위해 과거 온라인 플랫폼 공정화법, 알고리즘 투명화를 강조하는 온라인 플랫폼 이용자 보호법 개정안, 플랫폼기업의 M&A 허가를 강화하는 내용 등 개정안이 발의된 바 있다. 22대 국회에서는 최초로 오기형 더불어민주당 의원이 '온라인 플랫폼 중개거래의 독점규제 및 공정화에 관한 법률안(온플법)'을 대표 발의했는데, 매출액이 5,000억원 이상인 사업자 또는 국내 소비자에게 판매한 재화 또는 용역의 총 판매금액이 3조원 이상인 온라인 플랫폼 중개사업자를 '특정 온라인 플랫폼 중개사업자'로 규정하고 있다. 사실상 네이버와 카카오, 쿠팡, 배달의민족까지 국내 대표 플랫폼이 사정권에 들 수 있는 범위로서, 이는 공유경제의 비즈니스 모델을 포함한 플랫폼 규제의 담론과 관련된 문제이다.

현재 디지털은 기존 전통경제의 패러다임을 플랫폼 기반으로 전환하며 진화하고 있는 상황인 것으로, 과연 독점적 플랫폼기업이 건전한 생태계의 교란종인 것인지 아니면 어느 정도의 독점이야말로 혁신의 출발이자 새로운 비즈니스를 창출할 것인지 논란이 있지만, 본질적으로 우리의 플랫폼 거버넌스에도 공정한 거래환경과 글로벌 경쟁력 강화라는 두 가지 과제를 동시에 해결하는 혜안이 필요한 시점으로 보인다.

2 공유경제의 장점과 단점을 짚어보자

2.1. 장점을 알아보자

(1) 불필요한 낭비를 감소시킨다

이 세상의 모든 사람이 필요한 것을 전부 사야만 하는 것은 낭비이다. 식료품처럼 늘 소비해야 하는 것이 있는 반면, 집을 크게 수리하기 위한 대형 전동공구같은 것을 모든 사람이 다 사는 것은 부담스럽고 결국 한두번 쓰고 창고행을 맞이하는 낭비가 일어날 뿐이다. 물론 렌트·리스가 있지만 품목이 제한적이며, 가격도 쓰는 횟수에 비해서는 비싸다. 반면에 공유경제는 여러 사람이 하나의 물품, 서비스, 부동산을 공동으로 구매하여 필요에 따라 돌려쓰거나 이미 해당 물품·서비스를 보유한 사람이 다른 사람과 돌려쓰기를 함으로서 자원을 절약할 수 있다.

(2) IT 기술과 접목된 뛰어난 서비스를 제공한다

과거에는 물품을 빌리거나 서비스를 예약하려면 일일이 직접 방문하거나 전화를 통하여 확인을 하는 과정을 거쳐야 했다. 하지만 다양한 IT 기술이 반영된 공유경제는 PC나 휴대전화를 통하여 쉽게 빌리고자 하는 물품과 서비스의 상황을 확인할 수 있고, 예약 역시 간편하게 이루어진다. 이는 해당 서비스를 제공하고 물품을 제공하는 측에도 동일하게 적용된다. 다양한 IT 기기의 힘을 빌려 더욱 효율적으로 서비스 신청을 받고 서비스를 제공해 줄 수 있는 것이다. 공유경제가 4차 산업 혁명의 대표적인 수혜 분야로 손꼽히는 이유도 여기에서 찾을 수 있다.

(3) 사람들에게 저렴한 가격 및 높은 만족도를 제공한다

공유경제가 사회적으로 크게 부각된 계기는 종전에 존재하던 서비스보다 더 저렴하거나 편리함으로 만족도가 높았기 때문이다. 경제가 장기 침체되어 사람들은 더 저렴하면서도 만족스러운 것을 강하게 원하게 되었고, 가격면에서 비슷하더라도 편리한 예약과 서비스 제공자의 질 등 높은 만족도를 제공한다면 사람들은 공유경제 서비스를 찾을 수밖에 없다. 특히 기존에 존재하던 서비스에 대한 소비자 불만이 많았다면, 공유경제 서비스는 더욱 많은 지지를 얻게 된다. 우버Uber와 에어비앤비Airbnb같은 서비스가 이러한 가격적인 이점을 통하여 성공한 대표적인 기업이며, 대한민국에서는 '타다'가 택시에 대한 이용자의 불만을 배경으로 성장한 사례로 볼 수 있다.

2.2. 단점도 알아야 한다

(1) 관리 책임자가 불명확하다

자신이 소유한 물건을 다른 사람에게 빌려주는 형식으로 공유를 한다면, 관리 책임자의 문제점은 어느 정도 사라질 것이다. 그러나 공동으로 구매하여 소유한다면 실제 해당 물품이나 서비스를 관리할 책임자가 불분명해지는 문제가 생기게 되는데, 이는 공유하는 물품을 함부로 사용하거나 낭비하여 사용하고, 관리는 다른 사람에게 떠넘기려는 심리가 작동하기 쉬워진다. 어떠한 것을 공동으로 출자하여 구매·소유하는 형식의 공유경제 행위가 과거부터 실패를 반복해왔던 이유도 여기에 있고, 공유경제의 개념을 만든 로렌스 레식Lawrence Lessig 교수 역시 자신이 소유한 자산을 공유해야 한다는 원칙을 제시한 것도 이러한 실패를 막기 위함이기도 하다.

(2) 노동 착취의 문제가 발생한다

공유경제라는 용어가 처음 나올 당시의 주장은 아니지만, 공유경제에 대해 호주 노동당에서 공유경제 활성화의 6가지 조건으로 제시한 내용 가운데는 공유경제는 좋은 급료와 노동 환경을 제공해야 한다는 항목이 포함되어 있다. 공유경제가 그저 서비스를 제공하는 일방을 착취하여 이득을 얻는 것이 아닌 서비스 제공자, 사용자, 실제 서비스를 제공하는 노동자 모두 Win-Win할 수 있는 모델을 만들자는 의미였다. 그렇지만 현재의 공유경제 서비스는 이 부분을 준수하고 있다고 보기 어려운데, IT 기술은 인력 고용을 막는 데 활용되고 있으며, 필요한 인력도 대부분 계약직 또는 아웃소싱에 의존하고 있기 때문이다.

우리나라에서 문제가 되고 있는 '타다'의 경우도 파견직 비정규직 기사에 의존하며, 배민라이더스를 비롯한 배달앱 서비스는 배달기사를 법적으로 자영업자로 등록시켜, 즉 특수고용노동자로 만들어 책임을 회피하고 있다는 비판이 있다. 우버 X나 에어비앤비Airbnb 차원이 되면 편법 노동이 아닌 불법 노동·서비스 제공 논란까지 나오게 된다. 이렇게 서비스 제공자를 착취하여 얻은 이익은 일부는 공유경제 이용자에게 저렴한 요금으로 돌아가 공유경제 제공자들을 비호하는 세력이 되게 만들며, 대부분의 이익은 공유경제 제공 기업을 배불리는 데 이용되고 있다. 그러나 공유경제 서비스를 실제 제공하는 사람들이 합당한 노동 가치를 제공받는지 여부는 아무도 신경을 쓰지 않는다.

■ 그림 6-4 타다 비즈니스[5]

결국 공유경제의 문제점은 이용하는 사람들이 늘어나면 늘어날수록 피해를 보는 사람들의 목소리도 커지고 있다는 점이다. 예컨대 '타다'나 '우버Uber'의 경우 택시 기사들이 일자리를 빼앗긴다고 시위를 벌이기도 하고, 또 공유경제 앱을 이용하다가 소비자가 피해를 봤을 때 어디서 보상을 받을지

애매하다는 문제도 발생한다. 이는 공유경제 기업에서는 플랫폼만 깔아 주고 그 이후 개인 간의 서비스 교환은 책임을 지지 않아 사고가 발생할 수 있는 구조이기 때문이다. 더욱이 기업 고용주와 노동자 간의 계약이 아니라, 사람과 사람의 연결이라는 새로운 관계가 형성되는데, 이에 대한 법적 장치도 미비하다.

3 관련 정책과 제도에 대해 공부해 보자

3.1. 정책과 연구의 방향을 먼저 알아보자

민박업의 경우 현행법상 도시지역에서 내국인을 대상으로 민박 서비스를 제공하는 것은 허용되지 않는다. 현행 '외국인 관광 도시민박업'에 따르면 도시민박은 외국인 관광객만을 대상으로 하기 때문에 내국인에게 공유숙박을 제공할 수 없으며, 외국인 관광객마저도 본인의 주소지로 등록해놓은 집에서만 유치할 수 있기 때문이다. 다만, 에어비엔비Airbnb 등 해외 플랫폼 기업은 국내에서 공공연히 내국인을 대상으로 영업활동을 하고 있어 국내기업과의 역차별 문제는 물론 일일이 단속하기 어렵다는 현실적 한계가 제기되어 왔다. 이에 이미 시장에서는 공유숙박의 형태가 확산되고 있어 제도화를 통한 관리·감독이 필요한 상황으로, 2016년부터 공유숙박과 관련하여 세 차례의 의원입법이 발의된 바 있다.[6]

이러한 제도화에 대하여 기존 숙박업계는 숙박 시장의 공급이 이미 포화상태로, 기존 숙박업계의 생존권을 위협하는 신규업종 도입은 불필요하다는 입장이다. 반대로 숙박중개 플랫폼과 호스트는 새로운 시장 창출과 경제 활성화를 위해 필요하다는 입장을 보인다.

3.2. 4차산업혁명위원회 등 정부의 최근 입장도 알아보자

한편, 2018년 진행된 4차산업혁명위원회 규제혁신 해커톤*에서는 공유

* 해커톤이란 해킹(hacking)과 마라톤(marathon)의 합성어로 컴퓨터 전문가들이 한 장소에 모여 마라톤을 하듯 쉬지 않고 아이디어를 내 놓고, 이를 토대로 앱, 웹 서비스 또는 비즈니스 모델을 완성하는 행사를 말한다. 2000년대 후반 실리콘밸리에서 하나의 문화로 자리 잡았으며, 마이크로소프트(MS), 구글 등 글로벌 정보기술(IT) 기업에서는 일반화된 개발 방식이다. 신의 한 수로 불리는 페이스북의 '좋아요' 버튼이나 타임라인, 채팅 기능이 모두 해커톤에서 나왔다고 한다.

숙박 제도 도입에 앞서 현행법 내 불법 영업 근절방안 마련이 필요하다는 데 합의하였다. 공유민박업은 주거공간에서 영업 행위가 이루어진다는 특수성과 위반행위 단속이 쉽지 않다는 점에서 플랫폼 사업자에게 미신고·무허가업체 등록 금지 등 의무사항 부여 등이 필요하다는 데에 공감하고, 숙박업계와 플랫폼 사업자 간의 상생 협력을 위해 '민관합동 상설협의체'를 설립하여 논의를 지속하기로 하였다.

범부처 차원에서 공유경제 활성화를 위한 법률은 다음과 같다.

「공유경제 활성화 방안」의 주요 내용

2019. 1월 정부는 경제활력대책회의를 통해 「공유경제 활성화 방안(2019. 1. 9.)」을 발표하였다. 발표 내용은 숙박·교통·공간·금융·지식 등 사회 전반의 다양한 공유경제 활성화를 위한 분야별 지원책 마련을 골자로 한다. 숙박 분야는 연 180일 이내에서 내국인 대상 도시민박업 허용을 추진한다. 동시에 기존 숙박업계와의 상생 협력을 위하여 품질인증을 받은 숙박업소에 대한 융자 지원, 우수 농어촌 민박업 홍보, 숙박업 관련 세제지원 확대 등을 통해 기존 숙박업계의 발전을 지원하고, 불법 숙박업소 단속을 강화하여 건전한 숙박 생태계를 조성한다는 계획이다. 또한 공유경제의 제도적 기반 마련을 위해서 ① 공유경제 활동에 적합한 과세기준 정비, ② 공유경제 종사자 보호를 위한 산재보험 적용대상 확대, ③ 플랫폼 기업 혁신을 위한 연구·인력개발 세제지원 강화 등도 추진할 계획이다. 이 같은 정부 발표의 배경에는 공유경제를 새로운 시장과 일자리 창출을 위한 영역으로 보고, 제도화를 통한 안정적 성장을 목표로 추진하고 있으나, 기존 숙박업계를 중심으로 우려의 목소리가 높은 것 또한 사실이다.

3.3. 여객자동차 운수사업법 일부개정 법률 내용[7]

종래 IT기술의 발달로 여객자동차 운수사업자와 소비자를 연결해주는 플랫폼사업이 활성화되면서 사실상 기존 택시운송사업과 중복되는 서비스를 제공하면서도 제도가 동등하게 적용되지 않는 한편, 주로 현행법상 예외규정들을 활용한 사업을 추진함에 따라 기존 택시운송사업자들과의 갈등이 심각한 상황이다. 이에

① 플랫폼 택시를 제도화하는 한편,

② 현행법의 예외규정들을 활용한 사업 추진을 제한하기 위하여,
  - 여객자동차운수사업의 일종으로 여객자동차운송플랫폼사업을 신설하고,
  - 여객자동차운송플랫폼사업을 플랫폼운송사업, 플랫폼가맹사업, 플랫폼중개사업으로 구분하여 각 사업의 세부적인 사항들을 규정하며,
  - 현재 대통령령에서 정하고 있는 대여자동차의 운전자를 알선할 수 있는 경우를 법률로 상향 규정하고,
  - 11인승 이상 15인승 이하인 승합자동차를 임차하는 때에는 관광목적으로서 대여시간이 6시간 이상이거나 대여 또는 반납장소가 공항 또는 항만인 경우로 제한하려는 것이다(필자 주: 이에 따르면 사실상 '타다'의 단거리 시내주행은 불가능해짐).

③ 또한 자동차대여사업자가 「자동차관리법」에 따른 결함 공개 및 시정조치의 대상인 자동차를 시정조치를 받지 않고 계속하여 대여사업에 사용할 우려가 있어, 대여사업용 자동차의 결함 사실이 공개된 경우 시정조치를 받지 않으면 이를 신규로 대여할 수 없도록 함으로써 대여사업용 자동차의 안전성을 확보하고 결함으로 인한 사고를 예방하려는 것이다.

그러나 소위 '타다금지법'에 대해, 1심 법원은 2020년 2월 이재웅 대표와 박 대표, VCNC, 쏘카에 무죄를 선고했는데, 타다 이용자와 쏘카 사이에 초단기 임대차계약이 성립된 점을 인정하고, 타다 기사와 쏘카 간 고용관계가 없다고 판결하면서, 합법 서비스라는 타다 측 주장을 받아들인 것이다. 2심 법원은 물론 대법원도 동일한 결론을 내렸다. 타다 측은 1·2심에서 무죄 판결을 받았지만, 국회에서 타다 금지법이 통과되어 기존과 동일한 방식으로는 서비스 제공이 불가능했기 때문에 2020년 4월 해당 서비스를 종료했다.

4 학습 과제

기술의 발전이 촉발한 4차 산업혁명과 그로 인한 사회적 갈등은 전방위적이다. 산업·교육·노동 등 모든 사회 영역이 급속히 바뀌고 있고 그에 대해 새로운 룰을 만들어야 하며, 그것이 우리 사회의 숙제이다. 다만, '타다'의 검찰기소 사례를 보더라도 공유경제의 제도화를 둘러싼 이해관계자 간 상반된 견해와 갈등에서 드러나는 실상은 '소유에서 공유로의 전환'이라는 공유경제의 이상과는 거리가 있다는 점이다. 이에 민관이 모여 사회적 대타협기구를 만들어 가동시키고, 양쪽 모두 상생하는 방안을 찾기 위해 머리를 맞대고 논의를 하는 것이 필요하다. 민관이 모여 새 해법을 모색하는 이유는 기술 발전 탓에 기존 법률이 현재 상황에서는 '맞지 않은 철 지난 옷'이 되었다는 점에 다 동의하기 때문이다.

이처럼 새로운 시대가 열리고 있고, 이에 맞는 새로운 게임의 룰(법제도)이 요구되는 상황이지만, 공유숙박을 보더라도 지자체마다 숙박 공유 서비스 제공자가 안전·주거 환경 보호 등을 위한 일정한 요건을 갖추어 등록하도록 규정하거나, 별도의 정책을 시행하고 있다는 점에서, 시장의 수요에서 시작된 모델을 제도화하는 과정에서 놓칠 수 있는 지역사회에 미칠 영향을 신중히 고려해야 할 것이다. 특히, 영업일수 제한 규정은 공유민박업을 전문적인 숙박업과 구분하고, 주거지역에서의 영업으로 인한 주거환경 침해를 최소화하기 위한 취지로, 지자체별로 지역적 특성을 고려하여 달리 규제할 수 있도록 법률에는 상한선만 규정하고 조례로 위임하는 방안도 검토해 볼 수 있을 것이다.

한편, 공유숙박 관련 논의 과정에서 부각된 '책임 있는 이용'의 중요성도 간과할 수 없다. 수요자(게스트), 공급자(호스트), 플랫폼이 정책의 주요 주체로 책임 있는 임무를 수행할 때, 공유경제의 안정적 성장을 기대할 수 있기 때문이다. 특히 불법적인 숙박 공유 사례를 방지하기 위한 플랫폼의 협조와 적극적인 역할이 요구되며, 안전한 시장 환경 유지를 위한 노력이 수반되어야 할 것이다. 공정하고 적절한 제도 설계에 대한 고민과 민간, 공공, 사회

부분의 새로운 파트너십을 모색할 시점이다.

현재 공유경제와 관련하여 새로운 플랫폼 사업자와 택시 등 기존 사업자 사이에 고소, 고발 등이 이루어지고 있다. 다음 사례를 보고 해결점을 강구해 보자.

사례 1

검찰이 모빌리티 서비스 '타다'의 운영자 VCNC 박재욱대표와 모회사인 쏘카의 이재웅 대표를 여객자동차운수사업법 위반 혐의로 기소했으나, 대법원은 최종적으로 '타다' 서비스는 합법적인 렌터카 서비스라고 판시한 바, 이 사안은 본질적으로 4차산업혁명에 따른 이해 관계자들의 갈등에 관한 것이다. 기술을 이용해 운송업을 혁신하려는 신흥세력과 생존권으로서의 택시영업권을 보장받으려는 택시 업계가 갈등을 벌이고 있는 것은 익히 알려진 사실이다. 타다가 합법이라면, 여객자동차운수사업법은 왜 존재하는가? 혁신이 그렇게 좋은 것이라면, 아예 여객운송규제를 철폐해버리면 어떨까? 반면에 미국에서는 우버나 리프트 등 개인 운송수단이 발달되어 어플을 통해 이 운송수단을 많이 이용하는데 그 이유는 무엇일까?

사례 2

혁신에는 기술의 혁신도 있고, 삶의 혁신도 있고, 고객 만족의 혁신도 있고, 가치의 혁신도 있고, 인식의 혁신도 있으므로 결국 진정한 혁신이란 얼마나 많은 사람들에게 편의와 가치를 주고 얼마나 많은 사람들의 인식을 바꿨는지에 관한 결과론적 서술이지 그 과정에서 사용된 수단이나 방법의 기술적 독창성이나 난이도는 아니라는 점에서, 차량공유 플랫폼인 '타다' 서비스를 혁신의 한 종류로 보는 것이 부당한 것일까?

5 평가와 전망

현재의 사업화된 공유경제 모델은 많은 경우 현행 법령과 충돌하는 것들이 많다. 대표적인 것이 택시 면허 없이 택시 일을 하는 것과 마찬가지인 우버 X와 타다 베이직/어시스트, 민박 등 숙박업 신고도 없이 숙박업을 하는 것과 마찬가지인 에어비앤비Airbnb를 꼽을 수 있다. 해당 서비스를 운영하는 기업 측에서는 기존의 법령이나 사회제도로 4차 산업혁명시대의 새로운 서비스를 이해할 수 없다는 식으로 말하지만, 다른 관점으로는 돈을 벌기 위해 현재의 제도를 무시하는 행위일 뿐이라는 비판이 있는 것도 사실이다.

특히 각국에서 공유경제 기업들을 제재하려 하는 이유는 현재의 사업화된 공유경제 모델이 많은 경우 법의 허점을 노린 사업 모델이기에 법적인 테두리 내의 다른 사업에서 따르는 기준 역시 무시하는 경우가 많아 그에 따른 사고 위험이 존재한다는 점이다. 예를 들어 택시운전사의 경우 안전을 위해 특정 범죄 전과자의 취업을 제한하며, 호텔이나 민박업 역시 법에 따른 규정을 따라 관리하고 있다. 그러나 공유경제 사업은 사업자 차원의 직원 채용이나 교육에 의존해야 하며, 이것이 외주화에 의존하는 인력 구조에 의해 제대로 이뤄지지 못하여 비적격자가 서비스를 제공하는 문제가 발생한다. 우버Uber 서비스 이용자를 대상으로 한 강도나 살인, 타다 기사들의 공유방에서 발생한 성희롱 영상 공유가 이러한 인력 구조 문제에서 발생한다. 물론 기존의 택시나 숙박업이라고 다 문제가 없지는 않지만, 최소한의 법적 기준이 있는 것과 순전히 서비스 운영사의 기준에 의존해야 하고 그것도 돈을 이유로 제대로 관리하지 않는 것에는 상당한 차이가 있다.

결국 공유경제에 대한 전망은 이를 이용하는 소비자가 누구의 손을 들어주는가에 따라 결정될 것으로 보인다.

6 더 읽어볼 만한 자료

아룬 순다라라잔, 이은주 옮김, 「4차 산업혁명 시대의 공유 경제 - 고용의 종말과 대중 자본주의의 부상」, 교보문고(2018)

'소유'가 사라진다. '고용'이 사라진다. '대기업'이 사라진다. 극단적으로 보이긴 하지만 이것이 4차 산업혁명이 가져올 미래 경제의 모습이다. 지금까지 소유하는 게 당연하다고 생각했던 많은 것들을 공유하며 살게 된다. 한 기업에 정규직으로 고용되기보다 독립적 근로자로 다양한 일을 하게 된다. 경제의 주체가 대기업에서 소기업 또는 개인으로 변화한다. 이것이 공유 경제의 권위자 아룬 순다라라잔 교수가 <4차 산업혁명 시대의 공유 경제>에서 보여주는 미래 경제의 단면이다.

이계원, 「같이 만드는 미래 공유경제」, 부크크(2018)

이 책은 공유경제란 무엇인지, 공유경제의 3대 구성요소(경제성, 환경성, 편리성)와 다양한 공유경제 사례(주거, 오피스, 자동차, 의류)를 담고 있다. 또 공유 플랫폼 모델과 공유경제가 넘어야 할 산들에 대해 이야기하고, 마지막으로 공유경제를 통해 같이 만드는 미래를 제시하고 있다.

2^부

4차산업혁명은 어떻게 실현되고 있는가

▲ 자율주행자동차[1]

4차 산업혁명 시대의 핵심어는 다름 아닌 인공지능이다. 최근 머신러닝, 딥러닝 방식에 의한 슈퍼컴퓨터의 자율성이 우리 인류에 커다란 충격을 준 사건은 인간, 이세돌과 인공지능, 알파고 간 세기의 바둑대결이다. 21세기 인간 생활에 가장 밀접하게 다가온 인공지능의 역습(?)은 아마도 자율주행자동차의 등장이다. 여기서는 제1강: 인공지능 이론과 기술에 대한 이해를 바탕으로 진화하는 자율주행차량의 기술동향, 자율주행 알고리즘의 윤리 문제 나아가 자율주행차량의 안전기준이나 교통사고를 낸 경우 누가 책임을 져야 하는가를 생각한다.

1 '자율'주행 '자동'차의 운행은 인간으로부터 '자유'로운 운전인가?

1.1. 자율주행자동차란 무엇인가

　자율주행자동차Autonomous Vehicle: AV는 일반적으로 운전자 또는 승객의 조작 없이 자동차가 스스로 운행이 가능한 자동차를 말한다(자동차관리법 제2조). 즉, 기존의 차량기술에 ICT 기술이 융합됨으로써 차량주행에 운전자의 통제 없이 크게 주변 환경을 '인식'하고 주행의 위험요소를 '판단'하여 차량의 주행을 '제어'하는 3단계 과정을 인공지능이 알고리즘(자동화된 추론)에 따라

차량을 운행하는 시스템으로 구성되어 있다.[2] 자율주행을 위한 시스템에는 환경인식, 위치인식 및 맵핑, 판단, 제어, HCI의 5개의 주요 요소와 ADAS, V2X, 정밀지도 HMI의 4개의 핵심기술을 필요로 한다.[3]

일반적으로 자율주행차량과 무인자동차Unmanned Vehicle, Driverless Car가 혼재되어 사용되고 있으나 자율주행차량은 운전자의 탑승 여부보다 자동차가 완전히 독립적으로 판단하고 주행하는 자율주행 기술에 초점을 맞춘 것이다. 또 자율주행차량과 구별해야 하는 자동차는 커넥티드 카Connected Car이다. 이 커넥티드 카는 자동차와 정보통신 기술을 융합해 양방향 인터넷 서비스 등이 가능한 차량으로 네트워크의 상호 연결에 핵심이 있다.

□ **그림 7-1 자율주행의 원리[4]**

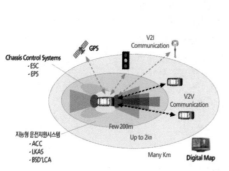

용어	설명
HCI (Human Computer Interaction)	사람과 컴퓨터간의 상호작용을 돕는 작동시스템 설계기술 또는 그러한 학문
ADAS (Advanced Driver Assistance System)	교통사고를 미연에 방지하기 위한 능동적인 안전시스템
V2X (Vehicle to Everything)	IoT 통신을 통해 다른 차량의 진행방향, 전방의 교통현황 등 정보 제공
HMI (Human Machine Interface)	사람과 컴퓨터간의 소통을 위한 아날로그-디지털 전환의 인터페이스(매개체)

자율주행차량 운전의 안전과 효율은 특히 '협력 지능형 교통 시스템 Cooperative Intelligent Transport System, C-ITS' 기술의 발전을 통하여 극대화될 것으로 예상되고 있다. C-ITS 플랫폼에는 차량간 직접 통신Vehicle to Vehicle, V2V, 차량과 인프라간 통신Vehicle to Infrastructure, V2I, 보행자와 차량간 통신 Pedestrian to Vehicle, P2V, 보행자와 인프라간 통신Pedestrian to Infrastructure, P2I 및 도로 센서 네트워크와 인프라간 통신Road to Infrastructure 등 '차량·사물 통신 Vehicle to Everything communication, V2X' 기술이 적용되며, 이를 V2X 통신의 중

요성을 강조하는 측면에서 Networked Car 또는 Connected Car라고 부르기도 한다.[5] C-ITS 플랫폼에서 자율주행차량은 교통 환경에 영향을 미치는 요인들 사이에 광범위한 정보교환을 통하여 현재의 기술수준에 의하더라도 수백 미터로 제한된 카메라, 레이더 및 라이다 등 주변 환경인식장치의 한계를 극복할 수 있다. 결국 이 C-ITS 플랫폼은 자율주행차량의 경우에는 차량들 간에 또 도로기반 시설과 직접 상호작용할 수 있으며, 기존 차량의 경우에도 정보 공유를 통해 운전자가 주행에 필요한 올바른 결정을 하고 주변 교통상황에 맞게 주행할 수 있도록 지원한다. 따라서 자율주행차량의 상용화는 도로의 안전과 교통의 효율성, 운전의 편안함을 크게 향상시킬 것으로 기대되고 있다.[6]

1.2. 자율주행의 기술 단계를 알아보자

자율주행 기술수준과 관련하여 아직 표준이 정립되지 않아 기술수준의 분류도 각 분류자의 기준에 따라 다르게 나타난다. 그러나 자율주행기술 수준은 주행에 있어서 인간 운전자의 개입 정도와 여부 및 자율주행기술의 복합적 적용을 통한 자율주행자동차의 독립적인 주행능력의 정도로 판단될 수 있다.

미국 도로교통안전국National Highway Traffic Safety Administration, NHTSA은 자동차의 자동화 시스템 수준에 따라 자율주행 기술수준을 'Level 0(비자동화)'-'Level 4(완전자동화)'의 5단계로 분류하였다.[7] 한편 미국자동차공학회Society of Automotive Engineers, SAE는 이 기준에 따르면서 제4단계를 다시 구분하였다. 즉 제한적인 운행환경 조건이 추가되어, 특정한 속도, 지형/지물, 주행도로 등의 조건에서 운행이 가능한 단계Level 4와 이러한 제한 없이 완전자율주행이 가능한 단계Level 5로 구분하고 있다. 제5단계는 바로 차량 안에 운전자나 승객이 탑승하지 않는 무인자동차를 포함하는 것으로 이해할 수 있다. 마침내 2016년 9월 미연방교통부US Department of Transportation, DOT가 발간한 「미연방 자율자동차 가이드라인Federal Automated Vehicles Policy」은 기술수준 분류의 혼란을 막기 위하여 미국자동차공학회SAE의 분류기준을 채택하고 있다.

SAE는 자율주행 기술 수준을 "누가Who", "언제When", "무엇을What", "행동하였는가Does"라는 기준으로 자율주행 차량을 다음과 같이 구분하고 있다.

□ 그림 7-2 미국자동차기술학회가 정한 자율주행 기술 6단계[8]

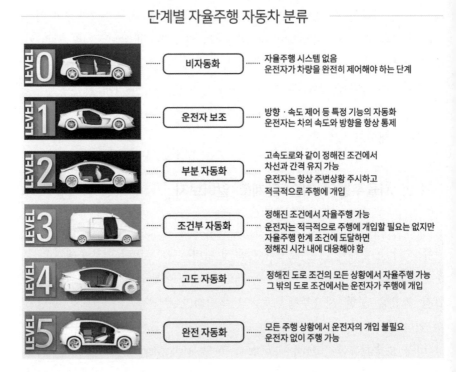

단계별 자율주행 자동차 분류

LEVEL 0	비자동화	자율주행 시스템 없음 운전자가 차량을 완전히 제어해야 하는 단계
LEVEL 1	운전자 보조	방향·속도 제어 등 특정 기능의 자동화 운전자는 차의 속도와 방향을 항상 통제
LEVEL 2	부분 자동화	고속도로와 같이 정해진 조건에서 차선과 간격 유지 가능 운전자는 항상 주변상황 주시하고 적극적으로 주행에 개입
LEVEL 3	조건부 자동화	정해진 조건에서 자율주행 가능 운전자는 적극적으로 주행에 개입할 필요는 없지만 자율주행 한계 조건에 도달하면 정해진 시간 내에 대응해야 함
LEVEL 4	고도 자동화	정해진 도로 조건의 모든 상황에서 자율주행 가능 그 밖의 도로 조건에서는 운전자가 주행에 개입
LEVEL 5	완전 자동화	모든 주행 상황에서 운전자의 개입 불필요 운전자 없이 주행 가능

각 단계를 쉽게 설명하면 다음과 같다. 자동차를 운전하려면 ① 액셀과 브레이크를 조작하는 '발' ② 운전대를 조작하는 '손' ③ 주변 환경을 인식하는 '눈' ④ 위험에 대응할 수 있는 '의식' ⑤ '운전자' 자체가 필요하다. 각 단계마다 점진적으로 이 요소들을 자유롭게 해주는 정도가 달라진다. 1단계에서는 발이 자유로워지고 2단계는 손까지 자유롭게 해준다. 3단계는 눈, 4단계는 의식을 자유롭게 해주며 마지막 5단계에 이르면 운전자 자체가 필요 없는 완전자율주행 자동차가 된다. 특히 미연방교통부DOT는 '미 연방 자율자동차 가이드라인'에서 위와 같은 기준을 적용하여, 주행환경 제어 및 관리에 대해 주요책임이 인간운전자에게 있는지, 아니면 자율주행 시스템에

있는지에 따라 자율주행 단계를 'Level 0 – Leve 2'와 'Level 3 – Level 5'로 구분하고, '자율주행기능차량HAV: Highly Automated Vehicle'은 'Level 3 – Level 5'에 해당하는 차량이라고 밝히고 있다.[9] 우리나라의 관련 법제상 자율주행의 단계 분류는 다음과 같다.

먼저 자율주행자동차의 상용화를 촉진하고 지원함으로써 국민의 생활환경 개선과 국가경제의 발전에 이바지함을 목적으로 2019년 4월 30일 제정되고 2020년 5월 1일 시행된 "자율주행자동차 상용화 촉진 및 지원에 관한 법률(자율주행자동차법)" 제2조 제2항은 부분 자율주행자동차와 완전 자율주행자동차로 분류하고 있다.[10] 한편 "자동차 및 자동차부품의 성능과 기준에 관한 규칙(자동차규칙)"은 자율주행 '시스템'의 종류를 '부분 자율주행시스템(1호)', '조건부 완전자율시스템(2호)', '완전 자율주행시스템(3호)'으로 세분하고 있다 (동 규칙 제111조).

부분 자율주행시스템(1호)	지정된 조건에서 자동차를 운행하되 작동한계상황 등 필요한 경우 운전자의 개입을 요구하는 자율주행시스템	Level 3
조건부 완전자율시스템(2호)	지정된 조건에서 운전자의 개입 없이 자동차를 운행하는 자율주행시스템	Level 4
완전 자율주행시스템(3호)	모든 영역에서 운전자의 개입 없이 자동차를 운행하는 자율주행시스템	Level 5

1.3. 자율주행의 주요 기술요소에는 어떤 것들이 있을까

자율주행차량의 주요 기술요소를 분류하면 환경인식 센서, 위치인식 맵핑, 판단, 제어, HCIHuman Computer Interaction으로 나눌 수 있다.

구성기술	내 용
환경인식	• 레이더, 카메라 등의 센서 사용 • 정적장애물(가로등, 전봇대 등), 동적장애물(차량, 보행자 등), 도로표식(차선, 정지선, 횡단보도 등), 신호 등을 인식
위치인식 및 맵핑	• GPS/INS/Encorder, 기타 맵핑을 위한 센서 사용 • 자동차의 절대/상대 위치 추정
판단	• 목적지까지의 경로 및 장애물 회피 경로 계획 • 차선유지, 차선변경, 좌우회전, 추월, 유턴, 급정지, 주정차 등 주행 상황별 행동 판단
제어	• 운전자가 지정한 경로대로 주행하기 위해 조향, 속도변경, 기어 등 액추에이터 제어
인터렉션(HCI)	• 인간자동차인터페이스(HVI)를 통해 운전자에게 경고 및 정보를 제공, 운전자의 명령을 입력 • V2X(Vehicle to Everthing) 통신을 통하여 인프라 및 주변차량과 주행 정보 교환

2 자율주행차량의 현재 기술 수준과 관련 정책 동향

자율주행차량 업체들은 2020년~2030년까지 자율주행차의 상용화를 목표로 자율주행 관련기술에 대한 투자증가와 함께 관련 기술이 급속도로 발전하고 있다. 현재로는 Level 3~4 수준의 자율주행자동차 테스트 주행이 공개되고 있으며, 최근 자동차에 적용된 다양한 운전자지원시스템ADAS, Advanced Driver Assistance System 기술이 부분적인 자율주행기술로 발전하면서 자율주행자동차의 상용화에 더 다가간 상황이다. 부분 자율주행기술은 고속도로 차선 자율주행 시스템HDA, Highway Driving Assist, 혼잡구간 운행 지원 시스템TJA, Traffic Jam Assist, 자동 긴급 제동 시스템AEB, Autonomous Emergency Braking System, 자율주차APS, Auto Parking System등 4가지이다. 여기에 자동 차선변경과 교차로 주행기술이 추가되면 완전 자율주행이 가능한 자동차 상용화의 기술적 토대가 완성될 것으로 예상된다.[12]

나아가 자율주행차량의 상용화를 앞당기기 위해서는 저가의 라이더 센서 개발, 스테레오 카메라 기술 발전, 인공지능 기술 발전 등이 필요할 것이며, 차량과 차량의 통신V2V, Vehicle to Vehicle, 차량과 인프라와의 통신V2I, Vehicle to Infra, 차량과 보행자간 통신V2P, Vehicle to Pedestrian 등 V2XVehicle to Everything 기술이 완전 자율주행의 핵심기술이 될 전망이며, 현재 사용 중에 있는 고속전송과 전송지원 특성을 가진 5G 통신망을 활용하는 V2X 기술이 개발 중이다.[13]

2.1. 자율주행차량은 어떻게 주변 환경을 인식하는가

현재 자율주행차량에 사용되는 센서는 카메라, 레이더Radar, 라이다LiDAR 센서의 조합이다. 라이다LiDAR센서의 경우 아직 상용화된 자율주행차량에는 적용되지 않다가 아우디 A8 모델에서 최초로 양산됐다. 일반적인 센서들 외에 새로운 센서들도 공개되고 있는데 CES 2018에서 새로운 센서들이 전시됐다.

(1) 카메라 센서

카메라 센서는 자율주행차 이전에 ADASAdvanced Driver Assistance Systems*에서부터 이미 핵심적인 센서로 발전하였다. 향후 자율주행 시대에도 가장 큰 시장을 형성할 것으로 예측된다. 의무 장착으로 시장이 확대된 후방 감시 카메라, 안전 주차를 위한 어라운드 뷰 카메라 등 다양한 종류와 기능을 가진 카메라가 시장을 형성하고 있다. 자율주행자동차에는 더 많은 종류의 카메라가 장착될 것으로 예측된다.[14]

테슬라의 오토파일럿 시스템에 장착된 8대의 카메라 구조를 살펴보면 장래의 발전방향을 예측할 수 있다. 테슬라는 전방 카메라 3대, 전방을 향하는 측면카메라 2대, 후면 쪽을 향하는 측면 카메라 2대, 후방카메라 1대 총 8대로 이루어져 있다. 현재까지 공개된 정보로는 8개의 카메라 기능이 완성된 것은 아니다. 향후 새로운 기능을 추가할 것으로 판단된다.

* 첨단운전자보조시스템이라고도 말한다. 운전하면서 생길 수 있는 사고를 예방할 수 있는 보조적 기능의 성격을 가진 시스템이다. 전방충돌방지보조, 차선유지보조시스템, 어댑티브 크루즈 컨트롤 등의 기술들을 포함한다.

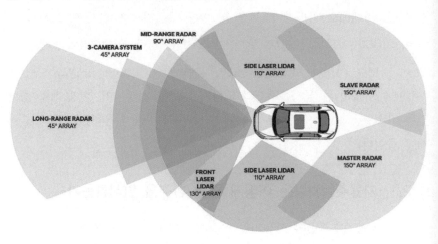

(2) 레이더(RADAR) 센서

레이더 센서의 기본동작원리는 운전자의 차량에서 발신되는 전자파 신호와 상대 차량 또는 장애물로부터 반사되어 돌아오는 전자파 신호간의 시간차와 도플러 주파수 변화량을 이용하여 레이더와 상대 물체사이의 거리와 상대속도를 추정하는 것이다. 현재 차량용 레이더는 24GHz와 77GHz의 주파수를 사용하고 있다. 77GHz 레이더는 원거리 영역을 탐지하며 전방 200m까지의 상대 차량을 감지해 전방충돌 경고 시스템에 적용되어 있다. 24GHz 레이더는 비교적 근거리 영역을 탐지하는데, 비교적 저가형으로 다수의 레이더를 차량에 설치하는 것이 용이하다. 사각지대탐지, 차선변경보조 시스템 등이 그 예이다.

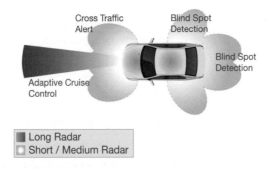

(3) 라이다(LiDAR) 센서

라이다 센서 기술은 최근 3D reverse engineering 및 자율주행차량을 위한 laser scanner 및 3D 영상 카메라의 핵심 기술로 활용되면서 그 활용성과 중요성이 점차 증가되고 있다. 자율주행차량 제조사와 IT 회사들은 level 3 이상의 자율주행에서 반드시 필요한 기술이라고 보고 있다. 레이더RADAR 센서와 기본 원리는 비슷하지만 물체의 물리적 특성을 확인하기 위해 전자파 대신에 레이저를 사용한다는 것이 레이더 센서와 다르다. 라이다 센서는 파장이 짧은 레이저를 사용하므로 정밀도와 해상도가 레이더 센서보다 높다. 물체의 형태를 빠르게 파악할 수 있고 또 물체의 특성상 레이더 센서가 감지하지 못하는 물체도 확인할 수 있는 장점이 있다. 지금까지 개발되었던 자동차는 모두 LiDAR를 적용하고 있는데, LiDAR 센서의 크기가 클 뿐만 아니라 모든 방향의 물체를 감지하기 위해 차량의 지붕에 설치된 경우가 많아 마치 큰 뚜껑을 달고 있는 것처럼 보였다. 하지만

▲ 라이다 센서를 달고 있는 자동차 모습[17]

▲ 라이다 센서(Velodyne HDL-64 (Laser Rangefinder)로 스캔한 모습[18]

이제 더 작은 크기의 고정형 LiDARSolid-State LiDAR까지 개발되면서 그러한 문제도 해결될 전망이다.

(4) 센서 융합 기술

위의 주변 환경인식 센서 이외에도 레이더로 3D를 인식하는 3D 레이더, 열을 감지하는 열화상 카메라 등 다양한 센서들이 있다. 하지만 센서는 그 자체가 가지고 있는 작동 원리와 물리적 한계 때문에 데이터의 신뢰성에 영향을 받는다. 또한 각 센서마다 데이터를 취득할 수 있는 유효감지범위Field of View가 다르고 데이터를 취득할 수 있는 속도Frame RAte와 해상도Resolution 에 차이가 있다. 완전자율 주행기능을 구현하기 위해서는 주변 환경의 변화와 상관없이 오류가 없는 데이터를 수집하는 것이 필수적이다.

각 센서의 기능이 나날이 발전하고 있지만 결국 개별 센서의 융합을 통해 단일 센서의 기능적 한계를 극복해야 한다. 자율주행차량 제조사들은 각각 자기의 센서 시스템을 가지고 있지만 입증된 최적의 센서 융합 아키텍처는 아직 없다. 이에 국제 표준화 기구 ISO TC22는 자율주행 센서 아키텍처에 대한 표준 규격을 제안하려고 한다.[19]

2.2. 주변 환경 데이터의 전송과 활용에는 5G가 사용된다

(1) 위치인식 및 맵핑

자율주행차량의 센서 관련 기술이 발전하고 있지만 아직 센서의 성능이 완벽하여 100% 신뢰할 수 있는 정도는 아니다. 2016년 Tesla사의 Model S 가 자율주행 중에 흰색 대형 트럭의 트레일러를 인지하지 못하고, 충돌사고가 발생한 것이 대표적인 예라고 할 수 있다. 당시 Tesla측에 따르면 트럭의 하얀색 면을 하늘로 인식했기 때문에 사고를 방지하지 못한 것으로 조사·보고되었다.

□ 그림 7-5 테슬라 Model S 충돌 사고[20]

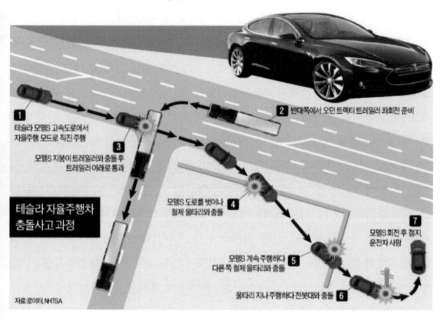

테슬라 자율주행차
충돌사고 과정

1 테슬라 모델S 고속도로에서
자율주행 모드로 직진 주행

2 반대쪽에서 오던 트랙터 트레일러 좌회전 준비

3 모델S 지붕이 트레일러와 충돌 후
트레일러 아래로 통과

4 모델S 도로를 벗어나
철제 울타리와 충돌

5 모델S 계속 주행하다
다른쪽 철제 울타리와 충돌

6 울타리 지나 주행하다 전봇대와 충돌

7 모델S 회전 후 정지
운전자 사망

자료: 로이터, NHTSA

따라서 센서 외에도 자율주행차의 인지기능을 위한 기술이 필요한데 그
중 대표적인 것이 정밀지도 기술이다. 정밀지도는 차량이 운행하는 도로와
주변 지형의 정보를 오차범위 10~20cm 이내로 구축된 신뢰성이 높은 지도
를 말하는데, 기존의 디지털지도보다 10배 이상 정밀하여 지형의 고저, 커
브 등의 속성을 3D로 표현한다. 이를 통해 자율주행차량운행 중에 발생할 수
있는 오류를 획기적으로 감소시켜줄 수 있다. 구체적으로는 ① 자동차의 측위
센서와 정밀지도를 매칭시키며 현재 위치 등을 정밀하게 측정하여 자율주행차
량의 측위 오류가 감소될 수 있으며, ② 도로상의 점선/실선 등을 디지털화하
여 자율주행차량의 인공지능 학습능력을 향상시킬 수 있고, ③ 정밀지도에서
상세한 정보를 미리 제공하게 하면, 실시간으로 분석해야 하는 데이터 용량이
크게 감소될 것이며 기존의 센서에 대한 의존도가 경감될 수 있다는 점 등이
그것이다.[21] 정밀 지도 구축에는 Mobile Mapping System(이하 MMS)이 사용
된다. MMS란 3차원 공간정보 조사 시스템으로 자동차 등 이동체에 카메라,
스캐너, GPS 등의 다양한 센서를 장착하고 위치정보를 세밀하게 획득하게 하

는 시스템이다. MMS를 통해 얻은 데이터를 다시 가공하여 사용할 만한 정보로 전환시키기 위해서는 막대한 자본과 기술력이 필요하다.

국토교통부 산하의 국토정보지리원은 '자율주행차 상용화 지원 방안'(2015. 5월)에 따라 정밀지도 고도화 및 DB 구축 작업을 진행하고 있다. 국토정보지리원은 2020년까지 전국 고속도로 및 4차선 이상 국도의 정밀도로지도를 구축한다는 계획이다. 2020년 이후에는 정밀지도 대상을 전국 2차로 이상 도로 일부로 확대한다. 또한 당국은 '국가공간정보 보안관리규정'(2018.1.22.)을 개정하여 관련 정보 활용의 보안성 심의를 통해 도로지역 정밀맵 활용이 가능하도록 하였다. 자율주행차량 개발업체가 위의 위치 및 공간 정보를 담고 있는 정밀맵 활용의 근거규정이 불명확하여 적극 활용에 어려움이 있었기 때문이다. 한편 2024. 5. 1. 개정에서는 공간정보 보안관리 업무의 체계적 수행을 위해 정밀도로지도 중 도로지역이 점군자료를 공개 제한에서 공개로 완화하는 등 민간의 공간정보 활용을 적극적으로 지웠나느 등 현행 제도상의 일부 미비점을 개선·보완하였다.

(2) 빅데이터 고속전송을 위한 통신망: 5G의 발전

이동통신의 진화과정에서 특히 5G는 장미빛 미래에 대한 희망을 심어주고 우리를 기대하게 한다. 구글이 선정한 세계 최고의 미래학자인 토머스 프레이는 지난 2018년 6월, '5G 시대 변화와 전망'에 대한 기조 강연에서, "5G 통신은 미래 산업의 강력한 원동력이 될 것이며, 신기술 등과 함께 결합하여 새로운 산업을 만들어 낼 것"이라고 강조하였다.[22]

현재 상용화되어 있는 4G에서 우리는 언제 어디서든지 인터넷 접속이 가능하고 실시간으로 동영상을 시청할 수 있다. 스마트폰의 핵심 서비스도 동영상으로 자리 잡고 있다. 한마디로 유비쿼터스ubiquitous와 유튜브의 일상화이다. 그리고 이동통신 기술을 활용해 SNS, 다양한 O2O서비스(차량, 숙박 공유 등 공유경제), 금융, 건강, 교통 등 생활 전반에 걸쳐 새롭고 편리한 서비스가 생겨났다. 이처럼 이동통신의 진화는 우리의 생활 전반에 콘텐츠나 서비스의 변화를 통해 더욱 많은 일들을 가능하게 하였다.

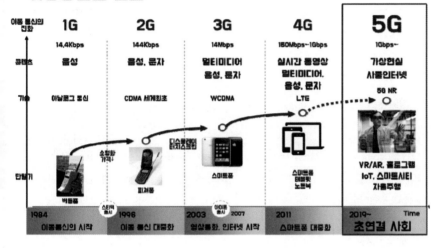

IoT와 5G로 대변되는 초연결 사회에서는 먼저 콘텐츠 측면에서 실시간 동영상이 더욱 증가·강화될 것이고, 초고화질의 영상 전송이 가능하기에 가상현실VR과 증강현실AR, 혼합현실MR의 홀로그램 등 진화된 영상 모드 방식이 대세로 자리잡을 것이다. 4G 통신망에서 대용량 정보의 초고속 전송에 대한 제약으로 인해 상대적으로 활용도가 낮았던 자율주행이나 공장자동화 등 산업도 더욱 진보된 통신기술을 활용할 수 있을 것이다. 특히 급격한 센서 기술의 발달과 그 센서가 수집하는 데이터를 이용하여 인공지능AI과 결합된 다양한 서비스들이 생겨나고 경험할 것이다. 국내 주요 통신회사의 광고 카피, 상상한 것 그 이상을 경험한다는 말이다. 4G와 차이나는 5G의 3가지 기술적 특성은 '초고속/대용량', '초저지연', '초연결'이다. 전통적으로 이동통신이 진화하는 주축은 초고속인데, 속도의 진화는 콘텐츠의 진화를 의미하고, 콘텐츠의 진화는 정보사회의 혁명을 가져온다. 바로 4차 산업혁명의 도래는 초고속 통신의 발전으로 인한 대량정보의 초저지연 전송과 공유 및 활용에 달려 있다.[24]

표 7-2 이동통신망 4G와 5G의 비교[25]

구 분	4G	5G	비고
최대 전송속도	1Gbps(2분 25초)	20Gbps(7.2초)	FHD 영화(18GB) 다운
이용자 체감 전송속도	10Mbps	100Mbps	4G 대비 10~100배
최대 주파수 효율	15bps/Hz	30bps/Hz	-
고속 이동성	350Km/h(최대)	5000Km/h(최대)	고속철도에서 끊김 없이 제공
전송지연	10ms (Radio Interface)	1ms (Radio Interface)	사람 감각인지 허용시간 (시각 10ms, 청각 100ms)
최대 기기 연결 수	10만 개/Km2	10만 개/m2	4G 대비 10배 기기수용
면적당 데이터 처리용량	0.1Mbps/m2	4G 대비 100배	4G 대비 100배 처리용량
에너지 효율	-	-	

2.3. 우리의 자율주행차량 정책과 산업 동향은 어떠할까

자율주행차량은 기존 자동차에 비해 교통사고를 감소시키고 이동의 효율성과 편의성을 증대시킬 수 있어 유수의 선진각국은 자율주행자동차를 상용화하기 위한 계획을 수립하고 추진 중에 있다. 현재 자율주행차량은 연구 및 개발R&D 단계를 지나 상용화 및 제품 생산에 중점을 두고 개발 속도를 가속하고 있다.

▲ CES 2017 라스베가스 현대 아이오닉 자율주행차[26]

우리나라의 경우에는 스마트카, IoT 등 19개 산업에 2020년까지 5조 6000억 원을 투입하고, 2024년까지 수출 1000억 달러 규모의 신사업육성 로드맵인 '미래성장-산업엔진 종합실천계획'을 2015년 미래창조과학부와 산업통산부를 주축으로 수립하였다. 본 로드맵에서 정부는 직접투자(282억 원)를 통해 스마트 자동차 산업을 집중 육성하여 세계 3대 스마트 자동차 강국으로 도약시킨다는 목표를 제시하였다. 국토교통부는 지난 2017년 11월 자율주행차 산업에 정책역량을 집중 투입하기 위하여 민간전문가 3명이 포함된 '자율주행차 전담조직'을 구성하였고, 자동차, 통신, 도로 인프라, 교통체계, 공간정보 분야 업계·학계·연구계의 전문가로 구성된 '정책자문단'을 운영하고 있다. 국토교통부는 자동화 시스템을 갖춘 차체뿐 아니라 인프라와 연결된 C-ITS 플랫폼 기술 발전을 통하여 관련 분야를 융·복합하여 시너지를 극대화 하는 것을 정책과제로 제시하고 있다.[28]

▲ CES 2020 라스베가스 현대모비스 완전자율주행 기반 콘셉트카 엠비전 S[27]

국내 자율주행자동차 기술은 완성차 업계와 대학 연구소를 중심으로 2010년부터 본격적으로 개발되어 현재 Level 3-Level 4 수준에 이르렀다. 현대자동차는 2017년 CES 2017에서 Level 4 수준의 자율주행 컨셉트 카로 야간자율주행 시연에 성공하는 등 자율주행기술 선진 그룹에 진입하기 위하여 개발에 박차를 가하고 있다.[29]

☐ 표 7-3 자율주행자동차 국내기업현황[30]

기업명	주요 내용
현대/기아	• CES 2017에서 SAE 기준 4단계의 아이오닉 자율주행자동차 출품 및 도로 시승 성공(2017.01) • 시스코와 협업하여 오픈 이노베이션 방식의 커넥티드 카 플랫폼 확보 전략 수립(2016.04) • 구글의 '안드로이드 오토'와 애플의 '카플레이'를 양산차에 적용(2016) • 첨단운전자보조시스템(ADAS) '드라이브 와이즈'를 2018년 판매하는 전 차종에 도입(2017.06)
현대 모비스	• CES 2016에서 긴급자동제동시스템, 스마트크루즈콘트롤, 차선유지보조장치, 원격주차지원시스템 등 7가지 운전자지원시스템 기술을 선보임(2016) • NHTSA 기준 자율주행자동차 2단계의 기술을 확보하였으며, 2022년 고속도로에서 운전자 개입이 필요없는 Level 3 이상의 자율주행자동차 사용화 계획(2017.04)
만도	• 테슬라와 자율주행의 안전판 역할을 하는 '페일 세이프트'(Fail Safety, 오작동 대비 안전기능) 기술 공동 개발(2016) • 100% 자체 기술로 제작된 자율주행 자동차를 국토교통부로부터 임시 운행 최초 허가(2017)

삼성전자	• 아우디와 차량용 반도체 공급 업무협약 체결(2015) • BMW, 일본 파나소닉과 함께 자율주행자동차의 지능보조장치인 '인텔리전트 어시스턴츠'를 공동 개발(2015) • 커넥티드카/오디오 분야의 세계 점유율 1위 기업인 하만 인수(2016)
LG전자	• 벤츠의 '스테레오 카메라 시스템' 공동개발에 관한 MOU 채결(2014) • GM의 4G LTE 통신 글로벌 텔레매닉스인 온스타 서비스에 차량용 텔러매틱스를 독점 공급(2015) • 미국의 NXP 반도체와 자율주행자동차용 첨단운전자지원시스템의 핵심부품 중 하나인 '차세대 지능형 카메라 시스템'을 공동 개발하는 업무협약 체결(2015)

현대자동차는 2022년까지 Level 4 이상 자율주행차 개발, 2024년 상용화를 계획하였고 정부는 2019년 10월 "2030 미래자동차 산업 발전전략"에서 2027년까지 완전자율주행 도로 세계 최초 상용화를 목표로 자율주행 시장을 선점할 계획을 발표하였다.[31] 2020년 1월에는 Level 3 기준을 마련하였으며, 2024년 현재 제도, 통신, 정밀 지도, 교통관제, 도로 등 주요 인프라를 완비 계획 등 적극적으로 지원하고 있다.

3 자율주행자동차가 교통사고를 만나면 누가 법적인 책임을 지는가

3.1. 자율주행차량 관련 법제도 현안

(1) 법제도의 정비

자율주행자동차 관련법은 기본적으로 자동차 관련 안전규제와 제도의 국제적 조화가 요구된다. 국내 도로교통법이나 국제규범인 제네바 국제협약에 따르면, 무인 상태로 운행하거나 손을 떼고 운전하는 등의 자율주행은 현행법상 운전에 해당되지 않는다. 예컨대, 도로교통법 제48조는 "모든 차의 운전자는 차의 조향장치와 제동장치, 그 밖의 장치를 정확하게 조작하여야 하며, 도로의 교통상황과 차의 구조 및 성능에 따라 다른 사람에게 위험과 장해를 주는 속도와 방법으로 운전하여서는 아니 된다"고 규정하고 있어, 핸들과 브레이크의 조작 없이 스스로 움직이는 자율주행차량의 운행은 불법이다. 이처럼 앞으로 자율주행차량이 상용화된다면, 가장 논란이 많을 분야로는 교통사고와 관련되는 민형사상의 책임 귀속 문제와 그에 따른 보험 문제가 있을 수 있다.

한편 자율주행자동차 상용화가 가시화됨에 따라 국토교통부는 대규모 실증시험 수요가 증가할 것이므로 일정 요건을 충족하는 경우에는 그 허가요건을 대폭 완화하고, 또 동일 자율주행자동차의 판단요건을 구체적으로 정하여 급격히 발전하는 센서 기술 등 자율주행 관련 기술적 진보에 능동적으로 대처하기 위하여 법제도적인 지원체계를 정비하였다.[32]

우리나라 「자율주행자동차의 안전운행요건 및 시험운행 등에 관한 규정」은 자율주행차를 A형, B형 그리고 C형 등 세 가지 유형으로 분류하고 있음
* A형 : 조향핸들 및 가속 · 제동페달이 있고 시험운전자만 있거나 시험운전자 및 탑승자 있는 유형의 자율주행차
* B형 : 조향핸들 및 가속 · 제동페달이 없고 시험운전자만 있거나 시험운전자 및 탑승자가 있는 유형의 자율주행차
* C형 : 시험운전자나 탑승자가 승차할 수 없는 구조로 화물 운송 또는 특수한 기능을 수행하는 형태의 자율주행차
이러한 정의에 따르면 자율주행차의 종류는 운전석 유무에 따라 그 유형이 달라지며 다음의 [표]로 정리될 수 있음

☐ 표 자율주행차 특성

특성	운전석 있음(조향핸들 및 가속 · 제동페달 有)	운전석 없음(조향핸들 및 가속 · 제동페달 無)
유형	A형 자율주행차 (예) 기존 자동차 형태의 자율주행차	B형 자율주행차 (예) 판교제로셔틀 등 운전석 없는 셔틀
무인		C형 자율주행차 (예)뉴로, R2 등 무인 배송로봇

출처: 선종수 · 도규엽 · 차종진 · 배상훈 · 김경진, 자율주행자동차 도로교통법, 박영사, 2022, 29면.

특히 자율주행차량 운전자의 부주의로 인한 교통사고 발생확률을 낮추기 위하여 자율주행시스템 고장, 운행제어권 전환요청 시 작동하는 청각 경고의 경우에 그 경고 음량을 임의로 조절할 수 없도록 금지하는 규정도 마련하였다.[33]

(2) 관련 사업의 진흥과 인프라 구축

정부가 자율주행기술 개발을 지원하는 방안은 크게 임시운행 허가와 인프라 구축으로 나눌 수 있다. 자율주행차량의 임시운행 허가를 위하여 자동차관리법 개정안이 2016년 2월 12일부터 시행되어 요건을 갖춰 신청절차를 거치면 실제 도로에서 시험운행을 할 수 있게 되었다. 자율주행차 관련 시장규모는 2021년 약 5만대에서 2040년 약 3천3백만대로 폭발적으로 성장하며 아시아 지역 비중이 높을 것으로 전망되었다.[34]

* 고속도로 1개 구간 41km 및 국도 5개 구간 총 319km

▲ 경기도 자율주행버스 판타G버스(이미지 제공: 경기도)[35]

2015년 10월에는 시험구간으로 지정한 6개 구간*에서 자율주행자동차 시험운행이 가능하였다. 자율주행자동차가 실제 도로에서 운행되려면, 3D 좌표가 포함된 정밀도로지도, 정밀 GPS, 자율주행자동차와 도로인프라 간 통신을 통해 각종 교통정보를 제공하는 C－ITS(Cooperative ITS, 차세대 지능형교통시스템) 구축을 통해 자율주행자동차 상용화를 대비해야 한다. 그간에 경기도 성남 판교제로시티(판교창조경제밸리)에서는 '판타G버스'가 시험운행을 시작하였다. 화성에는 실제 도로 및 시가지 교통상황을 구현하여 다양한 상황 하에 반복재현시험을 할 수 있는 실험도시K－city가 구축되었으며, 글로벌 자동차 기업 콘티넨탈이 2022년 4월 경기도와 협약을 맺고 분당 글로벌R&D센터 2층 규모(2,809㎡)에 미래차연구소를 설립하였다.[36] 여기서 차량용 5G 통신부품, 탑승객 모니터링시스템 등 자율주행 소프트웨어와 에어백 등 안전 부품을 개발하고 있다.

3.2. 자율주행차량의 교통사고 사례를 알아보자

(1) 미국 테슬라 모델 S의 대형 트럭 충돌 사건

미국에서 자율주행 모드로 달리던 테슬라 모델 S가 대형 트럭과 충돌해 운전자가 사망하는 사고가 발생했다. 이 사건은 세계에서 처음으로 발생한 자율주행차량 사망 사고이다.[37]

(2) 구글의 자율주행차 사고

이는 자율주행기술이 가장 앞선다는 구글이 자체 개발한 자율주행차량의 결함으로 발생한 사고임을 인정한 첫 번째 사례이다. 캘리포니아 자동차 관리당국DMV의 사고경위 보고서에 따르면, 구글이 자율주행차로 개조한 렉서스 SUV 차량이 교차로에서 우회전하기 위해 방향지시등을 켜고 교차로로 진입하던 중 좌측 차선에서 뒤따라오던 버스와 충돌한 사고이다. 사고 당시 모래주머니를 장애물로 인지하고 이를 피하려고 차선의 왼쪽으로 진행하다가 뒤에서 직진하던 버스의 오른쪽 옆면과 충돌한 것이다. 충돌 3초 전에 자율주행차의 인공지능AI 컴퓨터와 차량 탑승자 모두 뒤편에 버스가 따라 온다는 것을 인지하였으나 버스가 속도를 줄일 것으로 예상하고 주행한 것이 사고의 원인이었다. 다행히 인명피해는 없었다.[38]

세계 최대 차량호출업체 우버의 자율주행차가 미국 애리조나 주 피닉스 교외의 한 교차로에서 보행자를 치여 숨지게 하는 사고를 냈다고 미국 언론이 2018년 4월 19일(현지시간) 보도했다.[39] 이는 자율주행차량 시험운행과 관련된 세계 최초의 보행자 사망 사고에 해당한다. 차량의 운전석에 운전자가 앉아 있는 상태에서 자율주행 모드로 운행하던 우버 자율주행차량이 당일 저녁 10시계 피닉스 템페 시내 커리 로드와 밀 에버뉴 교차로에서 길을 건너던 여성 보행자를 치었다.

(2) 우버 자율주행차량의 보행자 사망 사건

그림 7-7   우버 자율주행차 첫 보행자 사망사고…안전성 논란 증폭[40]

(3) 국내의 반자율주행 중 발생한 추돌사고

서울에서 발생한 반자율주행 중 추돌사고는 앞서 달리는 차량을 따라 주행하다 갑자기 오른쪽으로 방향을 틀더니 갓길에 주차된 화물차를 그대로 들이받은 사고이다. 사고차량은 운전자가 반응하지 않을 경우 충돌을 피하거나 제동을 잡아주는 반자율주행 기능이 탑재된 2억원대 고급 외제차인데, 차선이탈 방지 기능을 믿고 순간 방심했다가 추돌 사고로 이어졌다고 한다.[41]

(4) 교통사고의 책임 귀속

① 보험회사가 1차적 책임을 진다.

② 교통사고의 기여과실에 따라 배상책임은 감면되어야 한다.

③ 알고리즘 소프트웨어의 무단 변경 등에 따른 사고 책임은 정보를 조작하고 왜곡시킨 사람이 부담해야 한다.

④ 사고책임자에 대해서 보험회사 등이 구상권 등을 행사하는 것은 예나 지금이나 당연하다.

4 전망과 평가

자율주행자동차의 임시운행을 허가받은 경우 현재 기존의 자동차보험을 활용하여 만일의 사고에 대비하도록 하고 있으나 자율주행 시스템의 특성을 반영한 별도의 보험을 개발하여 자율주행자동차에 의한 교통사고의 책임 관계를 명확하게 정하여야 할 것이다. 자율주행자동차 임시운행 규정을 완화하고 이른바 '규제 프리 존' 특별법을 마련하여 자율주행자동차 시험·연구를 지원해야 하며, 장기적으로는 새로운 형식의 자동차도 연구·개발될 수 있도록 관련 규제를 혁신할 필요가 있다.

나아가 자율주행자동차뿐만 아니라 기존 자동차와 다른 형식의 새로운 운송수단에 대해서도 시험·연구가 가능하도록 관련법의 지속적인 개선이 필요하다. 정책으로는 현재 구축된 'K-city'와 민간 자율주행시험장 등 실증단지 운영의 애로사항을 해소하고, 국내외 자율주행자동차 개발업체들이 한국을 주요 테스트 베드로 활용할 수 있도록 정책적 지원을 아끼지 말아야 한다.

승용차 위주의 자율주행차 외에 지율주행 셔틀과 같은 대중교통이나 물류비용의 절감을 가능하게 하는 자율주행 트럭과 같은 자율주행차량의 상용화 기반을 마련하는 것도 중요하다. 다만, 자율주행차량의 카메라, 레이더 등 환경 센서에는 전방에 장애물이 있거나 센서의 감지범위를 벗어난 상황에 대해서는 인지하지 못하는 기술적 한계가 존재한다. 이러한 문제를 해결하기 위해서는 발생가능한 도로교통 위험 상황을 미리 공유하고 안전을 확보할 수 있는 정보의 공유를 가능하게 하는 디지털 인프라의 구축이 필요하다. 또한 이러한 정보의 전달을 넘어 자율주행차량이 일정한 간격을 유지하며 운행하는 이른바 '군집 운행' 기술과 차량이 서로 충돌 없이 교차하도록 통제하는 등의 차세대 첨단교통체계를 지원할 수 있는 차량전용의 사물인터넷(IoT) 통신기술의 혁신이 필요할 것이다.

5 학습 과제

5.1. 자율주행 알고리즘의 트롤리 딜레마를 생각해 보자

달리는 전차의 궤도를 바꾸면 수명의 사람을 살릴 수 있지만 바뀐 궤도에서는 또 다른 1명의 생명을 앗아가야 하는 상황이다. 제동장치가 망가진 전차의 궤도가 바뀌도록 레버를 당기는 사람은 과연 어떠한 선택을 해야 할까? 이것이 그 유명한 트롤리 딜레마trolley problem의 문제이다. 자율주행차량의 개발을 위해서는 기술적인 문제뿐만 아니라 이러한 답하기 곤란한 트롤리 딜레마의 윤리적 선택도 자율주행시스템의 인공지능 알고리즘에서 선결되어야 할 영역으로 언급되고 있다.

5.2. 누가 도로교통법상의 운전자인가

자율주행자동차의 일상화는 법적 규제 분야에 여러 가지 과제를 안겨주고 있다. 특히 자율주행자동차의 운행 중 교통사고가 발생할 경우 법적 책임의 귀속이 문제될 수 있다. 자동차 운행 중에 사고로 사람이 다치거나 사망하는 경우 고의 사고를 제외한다면 업무상과실치사상죄(형법 제268조)가 문제된다. 이때 자동차를 운전하는 행위는 본죄의 업무의 범위에 해당하고, 자동차의 발진조작을 수행하는 운전자가 책임귀속의 대상으로 고려된다.

그러나 자율주행자동차가 자율주행모드로 운행되는 경우 자동차의 통제권이 자동차 자체 내지는 자율주행시스템에 이전되게 되므로, 자율자동차의 운전자를 누구로 볼 것인가에 따라 형사 책임의 부담자가 달라질 수 있다. 자율주행자동차의 운전자 개념을 확정하는 일은 책임귀속과 관련된 법적 논의의 출발점이 된다. 운전자 개념 확정의 핵심은 자율주행자동차의 여러 가지 주행행태에서 누구를 -인간 혹은 자율주행시스템- 발진조작의 지배자로 인정하고 어떠한 주의의무를 부담시킬 수 있는가라는 문제이다. 이는 곧 형사책임 귀속에서 선결되어야 하는 문제이다.[42]

5.3. 자율주행차량의 사고책임은 누가 지는가

자율주행자동차의 주행 중 사고가 발생한 경우 형사책임 귀속 주체의 확정을 위해 사고발생 당시 주행 통제권의 주체, 즉 운전자성을 누구 혹은 무엇에게 인정할 수 있는지의 문제가 선결되어야 한다. 사고책임을 부담하는 행위의 주체는 자율주행의 운행 형태에 따라 ① 자율주행자동차를 수동 운전 모드로 조작하는 인간 운전자Level 0-Level 2, ② 자율주행자동차를 자동 주행 모드로 운전하지만 운전석에 착석하여 상황주시의무를 부담하는 운전자 내지는 운전석에 착석하지 않았지만 어떤 형태로든 통제권을 인수할 책임을 부담하는 운행관리자Level 3, ③ 인간이 승객으로 탑승하여 모든 통제권이 자율주행시스템에게 있는 상황에서는 자율주행자동차 자체 내지 자율주행 시스템Level 4-Level 5이 될 것이다.[43]

자연인만이 아니라 법인에 대하여 양벌규정으로 형벌을 부과하듯이 AI·AV에게도 형사책임을 물을 수 있다. 즉 AI를 탑재한 레벨 4이상의 자율주행 자동차에서 AI에 고유의 행위, 책임능력, 적절한 형사제재를 상정할 수 있는가의 문제다. 주변 환경 정보 수집, 분석, 주행행위 선택, 교통사고 회피 동작 등을 할 수 있는 Level 4 이상의 AV는 탑재된 AI에 운행제어 능력을 인정할 수도 있을 것이기 때문이다.

5.4. 운행 관련 정보의 보호와 이용 문제를 짚어보자

(1) 자율주행 시스템은 정보의 이용이 필수적이다

자율주행자동차는 주행환경 인식 기술을 활용해 도로의 운행 환경 및 주행 중 자동차 주변에 존재하는 여러 장애물과 전·후방의 상황을 인식하여 결과를 제어시스템에 최종적으로 제공하여 상황을 판단하며, 주변 환경에 대한 정보를 획득하기 위하여 카메라, 초음파, 적외선, 레이더, 라이다 등의 다양한 센서를 장착하고 있는 것이 보통이다. 그러나 자체로 자율화된 자동차Automated Vehicle 기술만으로는 안전성을 완전히 담보할 수 없다. 주행 환경이 복잡한 도심에서의 차선 및 신호 인식의 문제, GPS 음영구간 문제,

야간이나 눈, 비 등 날씨의 문제 등을 비롯하여 수많은 돌발 변수에 적절히 대응하기에는 기술적 한계가 존재한다.[44] 앞에서 언급된 자율주행차량의 사고에서 이러한 문제점을 충분히 인식할 수 있다. 그래서 현재는 안전성과 효율성을 제고하기 위하여 자율주행자동차와 IT 기술이 접목된 협력자율주행기술과 C－ITS^{Cooperative－ITS} 기술을 발전시키고 있다. 이러한 자율주행 무인자동차는 V2X 통신의 중요성을 강조하기 위하여 Networked Car 또는 Connected Car라고 부른다.

Connected Car 기술에서의 핵심은 광범위한 정보의 획득과 처리 및 통신을 통한 상호교환이다. 이러한 환경에서는 자기 차량의 위치 및 이동정보 뿐 아니라 교통에 참여하는 각 차량의 위치 및 이동정보가 상시적으로 수집·처리 및 교환된다.

자율주행차량에 부착된 각종 센서를 통하여 영상정보가 수집되며, 이에는 자동차 외부의 환경 즉, 타 주행차량 및 보행자 등의 영상정보가 포함될 수 있다. 이러한 광범위한 정보 수집 및 처리 과정에서 개인정보가 노출될

45

위험성을 완전히 배제할 수는 없을 것이다. 나아가 수집·처리된 정보가 어느 정도의 시간 동안 저장되어 보관되는 경우 저장된 정보를 관리하는 주체의 관리 부실로 해당 정보가 유출되거나, 더 나아가 상업적으로 유용되는 경우가 발생할 수 있으며, 혹은 불순한 의도로 네트워크에 접속하여 권한 없이 정보를 유출시키는 행위에 대한 우려를 완전히 배제할 수는 없다.[46] 2017년 4월 개봉한 "분노의 질주 더 익스트림"에서 주인공을 잡기 위해 테러조직이 도시 내의 자율주행차량을 해킹하여 원격 조정하는 장면이 나온다. 이 장면은 자율주행 시대에 발생할 수도 있는 안전과 보안의 문제를 그대로 보여주는 것이다. 따라서 기술적 발전과 함께 협력자율주행체계에서 이용되는 개인정보의 보호 및 정보보안을 위한 제도가 동시에 고민되어야 한다.

(2) 개인정보 보호의 문제가 중요하다

IT 기술과 융합된 자율주행환경에는 교통참여자의 많은 정보들이 관련될 수 있다. 개별 정보 자체가 개인정보일 수 있으며, 그렇지 않더라도 교통 목적으로 수집된 정보가 사용에 있어 개인의 동의를 요하는 정보로 비교적 용이하게 변환될 수 있다는 점에 유의하여야 한다. 정보 분석 기술의 발달로 익명화된 정보가 다른 정보와 결합하여 개인정보화 될 가능성이 높아지고 있으며, 특히 빅데이터 정보에서 그러한 기술적 발전이 가속화되고 있다. 특히 자율주행자동차의 이용에서 운전자의 이동정보와 위치정보는 차량등록번호가 결합하는 경우 개인위치정보로 인정될 수 있다. 또한 운전자의 가속행위, 안전벨트 착용 습관, 연료소비 등과 같은 행태정보 역시 개인정보로 수집될 수 있다. 자율주행차량 탑승자의 휴대전화가 자율주행시스템과 연동되는 경우에 운전자 뿐 아니라 동승자의 개인정보 또한 문제되는 상황이 발생할 수 있다. 나아가 수집되는 정보가 개인정보가 아니라 할지라도 정보자기결정권을 두텁게 보장하기 위해서는 정보의 수집, 저장 및 처리의 목적, 방법 및 장소에 관한 사항이 정보주체에게 정확히 고지되어야 한다.[47]

Connected Car 시스템이 일반화 단계에까지 이르게 된다면, 혹은 산업 발전을 위하여 일반화 단계까지 발전시키길 목적한다면 필연적으로 운전자의 실시간 위치정보의 상호교환이 의무화되어야 한다. 이러한 상황에서 기존의 사전동의의 원칙Opt-in을 유지하는 것은 어려울 것으로 예상되고, 향후 이를 완화하여 원칙적으로 Connected Car 시스템의 정보이용방법에 동의하는 것을 전제하고, 교통참여자에게 사후철회Opt-out의 기회를 부여하는 방안으로 법적인 개정도 검토할 필요가 있다. 또한 Connected Car 시스템에서는 정보의 수집, 처리 및 저장에 있어서 '프라이버시 중심 디자인Privacy by Design, pbD' 원칙에 상응하는 제도정립이 검토되어야 한다.

미국 도로교통안전국NHTSA는 연방자율주행차 가이드라인에서 사생활 보호와 관련된 정보보호를 위하여 다음과 같은 원칙을 밝히고 있다.

원칙	내용
투명도	자동차로부터 수집, 사용, 공유, 보안, 회계감사 그리고 데이터를 파괴 및 검색에 대한 정보제공
선택	자동차 소유자에게 개인적으로 연결시킬 수 있는 지리적 위치, 생체인증, 운전자 습관 데이터의 수집, 사용, 공유, 유지, 데이터의 해체를 선택할 권리
맥락존중	데이터가 자율주행기능차량(HAV)가 생성한 원본 데이터와 일관된 데이터만을 수집
최소화, 익명화 (De-Identification) 유지	정당한 비즈니스 목적에 필요한 최소한의 개인 데이터만을 수집, 유지
데이터 보안	데이터 손실, 비인가 공개의 위험에 대한 보호방안 시행
온전함과 접근권	개인적 데이터의 정확도 유지, 개인에 연관된 수집된 데이터를 검토하거나 고칠 수 있는 방안 시행
책임	데이터 안내·동의에 일관하여 수집할 수 있도록 적당한 조치 시행

(3) 정보보안 관련 문제도 중요하다

Connected Car 시스템에서는 교통참여자에 관한 광범위한 정보가 상시적으로 수집되고 처리되는 정보교환 생태계가 형성된다. 개인정보의 보호와 아울러 수집된 정보의 보안 문제 역시 중요할 수밖에 없다. 정보보안은 특히 위험에 직면하는 법익침해의 범위와 그 결과의 위중함에 비추어 협력자율주행체계에서 매우 중요한 과제 중 하나이다. 자율협력주행체계에서 정보판단과 처리의 주체가 인간에서 자율주행시스템으로 옮겨감으로 자율주행시스템이 취급하게 되는 수많은 개인정보 및 사생활 정보에 대한 유출이나 해킹의 위험성이 커지게 되고, 이는 개인적 차원을 넘어 공공질서나 국가안보에 대한 위협으로까지 비화될 가능성을 충분히 예상할 수 있다.[48] 따라서 개인정보 보호와 함께 정보보안을 위한 제도적 장치가 마련되어야 한다.

자율주행자동차의 보안을 강화하기 위한 기술적 방법으로는 예컨대 PKI[Public Key Infrastructure]를 기반으로 하는 차량용 인증서 발급·관리, CSR[Certificate Signing Request] 인증서와 익명인증서 발급·관리, 'OBD[On-board Diagnostics]' 단자에 자동차용 AFW[Application Firewall]를 이용한 보안 솔루션 적용, 블루투스, CD 내지는 Wi-Fi 접속시 악성코드 감염을 예방하기 위한 펌웨어 업데이트 및 백신프로그램 적용 등이 있다.[49]

자율주행자동차의 개발과 협력자율주행시스템이 가시권에 들어온 상황에서 교통환경의 안전성을 담보하기 위해서 정보보안이 필수적인 과제임은 아무리 강조해도 부족하지 않다. 아직 국내의 표준이 개발되지 않은 상황에서 이에 대한 해외동향을 주시하고, 우리나라 실정에 맞는 확고한 정보보안체계 정립을 위한 표준을 마련하는 것이 시급해 보인다.[50]

6 더 읽어볼 만한 자료

호드 립슨, 멜바 컬만, 박세연 옮김, 「:넥스트 모바일: 자율주행혁명」, 더 퀘스트 (2017)

지은이가 이 책의 부제에서 강조하듯이, 4차 산업혁명의 가장 파격적인 혁신이자 문제작으로서의 무인자동차, 즉 자율주행차량은 더 이상 자동차가 아니라 '바퀴달린 로봇'이라고 한다. 어린 시절에 보았던 공상과학만화나 또는 지금의 CG영화에서 보이던 이른바 "오토봇"이 더 이상 공상은 아니다.

이제 곧 세상을 바꾸는 현실이 된다.

지은이는 이 책에서 독자들에게 무인자동차가 변화시킬 세상을 상상하게 하고, 무인자동차를 구현시키는 관련 기술을 소개하고 있으며 나아가 자율주행자동차의 위험과 우리에게 제공하는 또 다른 삶의 기회에 대한 깊이 있는 통찰을 제시하고 있다.

함부로 상상하지 말라, 모든 것이 변신하고 현실이 된다.

안드레아스 헤르만·발트 브레너·루퍼트 슈타들러, 장용원 옮김, 「자율주행」, 한빛비즈(2019)

'말 없는 마차'에서 시작된 자동차 100년의 역사가 이제 '운전자 없는 자동차'의 등장으로 인해 전무후무한 변혁의 시대를 맞이하고 있다. 지은이가 한국 독자를 위한 서문에서 밝히고 있듯이, 우리의 자동차 산업은 미래의 이동수단 부문에서 결코 후진적이지 않다. 자율주행차량에 사용되고 있는 환경 센서 등 인지기능의 한계를 극복하고, IoT에 기반한 대량의 주변 도로 환경 정보를 실시간, 고속·저지연으로 유통할 수 있도록 하는, 세계 최초의 5G 통신망 상용화에 주목해야 하기 때문이다.

지은이는 자율주행 기술이 가져올 관련 산업계의 지각변동에 대해 역사적·기술적·사회적 등 다양한 관점에서 파악하여 자율주행차량이 제공하는 기회와 위험을 솔직하고 담담하게 서술하고 있다. 특히 자율주행의 기술혁명이 자동차에 미칠 영향과 기업에 미칠 영향, 사회에 미칠 영향을 설명하고 끝으로 멋진 신세계를 위한 우리의 도전과 실천과제를 제시하고 있다.

뜨는 해, 지는 해의 일몰과 일출을 얘길 하는 것이 아니다. 뜨는 산업과 지는 산업의 경계를 가를 전무후무한 자동차 기술의 혁명을 위한 열정과 노력을 말하고 있는 것이다.

제8강　가상현실과 증강현실, 혼합현실

여기서는 4차 산업혁명 기술의 발달과 함께 넓혀진 리얼리티의 세계, 즉 가상현실 증강현실 그리고 혼합현실을 이해한다. 새로운 미래컴퓨팅 환경 기술의 발달은 일찍이 중국의 전국시대, 사상가였던 장자의 유명한 호접지몽(胡蝶之夢), '나비의 꿈' 설화가 더 이상 꿈이 아니라 현실이 되게 하였다.

내가 나비가 되는 꿈인가, 내가 나비의 꿈인가?

1 환상적 현실인가, 현실적 환상인가의 구별을 어떻게 할 것인가

사이버 공간의 사용자, 온라인에서의 이용자의 활동 증가와 그들을 위한 더욱 몰입도 높은 가상환경의 구축에 대한 요구와 관심이 증가함에 따라 이를 가능하게 하는 다양한 기술의 개발 필요성이 증대되어 왔다. 가상현실, 증강현실 그리고 혼합현실이라는 3가지 서로 다른 방식의 기술이 그것이다. 이러한 신기술은 게임·오락에 이어 교육, 의료, 쇼핑 등 다양한 분야에 응용되고 있다.

1.1. 가상현실이란 무엇인가

가상현실Virtual Reality: VR은 실제로 존재하지 않지만 마치 현실로 존재하는 것처럼 생생함을 주는 상황을 말한다. 이것을 이해하기 쉬운 가장 대표

▲ 영화 아바타*

* 포스터의 부제가 "새로운 세계가 열린다"인 사실도 우연은 아니다.

적인 예는 영화 아바타(2009)이다.

가상현실 기술은 컴퓨터 3D 그래픽을 통해 현실이 아닌 환경을 마치 현실과 비슷하게 만들어 내는 기술을 말한다. 컴퓨터가 구현하는 3D 그래픽 화면을 입체로 보는 장치를 통하여 가상의 세계를 만들고 이를 실제로 체험할 수 있도록 구현하는 기술로도 알려져 있다. VR 기술은 1980년대 비행기조종 시뮬레이션과 같은 군사훈련 목적으로 개발되었으나 2010년대에 이르러 SF 영화나 영상분야 등 특수 환경에서 상용으로 발전하고 있다.

VR 기술의 특징은 체험하는 사람이 마치 실제 상황과 상호작용하는 것처럼 느끼게 되며, 기술이 고도화될수록 더욱 현실감 있는 가상의 세계를 만들어낼 수 있다는 점이다. 나아가 현실 세계를 그대로 영상으로 재현하여 사용함으로써 이용자를 더욱 가상의 현실에로 몰입하게 한다.[2]

1.2. 증강현실이란 무엇일까

증강현실Augmented Reality: AR은 앞에서 설명한 가상현실과 달리 현실의 이미지 또는 실재의 배경에 3D 가상 이미지를 덧입히는 형태로 구현된다. 증강현실을 이용한 대표적인 예로는 닌텐도Nintendo와 나이엔틱Niantic사의 게임 어플리케이션, 포켓몬 고Pokémon GO가 있다.

▲ 포켓몬 고 게임 [3]

증강현실은 현실세계의 객체와 3차원 가상물체를 겹쳐 보여주는 기술로, 인간의 오감을 자극하여 감각과 인식을 확장하는 영상분석 기술로 1968년 미국 유타대학의 이반 서덜랜드Ivan Sutherland가 개발한 헤드 마운티드 디스플레이Head Mounted Display: HMD에서 출발한다. 1990년대 보잉사의 엔지니어 토마스 코델Tomas Caudell이 항공기를 조립할 때 필요한 수만 가지의 부품 위치를 HMD 화면을 통해 실시간으로 확인시켜주

는 장치를 개발하였고, 이 연구를 발표한 논문에서 처음으로 '증강현실'이라는 용어가 사용되었다.[4]

증강현실을 구현하는 시스템은 '트래킹 시스템Tracking System, 그래픽 시스템Graphics System, 디스플레이 시스템Display System'의 3가지로 구성된다.

☐ 표 8-1 증강현실 구현 시스템[5]

구현 시스템	기술 설명
트래킹 시스템	현실세계와 가상세계의 정합을 위한 것으로 영상 안에서 어떠한 특정 방식을 통해 공간의 크기나 각도, 위치 등을 파악하여 계산하는 기술
그래픽 시스템	트래킹 시스템에서 얻은 정보를 이용하여 현실 사용자에 겹치게 하며, 가상의 이미지나 객체가 사용자의 위치와 방향에 따라서 표현되도록 하는 기술
디스플레이 시스템	그래픽 시스템과 트래킹 시스템에서 얻어진 결과물을 디스플레이 장치를 통하여 시각화하는 기술

이러한 AR현실을 구현하는 기술 원리는 크게 2가지가 있는데, 먼저 마커 방식이다. 이는 QR 코드와 같은 디지털 기호를 스마트폰으로 찍으면, 디지털 기호와 매핑되어 있는 3D 영상/이미지를 찾아서 현실 세계에 가상의 이미지를 더하는 방식이다. 다음은 마커리스 방식으로 카메라가 이미지를 비추면 그 이미지를 인식하여 매핑되어 있는 3D 영상/이미지를 찾아서 그 이미지에 덧씌우는 방식이다.

이처럼 증강현실 기술은 실제로 존재하는 현실의 환경에 가상의 정보를 결합시켜 부가적 정보를 추가로 제공하는 기능을 포함하고 있다. 사용자가 실제로 보는 증강현실 영상은, 실재하는 현실의 환경에 이용자들이 필요로 하는 정보가 부가되어 나타나기 때문에 실제의 현실 모습과는 부합하지 않으나 사용자에게 보이는 현실의 대상에 필요한 정보가 증강된 영상/이미지로 나타난다. 구글 안경이나 웨어러블 컴퓨터 등 특수한 장비를 착용하면, 사용자가 자유롭게 이동하면서 증강현실을 체험할 수 있다.

▲ 가상현실체험[6]

1.3. 혼합현실

혼합현실Mixed Reality: MR은 가상현실VR과 증강현실AR을 합친 개념으로 가상현실의 장점인 몰입도와 증강현실의 장점인 현실감을 결합시킨 기술이다. 혼합현실은 가상현실에 비해 몰입감은 떨어지지만 시뮬레이션이 용이해 위험성이 있는 실험을 하거나 어떠한 상황에 대한 이해를 필요로 하는 경우를 표현할 때 유리하다. 또 가상현실은 HMD 같은 헤드셋 기기가 필요하고, 증강현실도 스마트폰 같은 매개체가 있어야 하지만 혼합현실은 영화를 보듯이 별다른 중간 매개체 없이 체험할 수 있는 장점이 있다.[7]

HMD나 스마트 안경 등의 형태로 의료, 교육, 엔터테인먼트, 제조, 항공우주, 쇼핑, 디자인 등으로 다양한 분야에 이 기술의 적용이 확대되고 있다. 그러나 기술적 제약과 비싼 가격 때문에 실제로 출시된 제품은 개발자용으로 국한되어 있으며, 일반인을 위한 범용제품의 상용화는 아직 부진한 상태이다. 앞으로 관련 산업이 발전하기 위해서는 제품 양산에 따른 대폭적인 가격 인하, 기술적 제약의 극복, 디바이스 착용이 편리하도록 무게를 줄이고 이질감을 제거한 스마트한 디자인, 선도 플랫폼의 등장, 일반인이 쉽게

▲ 매직리프(Magic Leap)사의 혼합현실 구현 [8]

즐길 수 있는 콘텐츠의 대대적인 확충이 필요하다.[9] 이러한 혁신적 응용을 가능하게 하는 혼합현실의 세부기술 분야로는 몰입형 디스플레이 기술, 인터랙션 기술, 콘텐츠 제작 기술, 혼합현실 시스템 기술, 모션 플랫폼 기술, 네트워크 기술을 필요로 하면 이를 정리하면 다음의 표와 같다.[10]

□ 표 8-2 혼합현실 기술 분야[11]

기술 분야	기술 개요
몰입형 디스플레이 기술	사용자의 몰입감을 유도하기 위해 고성능의 CPU와 GPU가 탑재된 HMD를 통해 생성되는 가상의 그래픽 정보를 현실 세계위에 실시간으로 오버레이한다. 해당 HMD는 인공지능과 센서를 기반으로 한 데이터 처리 및 음성인식, 그리고 머리의 움직임에 따른 디스플레이 위치 변환이 가능하며 가상의 3D 대상과의 인터랙션을 위해 손동작 인식을 기반으로 한 별도의 명령 방식을 활용한다. 최근에는 HMD를 활용하지 않고 가상의 영상을 활용할 수 있도록 하는 기술이 지속적으로 개발되고 있다.
인터랙션 기술	구축된 가상의 환경에서 특정 대상과의 상호작용 메커니즘 기술이다. 사용자의 움직임 또는 명령에 의해 디지털 객체는 적절하게 반응하게 되고 해당 반응은 시각 또는 청각 등을 통해 인지된다. 최근에는 음성인식을 뛰어넘는 새로운 방식인 감성인식, 뇌파인식 등 새로운 스마트 인터랙션 기술이 연구되고 있다.
콘텐츠 제작 기술	유니티, 언리얼 등의 물리 엔진을 포함하고 있는 컴퓨터 그래픽 도구를 통해 고도의 현실감을 표현하는 가상 환경 및 객체를 생성하며 현실 세계와의 적절한 융합 결과를 도출한다. 360도 실사 영상을 통해 새로운 환경 영상 제작이 가능하다.
MR 시스템 기술	프로젝션 매핑 및 포토닉스 라이트 필드 기법을 통한 혼합현실 제작을 위해 사용자의 움직임을 인식하는 모션 센서 장착과 고해상도 프로젝터가 요구된다. 이와 같은 시스템 구축을 통해 특정 공간 및 위치에서 혼합현실 구현이 가능하며 제시된 환경에서 적절한 사용자/컴퓨터 상호작용이 가능하다.
MR 모션 플랫폼 기술	3차원 영상을 자유로운 위치에서 활용할 수 있도록 눈의 초점을 조절하거나 자연스러운 가상 영상 표현을 가능하도록 하여 사용자의 피로도를 낮추도록 최적화된 디스플레이를 가능하게 한다. 최근에 지속적으로 개발되고 있는 4D 콘텐츠를 제작하고 활용하기 위한 기술이다.
네트워크 기술	몰입감 있는 고품질의 혼합현실 구현과 이를 활용하기 위해 고용량의 데이터를 실시간으로 전송하기 위한 네트워크 기술이 요구된다. 원격지와의 현존감을 부여하는 텔레프리젠스의 경우 고속의 데이터 처리와 함께 빠른 전송을 위해 높은 끊어짐 없는 데이터 전송기법 그리고 높은 수준의 대역폭을 활용한 통신환경이 제공되어야 한다.

1.4. 현실적 환상은 경제부흥과 국민 행복의 환상적인 현실을 실현시킬 것인가

가상, 증강, 혼합 현실의 3가지 기술은 각자 상이한 기술적 기반을 가지고 다양한 활용 분야로 그 범위를 확대·발전하고 있다. 그러나 정보화의 진행이 고도화됨에 따라 서로의 기술을 상호 보완하고 적극 협력함으로써 정보 활용 및 환경 구축 방법에 있어서는 그 경계가 점차 모호해지고 있는 추세이다. 3가지 리얼리티 기술과 관련하여 기존에 존재하지 않았던 경이로운 기술방식으로 교육, 게임, 국방, 서비스 등 다양한 분야에 응용되기 시작하였으며, 이는 국내에서도 짧은 시간에 높은 관심을 불러 일으켰다.[12] 이에 정부는 2016년 7월 가상현실을 9대 성장 동력 프로젝트로 선정하고 향후 10년간 약 1조 6000억 원을 투자할 계획이며, 이와 별도로 6152억 원 규모의 민간투자도 유치하여 해외와의 기술 격차를 해소하기 위한 새로운 도전을 시작하였다.

☐ 그림 8-1 9대 성장동력[13]

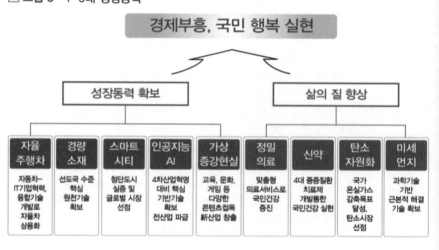

그러나 지속가능한 성장을 위해서는 고립된 개인의 가상·증강현실이 아니라 서로 다른 사용자와 연결된 공존현실을 만들어야 한다. 공존현실 Coexistent Reality; CR은 멀리 떨어져 있는 다른 사람과 함께 있는 것으로 느끼

는 공존감을 중시하는 세계다. 즉 현실−가상−원격 공간의 구분이 없이 서로 연결된 일체화된 공간을 '실감교류 인체감응 확장 공간'으로 새로운 개념으로 정의할 수 있다. 이러한 공존감을 느끼기 위해서는 멀리 떨어져 있는 다른 사람과 네트워크로 연결되어 정보나 확장된 현실의 체험이나 경험, 감성이 실시간으로 소통하고 공유할 수 있어야 한다(이러한 공존감은 기술적으로 4D+ 감각을 필요로 한다. 4D+ 감각은 3D 시각, 3D 청각, 진동감, 접촉감, 운동 외에 역감, 촉감 및 기타 부가 감각들이 결합된 복합감각을 의미함).[14]

2 가상/증강/혼합 현실의 기술 동향과 적용 분야를 공부해 보자

2.1. 국내의 가상현실 SW/콘텐츠 개발 동향에 대해 알아보자

국내의 가상현실 SW, 콘텐츠 개발 동향으로는 포털업체와 게임업계가 VR 기술 시장 진출에 가장 활발한 편이다. 특히, 중소 게임·영상 콘텐츠 제작업체들은 VR 콘텐츠 시장이 아직 경쟁이 그리 치열하지 않기 때문에 선점효과를 기대하고 있다. 반면에, 넥슨이나 엔씨소프트 등 대형 게임업체들의 경우에는 VR 기술이 시작 단계이고, 콘텐츠를 경험하기 위해서는 HMD를 착용해야 하는 등 불편이 있기 때문에 장시간 VR 게임을 하는 것은 무리라고 판단하여 시장진입에 소극적이다.[15]

① 포털 카카오
게임 전문 계열사인 엔진을 통해 2015년 말 모바일과 온라인게임, 스마트 TV, VR 등을 아우르는 '멀티 플랫폼 게임 기업'을 만들겠다고 발표했다. 그리고 골프 전문기업인 마음 골프는 VR 골프 게임을 오큘러스 스토어를 통해 출시할 예정이다.

② 네이버

2016년 2월 네이버 TV 캐스트 내 VR 전용 채널을 오픈하여 360도 VR 서비스를 감상할 수 있게 하였다.[16] 그 밖에 다양한 게임업체들도 자사의 게임 IP를 이용한 VR 게임과 체감형 VR을 개발 중에 있다. 드래곤 플라이, 스페셜 포스 VR, 조이시티, 건쉽 배틀 등이 여기에 해당한다.

다른 한편으로 국내 이동통신 3사는 VR 콘텐츠를 전송하는데 인터넷 트래픽이 폭주하여 LTE만으로는 감당할 수 없어 5G 이동통신이 필요하기 때문에 이동통신사들은 VR을 킬러 콘텐츠로 간주, VR 플랫폼을 구축하고, 모바일 IPTV용 콘텐츠 확보에 주력하고 있다.

③ KT

2016년 1월부터 올레 tv 모바일에서 360도 VR 전용관을 개설하여 스포츠, 여행, 교육, 엔터테인먼트 등의 영상을 제공하고 있다. 또한 2016년 7월 '기가 IoT 헬스' TV 광고를 지상파 방송에서 선보이며 360도 VR 카메라로 촬영하고 있다. 자회사인 KT 뮤직은 국내 최초로 VR 전문 음악 서비스인 '지니 VR'을 공개하였다.

④ SK 텔레콤

2016년 4월 VR 관련 영상 제작부터 최종 콘텐츠까지 서비스하는 VR 플랫폼 'T 리얼'을 공개하였다. SK 브로드밴드는 모바일 IPTV '옥수수'를 출범시키고, 이를 통해 소비자들은 인기 아이돌그룹 공연, SNL 코리아 VR 영상, 골프레슨 등 VR 콘텐츠를 언제든지 즐길 수 있다.

⑤ LG 유플러스

2016년 6월 '인터랙티브 VR 게임'을 공개했으며, 소비자들은 기호에 따라 다양한 스토리를 즐길 수 있다. 또 VR로 모바일 게임 홍보영상을 제공하는 'VR 게임 홍보관'을 운영하고 있다.

2.2. 증강현실의 기술수준과 적용 사례를 알아보자[17]

① 게임 분야

실제 공간에 증강현실 이미지를 구현하여 사용자가 생생한 경험을 할 수 있도록 제공한다. 또한, 스포츠 중계의 경기 정보, 실시간 비디오 판독 도입 등 시청자들의 이해 및 몰입도를 높이는 정보를 제공하기도 한다.

▲ 증강현실 기술을 이용한 레고 게임[18]

② 상거래 분야

매장상품에 대한 부가정보를 즉시 제공해주며 보다 합리적인 쇼핑을 가능하게 한다. 또한 개인별로 흥미와 관심을 불러일으키도록 개인화된 매장을 방문한 듯이 쇼핑을 경험할 수 있게 한다.

▲ 이케아의 증강현실 플랫폼[19]

③ 공간정보 분야

공간정보란 지도 및 지도 위에 표현이 가능하도록 위치, 분포 등을 알 수 있는 모든 정보를 말한다. 공간/사물에 증강현실 데이터를 접목하여 이용자에게 유용한 정보를 제공한다. 예를 들어, 지도, 최단경로 안내, 특정지역 소식, 위치기반 할인정보 제공 등 다양한 서비스를 통해 부가가치 창출이 가능하다. 특히 국토교통국의 공간정보를 활용한 증강현실 기술 적용분야로는

▲ 문화재 정보

① 건축(등기)정보 ② 문화재정보 ③ 도서관 책 정보 ④ 교육 현장체험 ⑤ 황사 미세먼지 농도 정보 ⑥ 맛집 정보 ⑦ 도로명주소 안내 ⑧ 박물관 사료 정보 ⑨ 지하시설물 관리 ⑩ 국가지점번호 관리 ⑪ 농산물 생산관리 ⑫ 여성안심지킴이길 안내 등을 예시하고 있다.[20]

④ 의료 분야

의료진의 원활한 시술을 위한 시스템을 개발하거나 환자 건강관리의 효율을 개선할 수 있다. 또한 3D 영상을 활용한 수술 계획부터 수술 후, 수술 정확성 평가에 사용될 수 있다.

▲ 수술 중 증강현실 기술이 적용된 모습21

2.3. 가상·증강·혼합 현실의 응용기술 동향은 어떠할까

▲ 영화 킹스맨의 한 장면: 전 세계에서 일하는 요원들이 홀로그램으로 한자리에 모여 작전 회의를 하고 있다.22

정보통신과 컴퓨터 기술의 비약적 발전으로 이제는 현실과 가상, 증강 등 리얼리티 세계의 경계가 불분명할 뿐만 아니라 이들 기술의 결합된 형태로 증강가상현실Augmented Virtuality: AV이나 이들의 특징적 요소가 서로 합쳐진 혼합현실 등으로 발전하고 있다. 기술적으로는 현실과 증강현실, 가상현실이 모두 융합된 형태로 나타나는 혼합현실에서는 사용자와 콘텐츠 간 인터랙션(상호작용)이 더욱 강화되고 있다. 증강/혼합 현실 시장을 선도하고 있는 마이크로소프트는 2015년 1월, 기존의 가상현실 기기와 완전히 다른, HMD와 안경형 디바이스를 결합한 증강/혼합 현실 디바이스 홀로렌즈 HoloLens를 공개하였다. 반투명의 안경 위에 고화질의 홀로그램을 투사하는 홀로렌즈는 윈도우 기반의 내장 컴퓨터를 탑재하여 독자적으로 구동될 수 있도록 하였으며, 섬세한 헤드 트래킹과 응시gaze, 제스처gesture 그리고 음성을 통한 직관적 인터페이스를 제공하고 있으며 자체 운영체제를 탑재하고 있어 사용자에게 친숙한 이용환경을 제공하고 있다.23 또한 마이크로소프트는 2016년 3월 홀로포테이션holo potation이라는 텔레프리젠스tele - presense 기술기반의 새로운 서비스를 공개하였는데, 이는 시공간의 제약을 극복하기

위하여 멀리 떨어져 있는 사람을 3차원으로 스캔하여
홀로그램화하고 이를 원격지의 사용자에게 실시간으로
전시함으로써, 마치 같은 시간 동일 공간에 함께 존재하
는 듯 현실감 있는 느낌을 부여하는 공존감 및 일체감
그리고 현실감을 극대화하는 기능을 제공하고 있다.[24]

2019년에는 더 향상된 현실감을 제공하기 위하여
디바이스 기기를 경량화하고 시야각도가 넓어지는 동
시에 디스플레이 해상도가 향상된 AI 기반의 홀로그
램 버전 출시가 예정되어 있다.[26]

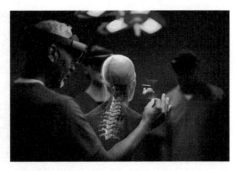

▲ 홀로렌즈 2[25]

3 4차 산업혁명과 관련 기술의 발달에 따른 전망을 제시해보자

3.1. 산업 분야부터 알아보자

최근 산업현장에서 스마트공장화를 위해 VR/AR
기술을 적극 도입하고 있다. 스마트공장을 구축하
기 위해서는 가상세계와 물리적 세계를 결합해 데
이터분석 및 시스템 모니터링이 가능한 체계가 필
수적이다. 즉, 산업현장 내에서 문제 발생 전에 이
를 차단하여 중단 시간을 방지하고, 예지 분석기
술을 통해 새로운 기회를 개발할 수도 있다. 대표
적으로 산업 분야에 종사하는 작업자들을 교육하

▲ 슈나이더 일렉트릭의 증강현실 솔루션 "HC 100"[27]

는 "AR/VR 몰입형 교육용 트레이닝 시스템"으로 가상의 디스플레이를 통
해 데이터를 실시간으로 모니터링할 수 있으며, 사용자가 원하면 필요한 매
뉴얼이나 도면 등을 실시간으로 열람할 수 있을 뿐만 아니라 기계 내부 상
태를 가상으로 살펴보는 기능 등이 기본적으로 제공된다.[28]

▲ 홀로렌즈를 통한 자동차 개발 매장[29]

혼합현실을 적용한 실제 사례로는 얼마 전 글로벌 자동차 제조 기업 중 하나인 포드사에서 홀로렌즈 기술을 이용하여 자동차를 설계하는 장면을 공개한 것을 들 수 있다. 기존에는 자동차 외관을 디자인하는데 클레이(찰흙)를 활용했기 때문에 가격도 비싸고 관리도 어려웠다. 그러나 홀로렌즈를 사용하여 쉽게 디자인하고 쉽게 수정할 수 있어 일련의 작업이 매우 쉬워졌다.[30]

홀로렌즈 기술을 이용하면 자동차의 특정 위치에 추가할 수 있는 가상현실 기반의 스티커 메모, 녹음을 공유할 수 있으며 공동작업도 가능하다. 이 경우 이를 점검하고 확인하는 절차가 쉽고 편해져서 자동차를 설계하는 시간을 단축시켜 준다. 최근에는 자동차 제조 기업들도 이처럼 홀로렌즈 기술을 도입하고 있다.[31]

3.2. 헬스케어 분야의 전망도 밝다

▲ 가상현실 의료기기 '옴니핏 마인드케어'[32]

VR/AR 기술은 스트레스 관리를 비롯해 인지력 향상, 심리치료 등 정신건강 분야에 적극 도입되는 추세로, 고령사회로 접어들면서 의료비 증가 및 전문인력 부족 문제를 해결하고 효율적인 의료서비스를 제공할 수 있는 VR/AR 기반의 헬스케어 기술이 부상하고 있다. 법무부는 최근 VR 체감 콘텐츠와 소프트웨어를 개발해 알코올중독자가 유발하는 범죄를 예방할 수 있는 치료 및 돌봄 시스템 개발 사업에 착수했으며, 한 스마트 헬스케어 기업에서는 생체신호인 맥파와 뇌파를 측정해 1분 안에 자신의 스트레스와 두뇌 건강 상태를 체크하고, 측정 결과를 바탕으로 개별 심리치료가 가능한 다양한 콘텐츠를 개발하고 있다. 이 콘텐츠들은 심리상담사에게 직접 상담을 받는 것처럼 문항에 응답도 하고, 개인 생체신호의 분석결과에 따라 숲, 바다 등 심리적 안정을 느낄 수 있는 가상의 공간을 통한 심리 치유 훈련도 받을 수 있다.[33]

3.3. 게임/에듀테인먼트 분야도 열풍이다

2016년 AR을 바탕으로 한 모바일게임 "포켓 몬 고" 열풍이 전 세계적으로 일어난 이후, AR 을 비롯해 VR에 대한 관심이 높아졌다. 전국적 으로 VR 체험을 하면서 음료를 즐길 수 있는 "VR 카페"가 생겨나기 시작했고, 온라인상에서 는 유명 BJ나 연예인들이 VR 체험을 하는 장면 이 등장했다. 이에 과학기술정보통신부와 정보 통신산업진흥원에서는 2018 Korea VR Festival

▲ 에듀테인먼트 가상현실 콘텐츠 "더 스펠 오브 다이노'[34]

을 공동개최하였으며, 여기서는 최신기술이 접목된 게임/에듀테인먼트 관련 제품이 많이 소개되었다.[35]

3.4. 국방 분야도 중요하다

글로벌 기업들은 가상현실 기술을 미래의 핵심기술로 선정하고 적극적 인 투자와 개발을 진행 하고 있으며, 기술의 변화가 가속화되고 시장의 불 확실성을 증가시키고 있는 요즘, 전장 환경에서 전투 수행원이 전투를 효과 적으로 수행하기 위해 실전적인 군사훈련의 필요성이 더욱 강조되고 있다. AR/VR 기술을 적용한 훈련 및 교육훈련 체계는 훈련 병력이 야전에서 기 동하지 않고도 실제 전장과 실장비, 실환경과 유사한 환경에서 훈련을 수행 할 수 있고 시간과 공간의 제약을 받지 않는 장점이 있다.[36] 육군에서는 장 비교육 시 교육기수별 교육생 대비 교육장비 부족으로 인하여 실습시간이 충분하지 않아 장비교육의 효과를 극대화할 수 있도록 VR/AR 기술의 적용 을 적극 추진하고 있다. 현재 모션센서를 이용한 인터랙티브 교육훈련 콘텐 츠를 제공하고 체감훈련이 가능한 체계를 개발 중이다.

3.5. 가상현실과 과학수사 교육 프로그램의 전망도 좋다

경찰대학은 (주)브릴라와 산학협력을 통해 한국콘텐츠진흥원의 예산을 지원받아 '가상현실 과학수사 교육콘텐츠 기획 컨설팅 사업'을 추진하였다 (2017. 8월~2018. 3월). Unreal Engine을 이용하여 범죄 및 재난현장을 가상현실로 제작하였으며 사용자는 VR 기어 착용 후 가상 현장 속에서 다양한 과학수사 장비와 기법을 활용하여 증거를 수집하고 분석할 수 있다. 또한 이 프로그램은 다중접속 시스템(PvP기능)을 도입하였기 때문에 사용자가 다른 교육생이나 과학수사 담당교수 등이 각자의 아바타를 통해 동일한 가상현장 속에서 서로 만나 소통하며 교육을 진행할 수 있다고 한다.[37]

① 첫 번째 사건은 방 안에서 여성 한 명이 자창을 입은 상태로 발견된 사건으로 위장살인 현장이다. 현장에서는 사망자가 남긴 것으로 추정되는 유서와 소주병이 발견된다. 일반적인 자살 변사사건이 아니라 위장살인 현장으로 제작하였다. 타살을 자살처럼 보이게 현장을 꾸민 사건을 위장살인staged crime이라고 칭하는데, 과학수사 요원들에 대한 능력평가시 우선적으로 활용할 수 있는 현장이다. 교육생들이 평소 가지고 있는 자살에 대한 선입관과 편견 등을 없애고 유서에 대한 지문, 문서감정 questioned document analysis 등을 놓치지 않고 수행하도록 설계한 현장이다.

▲ 위장살인(Staged crime Scence)[38]

② 두 번째 사건은 야외변사 현장으로 법곤충학forensic anthropology과 법의생
물학forensic taphonomy, 법의인류학forensic anthropology을 접목시킨 현장이
다. 또한 부패된 시신에서 신원확인을 위해 지문을 채취할 때 사용하는
주사 기법과 고온 처리법 등과 관련된 사건으로 구성되어 있다.

▲ 야외변사현장 – 법곤충학, 법의인류학, 지문채취 고급기법 등 교육[39]

경기도와 경기북부지방경찰청은 VR 활용, 범죄현장 재현 위험천만한 실제 사건사고 현장을 VR로 재현한 프로그램을 경찰교육에 도입하여 북부지방경찰청 강당에서 VR 경찰 현장직무교육 시스템 시연회를 통해 VR 교육시스템 '폴리스 라인'을 공개하였다. '폴리스 라인'은 성폭력, 아동학대, 강력범죄 등의 실제 사건을 VR로 재현해 사건유형에 따른 대응요령을 훈련하도록 제작된 프로그램이다.[41]

▲ 경기도와 경기북부지방경찰청은 2018. 4. 11. 오전 북부지방경찰청 강당에서 VR 경찰 현장직무교육 시스템 시연회를 통해 VR 교육시스템 '폴리스 라인'을 공개했다.[40]

4.1. 가상현실 등 첨단 기술의 표준화는 선도적 기업이 선도해야 하는가

최근 첨단기술의 개발이 실제로 산업에 적용되는 사례가 속출되고 있으며 예전부터 이런 경우에는 항상 관련 기술의 표준화에 대한 요구가 존재하였다. 지난 1997년에 '가상현실' 기술 표준화가 1차적으로 이루어지고 X3D 표준으로 변화된 바 있으며, 최근에는 가상현실과 증강현실 나아가 혼합현실의 기술 표준화에 대해 관심이 집중되고 있다. 특히 혼합현실 기술에 대한 국제표준화 활동은 JTC1/SC24 WG9MAR와 JTC1/SC29, 그리고 WG11MPEG에서 활발하게 추진되고 있으며, Web3D 기관과 W3C 기관은 JTC1/SC24와의 전략적 협력을 통해 표준 활동을 수행하고 있다. 이 중 W3C의 경우에는 JSON 기술과 WebGL 기술을 통해 웹기반 증강현실/혼합현실 기술 개발 및 표준화 작업을 진행 중이다. 한편 Khronos에서는 HMD와 컨트롤러 그리고, 디바이스와 플랫폼에 대한 표준 활동을 진행 중이고, IEEE SA는 SVC WG에서 가상세계Virtual World 구성요소를 포함한 시스템에 대한 표준 프로젝트와 함께 HMD를 장시간 착용하는 경우에 생기는 멀미현상을 없애기 위하여 표준프로젝트(P3079)를 진행 중이다.[42]

가상현실, 증강현실, 그리고 혼합현실 기술과 관련하여 국내표준화 기구는 TTA 산하 디지털콘텐츠 PG와 차세대PC PG이다. '실감형혼합현실기술포럼'과 'MPEG 뉴미디어포럼', '모바일콘텐츠표준화포럼'과 같은 포럼들도 가상현실, 증강현실, 혼합현실 기술과 관련한 표준을 논의하고 있다. 이 표준들은 시장에 대한 기술표준 선점을 위하여 국내표준의 개발보다는 국제표준을 제정하고 부합하는 정책을 펼치고 있다.[43]

4.2. 증강·가상·혼합 현실과 예견된 법적 쟁점을 생각해 보자

(1) 증강현실의 의료분야 적용에서 기술의 오류는 누구에 책임을 부담시키나

증강현실, 가상현실, 혼합현실의 사용과 관련하여 어떠한 신체적 악영향이 발생한다면 그에 대한 책임은 누가 부담해야 하는 것인지에 대한 논쟁이 발생할 수 있다. 예를 들어 장시간 HMD를 사용하여 작업을 하는 근로자 또는 게임을 하는 게이머의 경우 이 HMD를 사용하면서 눈에 자극이 되는 빛 또는 보이지 않는 전자파에 계속 노출하게 되는데, 이로 인해 사용자가 질병을 얻거나 상해를 입을 경우 증강·가상·혼합현실의 제작자, 서비스 제공자 또는 사용자 중 누가 그러한 질병이나 상해의 피해를 배상하여야 하는가의 문제가 생길 수 있다.

이러한 문제의 해결은 자율주행자동차에 의한 교통사고의 처리에서처럼 사고책임의 분배 문제와 관련 보험에서 그 위험을 분산시키는 문제와 연계하여 생각해 볼 수 있다.

(2) 허위의 정보처리에 따른 결과책임은 누구에게 부담시켜야 정의로운가

가상/증강/혼합현실을 사용하는 경우, 실시간으로 대용량의 디지털 신호 정보를 전송·처리하여 사용자에게는 시각화된 정보로 전환되어 나타난다. 이 과정에서 관련 정보들은 필연적으로 여러 단계의 장치를 거치면 전송될 수밖에 없다. 이와 같은 정보전송 과정의 어느 한 단계에서 해킹 등 외부로부터의 부당한 침입에 의하여 정보가 위조·변조되거나 아니면 내부적 문제로 인하여 잘못된 정보가 전달된다면, 그 정보의 사용자는 결과적으로 허위의 정보를 전송받아 중요한 상황 판단을 하는 결과를 초래하게 된다. 이미 법에서는 그와 같은 정보통신망에 대해 부정하게 접속하는 행위에 대하여 처벌규정을 마련하고는 있다(정보통신망 이용촉진 및 정보보호 등에 관한 법률: 정보통신망법). 하지만, 예컨대 Level 3~4 정도의 자율주행 차량에서 사용하는 내비게이션이 차량 운전자의 시야에 증강현실로 구현되고, 이를 사용하는 과정에서 변조나 조작된 허위의 정보가 제공되는 경우를 가정해보자. 내비게이션의 증강현실을 신뢰한 운전자나 또는 그 정보를 신뢰한 완전 자율주행차량은 잘못된 길로 가거나 어쩌면 치명적인 교통사고를 당하는 등 매우 위험한 상황이 발생할 수도 있다. 이른바 '내비게이션 괴담' 상황에서 발생하는 피해는 궁극적으로 누가 책임을 부담해야 하는가가 문제된다. 도로교통법상의 전방주시의무를 위반한 사고차량의 운전자가 책임을 져야 하는가? 이 경우 도대체 운전자는 전방주시의무를 무시한 적이 있는가? 오히려 증가현실로 구현되고 있는 전방을 중시하였기 때문에 발생한 사고가 아닐까.

4.3. 위치 기반의 서비스 제공은 개인정보자기결정권 혹은 프라이버시권의 침해에 해당하는가

사생활의 비밀과 자유는 개인의 사적인 생활영역에서의 자유로운 영위는 물론 그에 대해 제한을 받거나 침해를 당하지 않을 것을 말한다. 사적private이라는 용어는 라틴어의 'privatus'에서 유래하였는데 공공의 신분이나 지위에서 벗어난 것을 의미하며, 일반적으로는 프라이버시privacy라는 용어로 사용되고 있다. 개인의 프라이버시권은 통상 다른 사람에 의해 방해를 받지 않고 혼자 있을 권리로서 인간의 존엄성과 가치에 관한 본질적 내용을 형성하고 있다. 우리 헌법은 특히 제17조에서 "모든 국민은 사생활의 비밀과 자유를 침해받지 않는다."라고 규정하여 국민의 기본적 권리로서 이를 보장하고 있다.

헌법재판소는 사생활의 비밀과 자유에 대해 다음과 같이 설명하고 있다(헌법재판소 2010. 10. 28.자 2009헌마544 결정).

> "헌법 제17조가 보장하는 '사생활의 비밀'은 사생활과 관련된 사사로운 자신만의 영역이 본인의 의사에 반해서 타인에게 알려지지 않도록 할 수 있는 권리로서 국가가 사생활 영역을 들여다보는 것에 대한 보호를 제공하는 기본권이고 '사생활의 자유'란 사회공동체의 일반적인 생활규범의 범위 내에서 사생활을 자유롭게 형성해 나가고 그 설계 및 내용에 대해서 외부로부터의 간섭을 받지 아니할 권리로서 국가가 사생활의 자유로운 형성을 방해하거나 금지하는 것에 대한 보호를 의미한다."

정보화·전자화시대 이전의 종이문서, 즉 아날로그 사회에서는 개인의 사생활을 감시하고 침해하기 위해서는 시간적으로나 경제적으로 많은 비용이 소용되었고, 기술적 측면에서도 불가능한 경우가 상대적으로 많았다. 하지만 정보화의 진전에 따른 디지털 시대에는 관련 기술의 발달로 인하여 대부분 정보는 완벽하게 복제가 가능하고, 그 정보를 능동적으로 처리하고 조작할 수 있게 되었다. 그 결과 개인의 정보 역시 광범위하게 수집되고 유포가 가능한 시대가 되었다. 또 인터넷의 상호작용 기능으로 이용자들이 예전보다 더 많은 정보를 짧은 시간에 얻을 수 있지만, 그에 따라 개인 정보는 더 많은 위험에 노출될 환경도 생성되었다. 이처럼 정보화시대에는 개인정보의 보호 문제가 더욱 중요한 화두가 된다.

예컨대, 증강·혼합현실에 사용하기 위하여 촬영한 사진이나 영상은 특정 개인의 식별가능성이 전혀 없는 경우를 제외하고는 모두 「개인정보보호법」에서 말하는 '개인정보'에 해당될 수 있다.

「개인정보보호법」은 개인정보의 수집과 이용에 관하여 특별규정을 두고 있다. 「개인정보보호법」 제15조는 정보주체의 동의가 있거나 법률에서 열거한 예외 사유에 해당하는 경우에만 개인정보를 수집할 수 있도록 정하고 있다. 이와 달리 「개인정보보호법」은 안내판 설치, 사전 의견수렴 등 개인정보보호법이 정한 요건을 갖추면 정보주체의 동의 없이도 영상정보처리기기를 통하여 개인정보를 수집할 수 있도록 하는 특례규정을 두고도 있다(제25조). 이에 따르면, 촬영한 사진이나 영상에서 개인을 알아볼 수 있는 정도라면 그 사진이나 영상은 '개인의 정보'에 해당하겠으며, 그렇지 않다면 개인정보가 아니라 정보사회에서 '공공의 정보'가 될 것이다.

위의 개인정보보호법의 문제 이외에도 위치정보의 유출·오용 및 남용으로부터 사생활의 비밀 등을 보호하기 위하여 2005년 제정·시행되고 있는 「위치정보의 보호 및 이용 등에 관한 법률」이 있다. 「위치정보법」에 따르면, '개인위치정보'에 대해 위치정보만으로 특정 개인의 위치를 알 수 없는 경우에도 다른 정보와 용이하게 결합하여 특정 개인의 위치를 알 수 있는 경우에는 개인의 위치정보에 포함된다고 정하고 있다. 정보사회의 공공재로 사용하기 위하여 촬영한다는 공익적 목적이 있더라도 사생활의 침해와 결부된 개인의 (위치)정보 침해라는 역효과를 초래할 수도 있다. 증강 및 혼합현실을 위한 촬영물 차제가 개인의 위치정보라고 할 수는 없지만, 그와 같은 촬영물이 다른 정보와 '결합'하여 개인위치정보에 해당하는 때에는 위치정보법의 적용대상이 되어 규제를 받을 수 있다. 이처럼 법률에 의한 통제는 관련 기술의 발전에 장애가 될 수 있으며 정보현실과는 일치되지 않는 경우도 발생할 수 있다. 관련 법률의 개선 작업이 필요한 이유이다. 법제도는 관련 기술을 촉진·진흥시키는 수단인 디딤돌인 동시에 관련기술의 발전을 저해하는 장애요소, 즉 걸림돌이 되기도 한다. 정책당국은 법을 어떻게 운용하여야 할까? 반대로 법은 단지 기술과 정책을 위한 수단일 뿐인가?

4.4. 가상·증강·혼합 현실 체험의 부정적인 측면: 게임인가, 중독인가

최근 세계보건기구WHO는 제72회 총회에서 '국제질병분류ICD기준안'을 개정(제11차 개정)하면서 이른바 '게임이용장애'gaming disorder)는 새로운 '질병 코드'(6C51)를 추가하였다. ICD‒11의 내용에 대해서는 게임업계와 관련 학계는 물론 정부의 부처 사이에서도 이견이 있는 것으로 보도되고 있다. 보건복지부는 적극 환영하여 국내 도입을 추진하겠다고 한 반면에 문화체육관광부에서는 우려 깊은 반대의 의사를 표명하였다.[44]

위의 찬반논란을 뒤로 하고 ICD‒11은 정해진 궤도대로 2022년 1월 발효·시행을 위해 출발하였고, 우리 정부는 ICD‒11의 '한국표준질병·사인분류'KCD에의 도입을 위한 준비를 하고 있다. 그간의 실무 관행을 따르면, KCD는 5년 주기로 개정되고 현재의 KCD‒7은 WHO의 권고인 ICD‒10을 반영하여 2015. 7. 1. 고시되어 2016. 1. 1.부터 시행되고 있는데, 위 ICD‒11의 KCD 도입·반영은 빠르면 KCD‒9로 2026년에야 가능할 것이다.

게임이용장애 문제에 대해서는 WHO 제72회 총회결의 이전부터 유관 학회에서 연구가 진행되어왔으며, 그 대개는 '게임중독'을 긍정하고서 게임 이용이 아동·청소년 이용자에게 매우 부정적 영향을 발생할 것이라는 우려의 연구 결과를 제시하였다. 특히 교육학, 청소년학, 심리학 등 분야의 연구는 아동·청소년의 성장과 학업 성취 등에 게임과 게임이용이 그 자체로서 또는 다른 원인들과 결합하여 매우 부정적인 결과를 초래할 것으로 보고 있다.[45]

위와 같이 가상·증강 등 새롭게 열린 현실을 사용하는 게임의 생생한 현실감은 과연 아동·청소년에게 유해한 콘텐츠로 규제되는가? 나아가 가상·증강·혼합 현실 게임의 과도한 몰입은 WHO의 결의처럼 질병이어야 하는가? 이와 같은 질문에는 중독적인 게임의 '금지'와 문화콘텐츠 게임 산업의 활성화라는 '허용'의 딜레마가 내재되어 있는 것이 사실이다.

중독적인 게임의 과몰입과 그에 대한 부정정인 영향으로서의 폭력성과 선정성이 초래할 반사회성은 대해서는 우려할 만하다. 우리 사회는 이를 방지하기 위하여 전자에는 보건치료의 정책적 대응으로 '질병화'를, 후자에 대해서는 비행예방 제재의 정책문제로서 '범죄화'의 대책을 제공하고 있다. 하지만 우리의 이러한 반응에는 가상의 현실이나 증강현실 체험을 고도로 하는 디지털게임 이용행위 자체에 내재되어 있는 특성(예컨대, 필수적인 몰입상태)을 이해하지 못하는 무지와 몰이해는 없는 것인가라는 자문이 필요하다.

게임내용의 사행성, 선정성, 폭력성은 이미 현행법의 규제대상이지만, 그러한 게임(물)내용 정보가 아니라 허용된 허가된 게임(물)의 과도한 몰입 내지 이용에 따른 현실 생활에서의 부적응은 처벌되어야 할 범죄이기 이전에 치료의 대상이 되어야 하는 것은 아닐까? 이와 같은 부적절한 결과가 발생하는 것을 방지하기 위하여 미리 사전적인 규제로서 게임물관련 사업자에게 적절한 예방조치를 하도록 하는 의무를 부과시키는 방법은 법의 기능인 허용과 금지의 상반된 가치를 균형·조화하는 법적 규제의 한 방법이다.

예컨대, WHO ICD-10은 '도박' 중독을 충동조절장애 파트로 분류하였는데, 우리 형법은 건전한 근로의식을 보호하기 위하여 도박을 범죄를 처벌하고 있다(제246조). 다만 그 단서에는 일시 오락의 정도에 불과한 경우 처벌하지 않고 있다. 일시 오락의 정도에 대해서는 이견이 있지만, 판례는 일찍부터 "어떤 행위가 …… 일단 범죄 구성요건에 해당된다고 보이는 경우에도, 그것이 정상적인 생활형태의 하나로서 역사적으로 생성된 사회생활 질서의 범위 안에 있는 것이라고 생각되는 경우에는 사회상규에 위배되지 아니하는 행위로서 그 위법성이 조각되어 처벌할 수 없다(대법원 2004. 4. 9. 선고 2003도6351 판결).""도박의 시간과 장소, 도박자의 사회적 지위 및 재산 정도, 재물의 근소성, 그밖에 도박에 이르게 된 경위 등 모든 사정을 참작하여 구체적으로 판단하여야 할 것이다"(대법원 1959. 6. 12. 선고 4291형상335 판결 참조)고 판시하고 있다. 그래서 금지되는 '도박'이 아니라 허용되는 '일시오락'을 국민의 레저 산업의 하나로 발전시켜 일명 '사행산업'으로 부르면서 국가가 관리·감독하고 있다. 그 대표적 경우가 강원랜드의 사례이다. 이곳에서 오락과 레저를 심하게 넘어 중독에까지 이르게 된 사람들에 대해서는 그 사행산업의 수익금 일부를 활용하여 설립·운용되는 "한국도박문제관리센터" 및 각 지역의 '도박중독 치유센터'에서 '도박중독'의 치유를 위한 상담 및 치료프로그램을 마련해두고 있다.

이처럼 도박과 일시오락의 예에서 보이듯이, '게임중독'과 '게임이용'에는 그 정도의 차이만이 있을까? 다른 말로 병적인 게임 몰입 그 자체가 질병인가 아니면 중립적인 게임의 '이용 형태'에 따라 중독과 장애가 되는 것인가? WHO ICD-11의 내용처럼 게임이용 장애라는 질병코드의 부여 원인이 어디에서 연유하든 게임(물) '내용자체'의 사행성이나 선정성, 폭력성이 아니라 그 게임 '이용행위'의 과도한 몰입에 따른 장애는 게임이용자의 책임 영역의 문제로 보고서 이용자의 자율적 판단에 맡겨두어야 하는 것이 성숙한 시민사회의 모습이 아닐지 생각해 보자.

이길행 외 8인, 「가상현실 증강현실의 미래」, 콘텐츠하다(2018)

가상과 현실이 융합되는 VR·AR 시대, 우리의 생활은 어떻게 변화할 것이며 제4차 산업혁명의 중심에서 VR·AR은 어떤 역할을 수행할 것인가? 이 책에서는 단지 보고 듣는 수준을 뛰어넘어 만지고 느끼며 상호작용할 수 있는 초실감의 오감체험을 가능하게 하는 과학기술의 전반을 설명하고 있다. 상상이 현실이 되고 현실이 가상이 되는 공존현실의 미래를 제대로 맞이하기 위해서는, 아니 지은이들이 강조하는 '과거-현재-미래'를 이어주는 과학기술의 새로운 세계를 제대로 즐기기 위하여 반드시 일독해야 하는 책이다.

서요성, 「가상현실 시대의 뇌와 정신」, 산지니(2017)

우리는 이 책 제8강의 서두에서 장자의 호접지몽, "내가 나비가 되는 꿈인가, 내가 나비의 꿈인가?"라는 물음으로 제4차 산업혁명의 기술 발달이 가져온 현실세계의 확장을 말하고자 하였다. 지은이는 위 책에서 "가시적인 세계는 더 이상 현실이 아니고 눈에 보이지 않는 세계는 더 이상 꿈이 아니다." (마셜 맥루언, 김성기·이한우 역, 「미디어의 이해」, 민음사(2008), 74면)라는 대구(對句)로 가상과 현실의 경계를 허무는 공존현실의 세계를 뇌의 입장에서 관찰할 수 있도록 한다. 과학기술과 인문학적 생각의 대척점에 있는 가상의 포스트 휴먼 세계 <메트릭스>를 논의의 장으로 활용하고 있다.

의식세계에 개입하는 과학기술에 대한 인문학의 새로운 사유. 위 책의 부제에 나타나 있듯이 단 숨에 읽어나가기에 쉽지만은 않는 글이다. 하지만 우리의 주제와 관련하여 '눈의 착시를 활용한 뇌의 인지활동 결과'인 가상현실에 대해 뇌의 관점에서 이해할 수 있도록 제5장만이라도 읽도록 하자.

"서버에 더 빨리 접속할 수 있다면 굳이 내 컴퓨터에 하드 디스크가 필요하지 않습니다. 연결되지도 않은 컴퓨터를 들고 다니는 것은 고대 비잔틴 제국 당시로 돌아가는 것과 마찬가지라고 할 것입니다."

- 스티브 잡스(Steve Jobs), Apple Inc.의 공동 창립자, CEO 겸 회장-

1 클라우드 컴퓨팅의 의의는 무엇인가[1]

1.1. 클라우드 컴퓨팅의 개념은[2]

코로나 바이러스Coronavirus가 우리 사회와 기업 등 민간 부분뿐만 아니라 공공부문에도 많은 변화를 주고 있다. 정보통신기술ICTs; Information and Communication Technologies과 4차산업혁명을 기반으로 하여 학교와 기업, 시장 및 가정 등은 물론 국가와 지방자치단체에서도 클라우드cloud 서비스 사용이 폭증하게 되었다. 이제 클라우드 서비스가 민간 부분뿐만 아니라 공공부분에서도 점차 활성화되어 가고 있다.

클라우드^{Cloud}는 인터넷상의 서버를 통하여 데이터 저장, 네트워크, 콘텐츠 사용 등 IT 관련 서비스를 언제 어디서든 사용할 수 있는 컴퓨팅 환경 내지는 신기술을 의미한다.[3]

"클라우드 컴퓨팅"^{Cloud Computing}이란 집적·공유된 정보통신기기, 정보통신설비, 소프트웨어 등 정보통신자원을 이용자의 요구나 수요 변화에 따라 정보통신망을 통하여 신축적으로 이용할 수 있도록 하는 정보처리체계를 말한다.

"클라우드 컴퓨팅서비스"란 클라우드 컴퓨팅을 활용하여 상용(商用)으로 타인에게 정보통신자원을 제공하는 서비스를 의미하게 된다.[4]

그리고 글로벌 클라우드 서비스는 이러한 서비스를 국경을 넘어서서 광범위하게 클라우드 서비스를 제공하는 것을 의미하게 된다.

가트너^{Gatner}는 2019년 전세계 퍼블릭 클라우드 시장의 규모만하더라도 2018년 1,824억 달러에서 17.5% 증가한 2,143억 달러에 이를 것으로 보았다. 가트넌 2022년까지 클라우드 서비스 시장 규모 및 성장세가 전체 IT 서비스 성장세의 약 3배에 이를 것으로 전망해 왔다.[5]

1.2. 클라우드 컴퓨팅의 종류에 대하여 알아보자

(1) Iaas, Paas, Saas 등의 분류

클라우드 서비스가 민간 부분뿐만 아니라 공공부분에서도 점차 활성화되어 가고 있다. 또한 클라우드의 종류도 Iaas, Paas, Saas 등으로 다양하게 확대되고 있다.

최초 클라우드 서비스는 '지메일^{Gmail}'이나 '드롭박스^{Dropbox}', '네이버 클라우드'처럼 소프트웨어를 웹에서 쓸 수 있는 SaaS(Software as a Service, 서비스로서의 소프트웨어)가 대부분이었다. 그러다가 서버와 스토리지, 네트워크 장비 등의 IT 인프라 장비를 빌려주는 IaaS(Infrastructure as a Service, 서비스로서의 인프라스트럭처), 플랫폼을 빌려주는 PaaS(Platform as a Service, 서비스로서의 플랫폼)으로 늘어났다. 클라우드 서비스는 어떤 자원을 제공하느냐에 따라 이처럼 크게 3가지로 나뉜다.[6]

(2) AWS, 구글드라이브, 네이버 클라우드 등

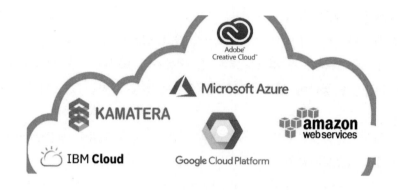

AWS는 Amazon Web Services를 줄인 말로서 아마존의 자회사인 AWS 에서 인프라를 빌려주는 클라우드서비스를 의미한다. AWS의 주요 고객은 개발자 엔지니어 등 IT 관계자이며, AWS가 제공하는 서비스는 '인프라'다.7

AWS는 대량의 서버, 스토리지, 네트워크 장비를 구매해놓고 사용자가에 인프라를 대여해준다. 사용자는 각 장비를 사용한 만큼만 비용을 지불하면 된다. 그래서 AWS 서비스를 '인프라로서의 서비스'Infrasture as a Service, Iaas라 고 부른다.

처음에는 주로 예산이 적은 스타트업이 클라우드에 관심을 보였다. 모바 일게임 업체가 대표적이다. 10만명의 게임 사용자를 예상하고 하드웨어를 구매했는데, 막상 게임을 출시했더니 사용자가 100만명이 몰릴 수도 있다. AWS는 사용자 수에 맞춰 단 몇 분 안에 서버를 자동으로 증설해준다. 게임 업체는 물리적인 하드웨어를 구매하는 것보다 더 빠르고 안정적으로 서비 스를 운영할 수 있다. 서비스를 테스트하려고 임시 인프라를 구축할 때도 클라우드를 많이 이용한다. 해외 진출을 노리는 업체들에게도 인기가 높다. 클라우드 업체는 북미, 유럽, 아시아 등 여러 곳에 인프라를 구축해놓는다. 사용자는 이용하고 싶은 지역을 자유롭게 선택할 수 있다. 한국 기업이 미 국 사용자를 대상으로 게임을 내놓을 때 지역 설정만 바꾸면 보다 빠른 속 도로 서비스를 제공할 수 있다.

기존 인프라만으로는 접속 속도가 느려지거나 최악의 경우 홈페이지 접속이 아예 안 될 수 있다. 아마존은 웹사이트가 언제 어디서든 빠르게 접속할 수 있도록 인프라에 많은 공을 들였다.

클라우드 대표주자로 AWS, 마이크로소프트MS 애저, 구글 클라우드, IBM 소프트레이어를 꼽는다. 하지만 대부분의 컨설팅 업체들은 그 가운데 1위를 AWS로 꼽는다. 시장조사업체 가트너가 2015년 8월 출간한 클라우드 업계 보고서는 "AWS는 클라우드 업계에서 압도적인 리더"라며 "MS, 구글, IBM을 포함해 경쟁업체 14개 합한 것보다 10배 많은 인프라를 운영하고 있다"라고 평가했다.

AWS는 시장에 먼저 진출하고 규모의 경제를 실현하면서 경쟁력을 내세웠다. 하지만 최근 클라우드 후발주자들의 반격도 만만치 않다. MS는 기존 물리 인프라를 클라우드 환경으로 연결해주는 서비스를 내놓으면서 강력한 라이벌로 자리잡고 있다. 구글은 독특한 기능을 내세우고 오픈소스 친화적인 클라우드를 제공하면서 고객의 관심을 끌고 있다. IBM은 프라이빗 클라우드, 베어메탈 서비스 등을 내세운다. MS, 구글, IBM은 서비스로서의 플랫폼Platfrom as a Service, PaaS 분야에서도 두각을 보이고 있다.

AWS가 성공하면서 많은 엔터프라이즈 기업들이 클라우드 서비스를 준비하는 데 분주하다. IBM, HP, 오라클 등 클라우드 사업을 하지 않는 곳을 찾기 힘들 정도다. 여기에 알리바바, GE 등 새로운 기업들도 클라우드 사업에 진출하겠다고 발표했다. AWS의 경쟁 상대는 점점 늘어날 전망이다.

AWS를 사용하는 대표 고객으로 넷플릭스, 나사, 다우존스, 어도비시스템즈, 에어비앤비, 포스퀘어 등이 있으며 한국에선 삼성, 아모레퍼시픽 같은 대기업부터 요기요, 데브시스터즈, 프로그램스, VCNC, 쿠팡, 배달의 민족, 이스타항공, 야놀자, 업비트 같은 스타트업까지 다양하다.

네이버 클라우드나 구글 드라이브는 일반 소비자를 대상으로 서비스를 제공한다. 사용자는 이러한 클라우드 서비스로 저장공간에 접근하거나 문서 작성 프로그램을 웹브라우저에서 곧바로 이용할 수 있다.

(3) 공공부문 클라우드와 민간클라우드 등[8]

그밖에도 정부클라우드와 민간클라우드, 공공클라우드와 프라이빗 클라우드 등으로도 분류할 수 있다.

최근 행정안전부는 4차산업혁명의 핵심기술인 클라우드 컴퓨팅 활성화를 위한 공공부문 기본계획을 마련하였다. 이에 따르면 민간 클라우드 서비스를 공공부문에 적극적으로 도입하여 개방하기로 하였다. 그러면서도 개인정보보호법상의 민감정보와 개인정보영향평가 대상을 제외한 모든 대국민 서비스에 대하여 민간 클라우드의 이용범위를 대폭 확대하기로 하였다.[9]

이처럼 공공부문 기술 솔루션의 지속적인 발전과 다양한 클라우드 컴퓨팅 기능의 혁신으로 인하여 국가와 지방자치단체 등의 공공기관은 새로운 기술통합으로 나아가고 있다. 공공부문의 클라우드 시장은 SaaS, PaaS, IaaS 서비스 모델 중, SaaS모델이 48.2%의 점유율로 가장 큰 시장규모를 이루고 있다고 한다. SaaS 시장규모가 큰 이유로는 Pay-as-you-go모델의 가용성으로 인해 정부기관의 수요가 많기 때문이라고 한다. SaaS 모델에서 정부기관은 필요한 서비스를 원격지의 클라우드 서비스공급자Cloud Service Provider로부터 어플리케이션을 임대할 수 있기 때문이다. Public Cloud는 Hybrid Cloud, Private Cloud 등에 비해 가장 큰 규모이다.[10]

특히 2018년 폐지된 『정보자원 중요도에 따른 클라우드 우선 적용 원칙』에 따르면, 중앙행정기관과 지자체는 민간 클라우드 도입을 검토할 수 있는 수준에 불과하였다. 공공기관만 정보자원 중요도가 "하"인 경우에 민간 클라우드를 우선적으로 적용하도록 되었다. 따라서 공공클라우드 시장의 규모가 제한되는 결과를 야기했다.

대상기관	정보자원 중요도		
	상	중	하
중앙 행정기관	• G-클라우드	• G-클라우드	• G-클라우드 우선
지자체	• 자체 클라우드	• 자체 클라우드 • 민간 클라우드 검토	• 자체 클라우드 • 민간 클라우드 검토
공공기관	• G-클라우드 • 자체 클라우드	• 민간 클라우드 검토	• 민간 클라우드 검토

그러나, 『정보자원 중요도에 따른 클라우드 우선 적용 원칙』이 결국 폐지되게 되었다. 이에 따라 중앙행정기관과 지자체를 포함한 공공 영역의 민간 클라우드 적용이 활성화되어 시장 확대를 예상할 수 있다. 그에 따라 국내 공공 클라우드 시장이 확대될 것이라 기대할 수 있게 되었다.

또한, 2019년 1월 개정된 「전자금융감독규정」에 따르면, 금융 분야 클라우드에서 개인 신용정보와 고유 식별정보 등 기존에는 금융사 자체 데이터 센터에서만 처리할 수 있었던 중요 신용 정보를 민간 클라우드 서비스에서 처리할 수 있도록 변경되게 되었다. 이에 따라 관련 인증을 취득하고자 하는 국내 클라우드 서비스 사업자들의 사업이 매우 활발해졌다. 공공 클라우드 부분에서의 경험을 살려 별도의 전용 인프라를 제공하고, 고객 맞춤형 서비스를 제공함으로써 시장을 선점하려는 국내 클라우드 서비스 업체들에게는 시장확대와 성장의 문이 활짝 열린 것이다.[11]

1.3. 클라우드 컴퓨팅 서비스의 성격

클라우드 서비스는 대량의 서버, 스토리지, 네트워크 장비들을 클라우드 사용자들인 기업들에게 인프라로서 대여해준다. 클라우드 사용자들은 장비를 소유하기 위하여 비싼 구입비용을 지불할 필요가 없고, 사용한 만큼만 비용을 지불하면 된다. 클라우드 서비스는 소유(所有)가 아니라 공유(共有)를 철학적 기반으로 삼으며, 공유경제(共有經濟, sharing economy)의 카테고리에

속한다. 이러한 면에서 클라우드 서비스를 '인프라로서의 서비스'(Infrasture as a Service, Iaas)라고 할 수 있다.[12]

2 클라우드 컴퓨팅 서비스 법적 규제의 모순된 양면성에 대하여 알아보자

2.1. 규제를 완화할 필요성

클라우드 컴퓨팅 기술은 소유의 형태가 아니고 접속과 이용을 통한 공유경제의 형태이다. 따라서 장점들을 많이 가지고 사회의 발전에 도움이 되는 측면이 크다는 관점을 가지게 되면, 되도록 클라우드 컴퓨팅 시장이 자유롭게 운영될 수 있도록 최대한 자율을 존중하고 가급적 규제를 완화할 필요성이 있다.

클라우드 컴퓨팅 기술이 가지는 장점으로는 다음과 같은 것들을 들게 된다.[13] ① 미리 불필요하게 될 지도 모르는 투자를 할 필요가 없으므로 자본 비용을 사용한 만큼만 지급하게 되는 가변 비용으로 대체할 수 있다. ② 수많은 사용자들의 사용으로 인한 규모의 경제를 얻을 수 있다. ③ 얼마나 인프라가 필요할지 여부에 대한 용량 추정이 불필요하다. 필요한 만큼의 리소스에 액세스하고 필요에 따라 신속하고 저렴한 비용으로 확장 또는 축소가 가능하게 된다. ④ 새로운 IT 리소스를 개발하고 제공하는 속도 및 민첩성이 개선된다. ⑤ 수많은 서버를 관리하기 위한 데이터 센터 운영 및 유지관리를 위한 비용투자를 할 필요가 없다. ⑥ 몇 분 만에 애플리케이션을 전세계에 최소한의 비용으로 배포할 수 있다.

이러한 점들은 클라우드 컴퓨팅 서비스 사업에 대하여 규제를 완화할 필요성을 강하게 요청하게 된다.

2.2. 규제를 강화할 필요성

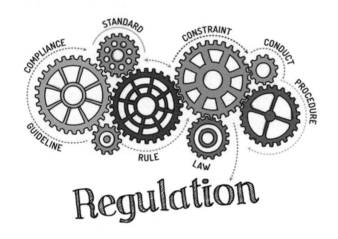

첫째, 이용자들이 클라우드 서비스에 대하여 과학기술면에서 종속적이고 의존적이 되어가는 현상이 심화되게 될 것이다. 종속시키는 기업은 종속되는 이용기업과 이용시민들에 대하여 지배력을 강화하게 되고 대등한 관계성을 왜곡시키게 된다. 자연적인 상태로는 헌법 제11조의 평등의 원칙이 파괴될 수밖에 없는 관계가 되어 가므로, 국가가 이에 대하여 방치하기 보다는 행정규제를 통해 기울어진 운동장의 중심을 잡을 수 있도록 개입할 필요성이 강화된다.

둘째, 이러한 이용자들의 종속성은 헌법과 행정법적으로 매우 심각한 관계의 파괴를 수반하게 된다. 구체적으로는 클라우드 서비스 제공업체들이 정보와 소프트웨어 및 시스템을 장악하게 됨으로써 이용자들의 표현의 자유와 영업의 자유, 지적 재산권, 사생활의 비밀과 자유, 영업비밀 등이 침해받을 리스크가 점점 커지게 된다. 더욱 우려가 되는 것은 클라우드 서비스 이용자들이 정확하게 자신의 기본권과 법률상 이익을 어떠한 형태로 어느 정도로 침해받게 될 것인지 리스크를 파악하는 것조차 기술적으로 어렵게 된다는 것이다. 국가기관이나 기업에 의한 전통적인 기본권침해 형태는 침해 여부와 침해 정도에 대한 파악이 용이하였던 것과 비교해 볼 때 이러한 과학기술적으로 은폐된 기본권침해는 법적으로 제대로 규율하기도 구제하기도 매우 어렵다는 속성을 가진다고 생각한다.

셋째, 클라우드 서비스에 대한 보안의 위험성 역시 불확실하다고 생각한다. 글로벌 클라우드 서비스의 보안에 대하여는 위험성이 더욱 커진다는 입장과 그렇지 않다는 입장이 아직까지 해결되지 않고 서로 다투어지고 있다. 클라우드 기업들이 보안에 대해 더욱 많은 투자를 하고 있는 이유도 이러한 리스크가 존재하기 때문이다. 따라서 클라우드 서비스 시장이 점차 확대되고 있기 때문에 국내의 기업들과 이용자들을 보호하기 위하여 글로벌 클라우드 서비스업자에 대한 보안에 대한 법적 의무를 부과할 필요가 있을 수 있다.

넷째, 클라우드 서비스의 시장지배력이 커지고, 이에 대하여 공정성을 심각하게 저해할 수 있다고 생각한다. 정부의 규제는 글로벌 클라우드 서비스업자에 대하여 국경을 넘어서 본사까지 미치기가 쉽지 않게 된다. 과학기술이 발전되어가는 미지의 분야에서 시장의 질서에서 중요한 것은 '경쟁의 자유'가 가장 중요하다고 생각한다. 정부는 경쟁의 자유를 은폐된 형태로 침해하면서 시장의 독과점력을 키워가는 경우에 대비하여 규제를 통한 안전장치를 만들 필요가 있다.

다섯째, 클라우드 서비스의 지배력이 강화되어가는 반면 서비스의 문제로 인한 손해에 대하여 일반 소비자들이나 기업들의 권리구제가 용이하지 않게 된다고 생각한다. 법의 정당한 구조는 법률관계의 축 양쪽으로 위치하는 당사자들이 가해자와 피해자가 되는 경우를 대비하여 권리구제장치를 만들어 두어야 한다고 생각한다.

결국 이러한 면들을 고려하면 클라우드 시장에 대한 정부의 규제는 필요하다. 이러한 면들이 많아질수록 정부의 규제는 강화되어야 한다는 관점이 설득력을 얻게 된다.

3. 클라우드 컴퓨팅 서비스업자의 법적 의무에는 무엇이 있는가

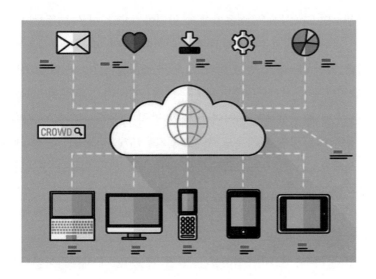

3.1. 클라우드 서비스의 지속적 제공의무

클라우드 서비스의 지속적 제공의무는 구체적으로 ① 보호조치의무, ② 서버다운 등 방지의무, ③ 성실한 계약준수의무 등으로 분류할 수 있다.

3.1.1 보호조치의무

과학기술과 법이론을 결합하고 융합하여 클라우드 서비스에 대한 보호조치를 하도록 할 의무가 있다. 글로벌 클라우드 서비스업체는 ① 관리적 보호조치[14]의무를 충실하게 이행하여야 한다. ② 물리적 보호조치의무[15]의무도 제대로 이행하여야 한다. ③ 기술적 보호조치의무[16]도 성실하게 이행할 의무가 있다. ④ 공공기관용 추가보호조치의무[17]도 이행할 것이 요구된다. 그런데, 보호조치의무와 같은 중대한 의무에 대한 근거는 법률이 아니라 과학기술정보통신부고시로 제정된 「클라우드컴퓨팅서비스 정보보호에 관한 기준」에 의하여 규정되어 있다는 문제점이 있다. 법률유보의 원칙과 관련하여 문제의식을 가지고 개선점을 고민하여 보아야 할 사항이다.

3.2.2 서버다운 등 방지의무위반

클라우드컴퓨팅서비스 제공자는 침해사고, 이용자 정보 유출, 서비스 중단이 발생하면 그 사실을 이용자에게 알려야 하고, 이용자 정보가 유출된 경우에는 과학기술정보통신부장관에게 알려야 하며, 과학기술정보통신부장관은 피해 확산 및 재발 방지 등에 필요한 조치를 할 수 있다(클라우드컴퓨팅법 제25조). 이는 간접적으로라도 클라우드컴퓨팅서비스의 품질·성능 및 정보보호 수준을 향상시키기 위하여 노력할 법적 의무를 부과하는 것이다. 동 규정을 통하여 글로벌 클라우드 서비스업자들에게 지속적으로 성실하게 서비스를 신뢰할 수 있는 수준으로 제공하여야 할 법적 의무를 도출할 수 있다고 생각한다.

3.3.3 성실한 계약준수의무

글로벌 클라우드 서비스업자들은 민법 제390조의 채무불이행책임을 지지 않도록 이용자들과의 계약을 성실하게 수행하여야 한다. 이러한 의무에는 계약의 주된 의무들을 이행하는 것뿐만 아니라 부수적인 의무의 이행도 포함한다고 해석된다. 성실한 계약준수의무에는 계약종료 또는 사업종료사실의 통지의무 및 서비스제공자의 홈페이지 게시의무까지 포함한다.

3.2. 이용자 등에 대한 신속한 통지의무위반

클라우드 컴퓨팅법에 따르면 클라우드 서비스 사업자는 침해 사고 발생시 지체 없이 그 사실을 해당 이용자에게 알려야 한다. 통지내용에는 이용자 정보의 유출 사실을 과학기술정보통신부장관에게 알릴 때에는 유출된 이용자 정보의 개요, 유출된 시점과 그 경위, 클라우드컴퓨팅서비스 제공자의 피해 확산 방지 조치 현황 등을 포함한다(클라우드 컴퓨팅법 시행령 제17조).[18]

3.3. 서비스 장애발생시 신속하고 성실한 후속조치의무

「클라우드컴퓨팅법」은 클라우드컴퓨팅서비스 제공자에게 침해사고, 이용자 정보 유출, 서비스 중단이 발생하면 그 사실을 이용자에게 알릴 법적 의무를 부과하고 있고, 이용자 정보가 유출된 경우에는 과학기술정보통신부장관에게도 알려야 한다. 장관은 피해 확산 및 재발 방지 등에 필요한 조치를 할 수 있다(법 제25조).[19]

3.4. 보안의무

클라우드 서비스와 관련하여 가장 많이 논란이 되고 있다. 이에 대하여 다음과 같이 정리해 보고자 한다.

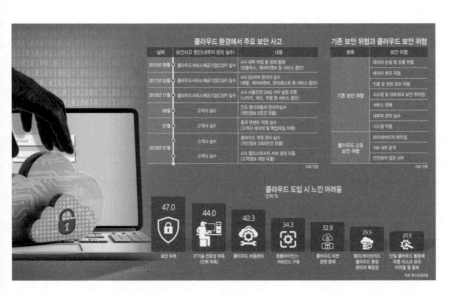

3.4.1 클라우드 해킹방지

클라우드 서비스는 과연 해킹으로부터 확실한 수준으로 안전하다고 할 수 있을 것인가? 고객의 정보를 보호하고 사이버 시스템에 대한 교란을 실시간으로 효과적으로 방어할 수 있을 것인가? 시장의 반응은 긍정하는 이용자들과 부정하는 이용자들로 크게 나뉘어져 있다.

세계 최대 글로벌 클라우드 서비스 업체인 AWS는 "클라우드가 미래의 새로운 기준New Nomal이 될 것"이라고 주장하고 있다.[20] 그러나, 이러한 주장이 실제로 시장에서 실현되기 위해서는 이용자들로부터 사이버 보안에 대한 신뢰를 얻는 것이 전제되어야 한다고 생각된다. 해커들에 의한 사이버 공격만이 문제되는 것은 아니다. 글로벌 클라우드 서비스 제공업체는 자신들이 제공하는 클라우드 시스템 안에 이용자들인 다른 기업이나 시민들의 정보를 저장해 두게 된다. 자신의 영업상의 비밀이나 프라이버시를 남에게 맡기는 것이나 다를 바가 없는 면이 존재한다. 여기에 헌법과 행정법상의 기본권의 제3자효가 작동하게 되는 규범상의 이유가 존재한다. 또한 자신들의 영업상의 비밀이나 프라이버시를 안전하게 유지하는 것이 확실하지 않은 리스크가 존재하며 이러한 사실상의 이유 역시 존재하게 된다. 만일 클라우드 서비스를 제공하는 업체들이 이용자인 기업이나 시민들이 스스로의 영업상의 비밀과 프라이버시를 지키는 것보다 더 효과적으로 지켜낼 수 있는 기술을 제도적으로 정착시켜 나간다면 클라우드를 이용하는 시장은 더욱 커지게 될 것이다. 그러나, 반대로 그러하지 못하다면 클라우드를 이용하는 시장의 규모는 축소되게 될 것이다. 이를 조화하기 위하여 클라우드 업체들은 접근 권한을 제어하는 기능과 자동화 기능을 강화하는 서비스를 제공하려고 노력하고 있다.[21]

3.4.2 클라우드 데이터 유출방지와 정보보호의무

1) 옵트 인과 사전동의 및 목적구속성의 원칙준수의무

「클라우드컴퓨팅법」에 의하면 클라우드 컴퓨팅서비스 제공자가 이용자의 동의 없이 이용자 정보를 제3자에게 제공하거나 서비스 제공 목적 외의 용도로 이용할 수 없도록 하고 있다(제27조 제1항). 클라우드 서비스와 관련하여 사전동의의 원칙에서 사후동의의 원칙으로 전환하자는 요구들이 많이 있음에도 불구하고, 「클라우드컴퓨팅법」은 개인정보의 자기결정권을 중요하게 보아 사전동의의 원칙을 고수하고 있는 것으로 평가할 수 있다.

2) 정보 반환 및 파기의무

클라우드 컴퓨팅서비스 제공자는 이용자와의 계약 또는 사업 종료 시 이용자 정보를 반환하여야 하고, 사실상 반환이 불가능한 경우에는 이용자 정보를 파기하여야 할 법적 의무가 있다(법 제27조 제3항 내지 제6항).

3) 비밀엄수의무

클라우드 서비스 제공과 관련하여 위탁받은 업무에 종사하거나 종사하였던 자는 업무를 수행하는 과정에서 알게 된 클라우드 컴퓨팅서비스 제공자의 사업상 비밀을 누설하지 말아야 할 금지의무가 있다(법 제32조).

3.4.3 클라우드 시스템에 대한 보안의무

클라우드 서비스는 4차산업혁명과 관련하여 정보통신기술ICT이 집약되는 분야 중의 하나임에도 불구하고 보안이 안전한지 여부는 긍정적인 시각과 부정적인 시각 사이에 대립된 논의가 지속되고 있다.[22]

1) 보안강화론자

Amazon 및 Salesforce와 같은 글로벌 클라우드 서비스 제공 업체는 자신들이 구축하고 있는 클라우드 시스템은 최첨단 보안 기능[23]을 가지고 있다고 한다. 따라서 글로벌 클라우드 업체에게 정보를 맡겨두거나 어플리케이션 및 시스템을 활용하는 중소 기업들은 스스로 보안을 구축하는 것보다 더욱 도움이 될 것이라는 주장을 한다.[24] 그러면서 글로벌 클라우드 서비스 제공업체들은 우리 정부가 보안을 이유로 한 클라우드 서비스 시장 규제에 대하여 불필요하면서도 과잉규제라고 반발하고 있다.[25]

2) 보안취약론자

그러나 반대론자들은 클라우드 서비스를 사용하면 데이터는 더 쉽게 접근성이 생기게 되고, 보안이 뚫리게 될 잠재적인 위험은 더 커지게 된다고 본다.[26]

2018년 11월 22일에는 AWS 클라우드 서버설정 오류로 인하여 AWS를 사용하는 쿠팡, 배달의 민족, 이스타항공, 야놀자, 업비트 등에서 접속 오류로 인한 피해가 발생하였다.[27]

2019년 7월 29일에는 미국의 대형은행인 Capital One에서 1억 600만명이 넘는 고객 개인정보가 해킹당하였는데, 유출된 데이터들이 가장 점유율이 높은 글로벌 클라우드 서버 중의 하나인 AWS에 저장된 것으로 드러났다.[28]

2018년 5월 30일에는 인도의 혼다 자동차에서도 마찬가지로 AWS 클라우드업체에서 사용자들의 개인정보가 유출되는 사고가 발생하였다.[29]

내부 직원들은 자신들의 개인기기를 사용하여 클라우드에 각종 파일들을 업로드하게 되지만, 그 내용물에 대하여까지 일일이 검색하고 보안을 적용하기 어렵다.[30] 아직 글로벌 클라우드 시장은 급격한 성장에도 불구하고 그 성장은 보안에 대한 회의론적인 시각 때문에 제한적이다.[31] 심지어 국가 기관에 의하여 위험을 사전에 예방하기 위하여 온라인 접근Online-Zugriff을 하는데 클라우드나 타인의 컴퓨터를 이용할 수도 있다. 온라인 접근에는 '단시간 온라인수색'Online Durchsuchung 유형과 '장기간 온라인 감시'Online-Überwchung유형 등이 있다.[32] 실제로 최근 독일 연방헌법재판소는 노르트라인-베스트팔렌 주 헌법보호법이 온라인 수색을 허용하는 규정을 두고 있는 것에 대한 재판에서[33] 동 법률은 규범의 명확성의 원칙에 반하고, 비례의 원칙에도 위반될 뿐만 아니라, 사생활의 핵심 영역을 보호하기 위한 충분한 장치를 규정하고 있지 않다는 이유로 무효라고 판시하였다.[34] [35]

3) 보안의무에 대한 법정책의 방향

글로벌 클라우드업체들이 점차 보안기술을 발전시켜감으로써 서비스를 이용하는 기업들과 소비자들 및 각국의 정부들을 안심시키고 신용을 강화해 나가는 것도 사실이다. 따라서 글로벌 클라우드업체들의 보안에 대한 기술력은 상대적으로 강력하다고 평가할 수 있겠다.

그러나 클라우드에 대한 해킹 사례들이 문제된 경우들로부터 우리는 교훈을 얻지 않으면 안 된다.

설사 클라우드 자체의 보안력이 100퍼센트라는 절대적인 수치에 수렴해 가더라도 결국 클라우드를 관리하는 사람들이나 관련 주변 환경들이 해킹될 수 있다는 점도 염두에 두어야 한다. 따라서 고객들의 개인정보와 기업정보 및 국가의 안전정보 등 중요한 정보와 관련해서는 보안에 대하여 보수적으로 접근해나갈 필요가 있다. 100건 중 99건의 안전한 사고를 신뢰하기보다는 1건의 취약했던 사고를 불안해하면서 재발하지 않도록 대책을 세우는 것이 '정당한 법정책의 방향'이기 때문이다.

3.5. 공정경쟁의무

3.5.1 시장지배력 남용금지의무

글로벌 클라우드 업체는 서비스 제공과 관련하여 우월한 지위를 기반으로 공정경쟁 관련 문제를 일으켜서는 안 될 것이다. 이 경우 ① 결합 판매, ② 배타적 거래, ③ 개발 환경 제공 차별 및 ④ 거래 거절 등의 잠재적 불공정 행위들이 시도될 수 있다. 이러한 행위들의 위법성을 판단하는 중요한 기준은 플랫폼 제공자가 이미 다수의 이용자들을 확보한 상태에서 시장지배력을 이용하여 불공정행위들을 시도했는가 여부이다.[36] 코로나 사태이후에는 비대면거래의 폭발적 증가가 이루어지면서 인류가 경험하지 못했던 새로운 사회구조로 옮아가고 있다. 이들의 시장지배력 남용은 새로운 사회를 변질시키고 왜곡과 조작으로 이끌 수 있는 잠재적이고 불확실한 위험성을 기술적으로 은밀하게 숨기고 있다. 그래서 글로벌 클라우드 기업들이 시장지배력을 남용하지 못하도록 시민들과 정부는 민주주의적이고 법치주의적인 통제를 해 나가지 않으면 안 될 것이다.

3.5.2 대기업과 중소기업 상생의무

공정한 경쟁 환경의 조성을 위하여 정부에게 대기업인 클라우드컴퓨팅서비스 제공자와 중소기업인 클라우드컴퓨팅서비스 제공자 간의 공정한 경쟁환경을 조성하고 상호간 협력을 촉진할 법적 의무를 부과하고 있다.(법 제18조) 동시에 대기업인 클라우드컴퓨팅서비스 제공자는 중소기업인 클라우드컴퓨팅서비스 제공자에게 합리적인 이유 없이 그 지위를 이용하여 불공정한 계약을 강요하거나 부당한 이익을 취득하여서는 아니 될 법적 의무가 있다.[37] 클라우드 서비스야말로 '규모의 경제'를 유발하는 정도가 극심하므로 대기업만이 시장을 독식하게 될 위험성이 매우 크다. 클라우드 서비스의 이러한 성격으로 인하여 이 시장에 대한 독점을 배제하고 상생하는 기업환경을 만드는 것은 그래서 더욱 어렵다. 이에 대한 강력하고 지속적이며 세심한 입법정책이 필요하다.

3.5.3 표준계약서의 사용 의무

과학기술정보통신부장관은 이용자 보호 등을 위하여 공정거래위원회와 협의를 거쳐 클라우드컴퓨팅서비스 관련 표준계약서를 제정 또는 개정하고, 클라우드컴퓨팅서비스 제공자에게 그 사용을 권고할 수 있도록 하고 있다(법 제24조).

그러나 공정한 거래질서를 위하여 글로벌 클라우드업체에게 표준계약서의 사용을 요구한다고 하더라도, 과학기술정보통신부장관의 권고는 행정지도에 불과하여 법적 구속력을 가지지 않는다. "행정지도"란 행정기관이 그 소관 사무의 범위에서 일정한 행정목적을 실현하기 위하여 특정인에게 일정한 행위를 하거나 하지 아니하도록 지도, 권고, 조언 등을 하는 행정작용을 말한다(행정절차법 제2조 제3호). 이러한 행정지도는 비권력적 사실행위에 불과하여 처분과 달리 법적 구속력을 가지지 않는다.[38] 행정청은 행정지도에 따르도록 글로벌 클라우드 서비스업자들에게 사전에 강요할 수도 없을 뿐만 아니라, 행정지도에 따르지 않았다고 하여 이들에게 불이익한 조치를 취할 수도 없다(행정절차법 제48조).

정부가 글로벌 클라우드 서비스에 대하여 지나친 국가권력적인 개입을 하는 것은 반드시 바람직한 결과를 가져오는 것은 아니며, 오히려 클라우드 서비스뿐만 아니라 관련된 4차산업혁명기술의 발전을 저해할 수도 있을지 모른다. 그러나 이를 이유로 탈규제를 하는 것이 능사는 아니라고 생각한다. 개별 시장의 성격에 부합하는 적합하고 새로운 규제를 찾을 수도 있을 것이다. 자율규제나 규제된 자기규제를 함께 병행하여 활용해 볼 수 있다. 이들 새로운 규제와 어울릴 수 있는 것이 '표준'제도이다. 계약서 역시 이러한 표준제도가 반영되도록 표준계약서를 사용하도록 하는 것은 긍정적이다. 클라우드 보안에 대해서도 표준제도는 매우 유용한 자율규제의 수단이 될 수 있다. 예를 들면 ISO/IEC 27001는 정보 보안 관리 시스템 ISMS의 조직 표준이다. 이 표준은 정보 보안에 대한 공식적이고 관리 된 접근 방식을 제공하는 것을 목표로 한다.[39]

그렇지만 자율규제 등의 취약점인 실효성을 극복하기 위해서는 행정지도에 머물지 말고, 표준에 따르는 경우 인센티브incentive를 줄 수 있도록 강구해 나가야 할 것으로 생각한다.

4. 클라우드 컴퓨팅 시장의 독점과 지배에 대하여 고민해 보자

4.1. 클라우드 컴퓨팅의 기술을 지배해 나가는 다국적 기업들에 대비하자

구글, 애플, 아마존, 페이스북 등 해외 정보기술IT 기업들이 국경을 초월하는 글로벌 기업으로서 클라우드 컴퓨팅 시장에 진입하여[40] 국내에서 큰 수익을 올리면서[41], 시장지배력을 남용할 가능성도 함께 높아져 가고 있다.

클라우드 서비스를 제공하는 다국적 기업들은 기술력의 우위와 시장지배력의 우위 및 기술개발에 따른 시간차이와 진입장벽 등을 이유로 점점 지배력을 남용할 가능성이 높은 구조가 되어 가고 있다. 이들 다국적 기업들이 선한 의지를 가지고 도덕적이며 이타적으로 항상 클라우드 서비스를 제공할 것이라는 믿음을 전제하려 드는 것은 규제입법과 규제정책에서 위험한 관점일 수 있다. 다국적 기업들에 의하여 발생할 수 있는 위험에 대하여 법정책적으로 제대로 사전에 뒷받침되어 있어야 하고, 이와 관련된 문제들을 모색하며 개선해 나가려는 노력이 필요하다.

4.2 클라우드 컴퓨팅 서비스 시장에서 기울어진 운동장이 되어 버린 원인은

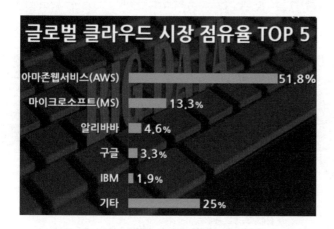

다국적 기업들의 시장지배력이 증가하면서 클라우드 이용자 및 소비자들뿐만 아니라 여러 나라의 정부에도 영향을 점차 크게 미친다. 클라우드 컴퓨팅 서비스 시장은 공정한 구조가 아니라 기술력과 시장지배력에 더욱 영향을 받은 기울어진 운동장의 구조[42]이다. 글로벌 통신사업자가 시장지배적인 경쟁우위를 가질 수 밖에 없는 요인들을 분석해 볼 수 있다. ① IT 서비스 및 다양한 호스팅 서비스의 제공 경험과 노우하우 축적, ② 통신 네트워크의 보유 및 운영에 따른 QoS와 SLA에 관한 이용자의 신뢰, ③ 데이터 관리 및 개인정보 보호 문제 등에서 쌓아온 기업의 명성, ④ SaaS 서비스의 제공이 가능한 중소기업 가입자 기반 보유 등이 있다. 반면에 국내의 신규 진입 통신사업자들이 가지는 진입장벽으로는 ① 소프트웨어 분야에서의 경험 부족, ② 개방된 인터넷으로 주도적 지위를 가지기 어려우며, ③ 통신사업자의 전략 서비스인 IaaS에 거대한 규모의 투자비를 감당하기 쉽지 않다는 점 등을 들 수 있다.

5 학습과제 – 클라우드 컴퓨팅 서비스 시장에서 기울어진 운동장을 극복하려면[43]

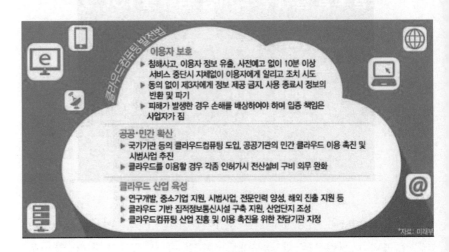

법정책적으로 법적인 안전장치를 설정해 두고, 클라우드 시장이 공정한 질서 아래 운영될 수 있도록 하여야 한다. 시장에서의 공정한 게임의 룰을 만들고 규제의 틀을 만들어 두어야 한다. 정당하고 효과적인 규제입법은 대상이 되는 기업들이 선한가 악한가를 예단하기보다는 질서를 위반하지 않고 법적 의무를 잘 준수하도록 좋은 구조를 미리 만들어두는 것이라고 생각한다.

6 평가와 전망– 앞으로의 클라우드 컴퓨팅 시장에 대한 정부의 규제 논의에 대하여 알아두자[44]

최근 우리 정부가 국무회의에서 '디지털 혁신방안'을 이행하기 위하여 공공부문에서도 클라우드 도입을 확대하고 있다. 코로나 사태로 인하여 비대면과 비접촉 방식의 비중이 커지게 되는 재난사회 또는 고위험사회이기에, 클라우드 서비스는 급증하는 트래픽을 관리하면서도 안정적으로 처리할 수 있다는 점에서 공공부문에서도 필수적인 것으로 자리잡아가고 있다. 우리 정부는 「클라우드컴퓨팅 발전 및 이용자 보호에 관한 법률」(이하 클라우드컴퓨팅법)을 제정하였다. 동법에 따르면 국가와 지방자치단체는 클라우드컴퓨팅의 발전 및 이용 촉진, 클라우드 컴퓨팅서비스의 안전한 이용 환경 조성 등에 필요한 시책을 마련할 법적 의무를 부여함으로써 공공부문에도 클라우드 서비스를 활성화시키도록 되었다. 만일 클라우드 서비스 제공자가 신뢰성과 안전성, 보안성 및 기술성에 하자가 있는 행위를 하는 경우 공공부문에서 발생하는 피해는 사후구제만으로는 해결되기 어려운 심각한 상황이 발생한다. 그렇다고 일일이 국가가 클라우드 서비스에 대한 감시와 규제를 할 수도 없는 일이다.

따라서 클라우드 서비스 시장의 자율성을 존중하면서도 질서를 불어넣은 법적인 접근이 가능한지, 가능하다면 어떠한 방법을 취하여야 할지 등 중요한 문제가 현안이 되고 있다.

클라우드 기술을 이용하는 기업들에 대하여 규제를 하여야 할지 규제 여부와 어떻게 하여야 할지 규제방법에 대하여 아직 입법의 공백이 많이 남아 있다. 시장의 실패를 극복하기 위하여 정부의 개입이 강화되었지만, 정부의 실패가 등장하게 되자 새롭고 다양한 규제에 대한 연구가 세계적으로 집중적으로 진행되었다. 정부의 초창기의 규제개혁은 고작 '규제완화deregulation'가 중심이 되는 것에 불과하였다.[45] 그러나 규제를 완화하는 것만이 능사가 아니라는 것을 인식하게 되면서 시장과 사안의 개별적 성격에 부합하는 조화로운 규제, 즉 '좋은 규제'Good Regulation에 관심이 옮겨가고 있다.

과거에는 규제라고 함은 정부에 의하여 권력적이고 강력한 제재를 의미하는 좁은 의미의 규제개념으로서 '고권적 규제'hoheitliche Regulierung; Command-and-Control Regulation[46]를 주로 사용하였다, 그러나 기존의 고권적 규제는 신흥 기술시장인 클라우드 서비스에는 많은 한계를 드러내고 있다.

최근의 규제의 국제적 흐름은 '자율규제'lex mercatoria, Selbstregulierung, Self-Regulation나 공동규제의 성격을 가진 '규제된 자기규제'Regulierte Selbstregulierung, hoheitlich regulierte gesellschaftliche Selbstregulierung를 탄력적으로 병행하는 것이다.[47] 저자는 '자율규제'와 '규제된 자기규제'를 활성화하는 규제패러다임의 변화를 강조하면서도 '고권적 규제'의 장점을 결코 포기해서도 안 된다는 점을 역설하는 입장을 지속적으로 전개해 왔다. 즉, 다양한 규제의 조화로운 활용을 강조하는 입장인 것이다.[48]

행정규제기본법에서는 아직도 이러한 좁은 의미의 규제만을 규정하면서 현장의 실무와 괴리된 채 이에 머무르고 있어 매우 유감이다. 반면에 수많은 개별법에서는 이미 자율규제와 규제된 자기규제 등 다양한 규제들이 입법이 되어 있어 법률들간에 개념이 충분히 통일적으로 규정되고 있지 못하다. 이 점 역시 심각한 문제이며 매우 중요한 입법적 개선과제가 발생하고 있다.

7 더 읽어볼 만한 자료

① 조종희 · 최중혁, 「클라우드의 미래에 투자하라」, 한스미디어(2022)

아마존, 마이크로소프트, 구글 등 빅테크 기업들이 왜 클라우드를 미래 IT의 핵심으로 선정하고 투자를 확대해 나가는지 독자들에게 잘 설명하고 있다. 이를 통해 디지털 트랜스 포메이션을 주도하는 클라우드 비즈니스에 대하여 이해할 수 있게 되는데 도움을 줄 것이다.

② 오사와라 시게타카, 성창규 옮김, 「그림으로 이해하는 AWS 구조와 기술」, 길벗(2021)

그림으로 AWS의 관리 콘솔과 대시보드부터 Amazon EC2, Amazon VPC, Amazon RSD 까지 다양한 아마존 웹 서비스를 쉽게 이해하고 파악하면서 학습할 수 있게 된다.

③ 과학기술정보통신부 · 한국인터넷진흥원, 「클라우드서비스 보안인증제도(IaaS) 평가기준 해설서」, 진한엠앤비(2020)

과학기술정보통신부와 한국인터넷진흥원이 함께 제작한 클라우드서비스 보안인증제도IaaS 평가기준 해설서로서 독자들에게 Iaas를 보다 현장에서 구체적으로 이해할 수 있도록 도움을 주게 될 것이다.

④ 과학기술정보통신부 · 한국인터넷진흥원, 「클라우드서비스 보안인증제도(SaaS) 평가기준 해설서」, 진한엠앤비(2020)

과학기술정보통신부와 한국인터넷진흥원이 함께 제작한 클라우드서비스 보안인증제도IaaS 평가기준 해설서로서 독자들에게 Saas를 보다 현장에서 구체적으로 이해할 수 있도록 도움을 주게 될 것이다.

사물인터넷과 스마트시티가 무엇인지 알아보자.
그들이 내 삶을 어떻게 바꿀지 예상해보자.
나는 어떻게 그들을 활용할 것인지 그려보자.
관련 정책과 제도를 파악하고 의견을 제시해보자.

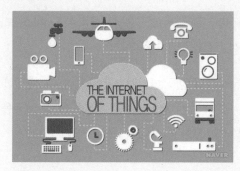

사물인터넷의 연결구조[1]

"세상에 존재하는 모든 사물이 서로 연결될 수 있다면 새로운 세상이 펼쳐질 것이다."

캘빈 애쉬턴Kevin Ashton

4차산업혁명의 완성은 사물인터넷의 구현으로 나타날 것이다. 사물인터넷은 초연결사회의 상징이자 삶의 도구이고, 기술진보의 총아이다. 우리는 어떤 일을 하기 위해 오가는 시간과 노력을 다른 창조적 과업에 쓸 수 있을 것이고, 공간적 제약으로 인해 불가능했던 희망사항들을 해결할 수 있을 것이다. 지금은 편리한 주거생활에 도움을 주는 정도로 이해되고 있지만, 앞으로는 사물인터넷 기술의 발달이 가까이는 스마트도시의 구현으로 멀리는 글로벌 커넥팅(global connecting)으로 구현될 수 있을 것이다.

스마트시티 연결망[2]

"도시는 모두가 함께 만들었기 때문에, 그리고 그렇게 모두가 만들었을 때에만 모든 사람에게 무언가를 제공할 능력을 지닌다."

제인 제이콥스Jane Jacobs

"집에 돌아와 복도 창밖 정원 위로 어둠이 깔리는 것을 보면, 서서히 더 진정한 나, 낮 동안 옆으로 늘어진 막 뒤에서 공연이 끝나기를 기다리고 있던 나와 다시 접촉을 하게 된다."

알랭 드 보통Alain de Botton

사물인터넷 기술이 하나의 공동체 차원으로 발전하면 스마트시티가 구현될 수 있다. 지금 우리의 도시 곳곳에 있는 공공와이파이 통신망을 바탕으로 집과 집, 건물과 도로, 기타 공공 시설들과 그 운영이 유기적으로 연결되면서 이용의 효율과 편의가 극대화될 것이다. 스마트홈 단계의 편리함이 스마트시티 단계로 확장된다. 다만 이 편리함이 심리적 편안함 과 궁극적인 행복으로 이어질 수 있는지는 우리가 어떻게 하느냐에 달려있다.

1 주요 특징과 변화동향

1.1. 사물인터넷

(1) 사물인터넷이란?

사물인터넷은 인공지능, 로봇과 더불어 4차 산업혁명을 이끄는 핵심 요 소이다. 4차산업혁명은 디지털 연결성digital connectivity이 사회의 근본적인 변 화를 주도하고 있다는 점에 특징이 있다. 4차산업혁명 시대 기술의 본질은 사물인터넷을 중심으로 사물과 사물이 연결되고 사물과 하드웨어가 스스로 정보를 분석하고 학습한다는 데 있다.[3] 사물인터넷과 인공지능이 결합하여 모든 사물이 연결되고 자동화되는 유비쿼터스ubiquitous 세상을 열 수 있다.

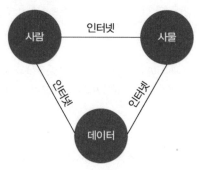

■ 그림 10-1 사물인터넷의 개념[4]

사람 ── 인터넷 ── 사물
사람 ── 인터넷 ── 데이터
사물 ── 인터넷 ── 데이터

* RFID는 '무선인식'이라
고도 한다. 반도체칩이
내장된 태그(Tag), 라벨
(Label), 카드(Card) 등
의 저장된 데이터를 무
선주파수를 이용하여 접
촉없이도 읽어내는 인식
시스템이다.

사물인터넷Internet of Things: IoT은 사물과 사물이 인터넷으로 연결된다는 뜻이다. 이 용어는 1999년 MIT의 Auto ID Center 소장인 케빈 에쉬튼Kevin Ashton이 P&G 제품에 무선 센서를 부착하는 방안을 발표하면서 처음 사용하였다. 그는 재고관리 시스템의 효율성을 높이기 위해 모든 물건에 무선주파수 인식장치인 RFID*Radio Frequency Identification를 부착해서 물건끼리 신호를 보내어 서로 접촉 없이도 소통할 수 있게 하는 아이디어를 내었다. 그는 일상생활에 사용하는 사물에 센서를 탑재한 사물인터넷이 구축되면 유비쿼터스 시대가 도래할 것이라고 예측하였다.

RFID에서 시작한 사물인터넷의 개념은 무선 센서 네트워크WSN, Wireless Sensor Network 기술과 M2MMachine-to-Machine 기술 등의 다양한 센서 및 통신기술들과 결합하며 발전하였다. 이렇게 초기에는 재고관리, 산불감시, 은행 현금지급기 등에 사용되던 사물인터넷 관련 기술은 이후 다양한 센서장치와 디바이스를 결합함으로써 새로운 사용자 가치 창출의 도구로 인식되면서 본격적으로 소비자 유통, 헬스케어, 스마트홈 등 다양한 분야에서 사용되고 있다.

인터넷진흥원에서는 사물인터넷을 "인간, 사물, 서비스의 환경에서 인간의 개입 없이 상호 협력적으로 센싱, 네트워킹, 정보 처리 등 지능적 관계를 형성하는 사물 공간 연결망"이라고 정의하고 있다.[6] 사람이 개입하지

▲ 바르셀로나의 스마트 가로등 [5]

않고 사물지능통신Machine to Machine, M2M으로 이루어지는 네트워크이기도 하다. 사물이 인터넷과 연결된다는 단순한 의미에서 출발하여 이제는 "기계·자동차·건물과 같은 사물things에 각종 센서와 인터넷 연결 장치를 부착하여 사람뿐만 아니라 사물도 인터넷에 접속하여 인간의 개입 없이 다른 사물과 정보를 주고 받는 것"을 의미하기도 한다.[7]

사물인터넷은 사물이 센서 네트워크를 통해 정보를 제공하고 가공하여 본래의 가치보다 더 나은 가치를 부여한다.

지금까지는 사람이 기계를 조작하여 사용했다면 앞으로는 미리 설정된 시스템에 의해 사물끼리 소통하면서 인간에게 필요한 서비스를 제공할 것이다. 사용자는 스마트폰과 같은 모바일 기기를 통해 지능적으로 사물을 제어하고 활용할 수 있게 된다. 이것은 단순한 무선인터넷이나 원격조종장치와는 차원이 다르다. 디바이스에 내장되는 프로그램이 인공지능으로 바뀌면 하나의 네트워크로 사물들이 연결됨으로써 데이터가 유통되고 물리적 거리에 관계없이 협업이 가능할 것이다. 사람들은 이렇게 초연결되는 환경에서 편익을 누리는 행복한 세상을 꿈꾸게 된다.

실내등, 가로등도 사람, 사물들끼리 소통하면서 사람이 자고 있는지, 지나가는지를 파악하여 켜고 끄기를 판단한다.

사물인터넷 기술의 발전과 보급에 따라 굳이 컴퓨터를 켜지 않아도 지능적인 컴퓨터나 스마트센서 등이 사물에 탑재된 스마트센서로 항상 온라인 상태로 연결되어 있으면서 소통하고, 언제 어디서나 주변 상황에 따라 원하는 지능형 서비스를 제공 받을 수 있는 초연결사회로 가는 것이 현실화되고 있다. 초연결사회는 사물인터넷 기술을 기반으로 진화하는 미래 사회를 의미함에 따라 4차산업혁명과 사물인터넷은 불가분의 관계라 할 수 있다.

(2) 사물인터넷과 4차산업혁명

4차산업혁명을 달성하기 위해서는 개별 디바이스뿐만 아니라 도로·건물 및 더 나아가서 도시 전체에 이르기까지 모든 사물이 디지털 방식으로 정보를 수집하고 네트워크를 통해 정보를 교환할 수 있는 조건이 확보되어야 한다는 점에서 사물인터넷은 4차산업혁명의 기반이자 필요조건이라고 볼 수 있다.

□ 표 10-1 4차산업혁명의 주요 추동 요인[8]

출 처	주요 추동 요인
Klaus Schwab (2016)	인공지능, 로보틱스, 사물인터넷, 자율주행차, 3D프린팅, 나노기술, 바이오기술, 재료과학, 에너지저장, 양자컴퓨터 등 26개
Cordes & Stacey (2017)	로보틱스, 산업인터넷, 시뮬레이션, 클라우드/보안, 적층제조, 증강현실, 빅데이터, 수직·수평통합
정보통신기술진흥센터 (2016)	인공지능, 빅데이터, CPS, 사물인터넷
관계부처합동 (2016)	인공지능, 사물인터넷, 모바일, 클라우드, 빅데이터

(3) 사물인터넷의 발달이 주는 영향

사물인터넷 생태계는 플랫폼·네트워크·디바이스·서비스로 구분되며, 각 분야별로 구체적인 사업이 추진되고 있다.

초연결사회에서 사물인터넷의 발달이 우리에게 가져올 삶의 변화는 B2G와 B2B 그리고 B2C에서 실감하게 될 것이다. B2G[Business To Government]인 공공 IoT 서비스는 행정망 연결로 공공서비스 혁신과 이용자 편의를 가져올 것이다. B2B[Business To Business]인 산업 IoT 서비스는 생산과 유통 과정에 활용될 수 있고 산업을 발전시킬 것이다. B2C[Business To Consumer]인 개인 IoT 서비스는 생활제품들을 연결시켜 편리함을 넘어 삶의 질 향상을 가져올 것이다.

□ 표 10 – 2 사물인터넷의 주요 분야[9]

분야	분야별 주요 기능 및 사업 분야
플랫폼	인터넷에 연결된 센서 등으로부터 수집된 정보를 가공·처리·융합하거나 서비스 및 어플리케이션과 연동시키는 기능을 수행 • 공동 플랫폼: 사물을 인터넷에 연결하고 사물로부터 수집된 정보를 처리하는데 필요한 공통 소프트웨어(미들웨어 등)와 개발도구의 집합 • 응용서비스 플랫폼: 개별 영역별로 서비스 제공을 위해 특화된 소프트웨어 플랫폼 • 플랫폼 장비: 공통 플랫폼과 응용서비스 플랫폼을 제공하기 위해 필요한 장비
네트워크	사물의 연결을 지원하는 유무선 통신 인프라 • IoT 서비스를 위한 유무선 네트워크 장비, IoT 회선 이용료(통신료) 등
디바이스	IoT가 작동하는 제품·기기(완제품과 센서·칩셋·모듈 등 부품과 장비 포함) 정보 생성 및 수집·전달 기능이 포함된 제품, 스스로 동작할 수 있는 기능이 포함된 제품, 네트워크 연결이 가능한 제품 등
서비스	사물인터넷 플랫폼, 네트워크, 제품기기 등을 연계·활용하여 개인·공공·산업 분야 등에 지능화된 서비스를 제공

사물인터넷이 발달하면 자연스럽게 빅데이터와 클라우드에도 막대한 시장이 열릴 것이다. 제품 활용도가 증가하고, 원격 제어에 필요한 네트워크 인프라 플랫폼 등 관련 기술 개발과 데이터를 감지하는 센서 기술도 발달할 것이며, 이 기술들을 개발하는 산업도 크게 성장할 것이다. 대표적인 것이 무인자동차이다.

사물인터넷의 발달은 로봇이나 자동차 등 사람의 물리력을 대신해 주는 장치를 고도화하고 지능화하여 효율성을 극대화시킬 것이다.

이제 사람이 자기 몸을 이용해 제어하는 것이 아니라 현실세계와 가상세계가 하나의 네트워크로 연결되어 데이터의 분석과 활용 및 사물의 자동제어가 가능해짐에 따라 방향, 속도 등의 제반 운전 요소들의 자율제어가 가능한 자동차가 점점 많아질 것이다. 고령운전자의 증가로 자동차운행의 안전이 우려되는 지금 차체의 제어와 도로관제를 연결해주는 사물인터넷 기술은 그런 고민들을 많이 덜어줄 수 있을 것이다.

사물 간 연결로 제품의 생산과 서비스가 완전히 자동화되는 공장인 스마트공장이 활성화될 것이다. 노동력 부족 대처 또는 그 반대로 인건비 절감을 위해 아니면 원하는 시간에 고객 맞춤형 제품을 생산하기 위한 유효한 수단이 될 것이다. 생산공정뿐만 아니라 물류시스템에도 더욱 획기적인 성과를 가져올 것이다.

□ 그림 10-2 스마트공장[10]

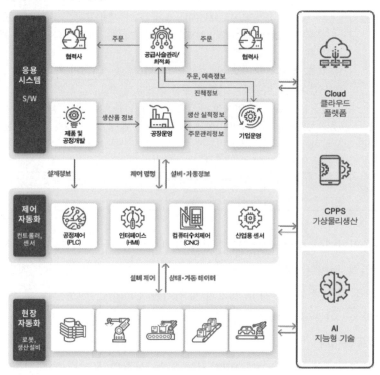

▲ 스마트약병[11]

사물인터넷기술로 앞으로는 집에서 건강을 관리하는 홈케어가 더욱 편리해질 것이다. 미국의 한 제약사가 개발한 glowcap 약병은 약 먹을 시간이 되면 소리나 불빛으로 환자에게 약 복용을 알려주고 뚜껑에 달린 센서는 환자가 약을 먹지 않아 뚜껑이 열리지 않는다면 이를 감지하여 병원으로 전송하고 병원에서는 자동으로 환자에게 연락하여 약을 먹으라고 지시한다. 이로써 복용률은 크게 향상될 것이고 건강관리에 큰 도움이 될 것이다.

홈[Home] IoT서비스는 스마크 플러그를 이용하여 원격으로 전기를 제어하므로 전기이용료를 줄이고 전기 과열을 막을 수 있다. 가스 밸브 잠금도 관리할 수 있으며 더 나아가 도둑의 침입 방지도 가능하다. 음성 인식 기술이 발달함에 따라 집안에서 목소리 하나로 모든 가전제품을 제어할 수도 있다. 바로 스마트홈이 구축되는 것이다.

(4) 사물인터넷이 발전하기 위한 조건

사물인터넷이 앞으로 더욱 발전하기 위해서는 기술적 측면과 사회적 측면에서 조건이 갖추어져야 한다.

기술적 조건으로는 사물인터넷의 3대 기술이라고 할 수 있는 센싱 기술*, 네트워크 인프라 기술**, 사물인터넷 인터페이스 기술***이 필요하다. 정보를 수집·처리하는 센싱 기술로 온도, 습도, 열기, 초음파 등의 정보를 수집해서 인프라 기술로 사물과 사물을 연결해 정보를 전달하고, 인터페이스 기술로 필요한 서비스를 제공할 수 있다. 마지막으로 해킹이나 정보유출을 방지하는 '보안기술'이 필요하다. 보안기술은 제5강 사이버보안에서 상세히 다루었다.

사회적 조건은 일정 부분 기술적 조건과 겹치기도 하는데, 가장 큰 것은 보안 문제를 해결하는 것이다. 사물이 연결된 네트워크를 통해 정보가 흐르는 동안 얼마든지 해킹의 가능성이 있다. 기술적으로 보안프로그램 등 방어 체계를 잘 갖추어야 하고 제도적으로 정보의 보호와 함께 생산적인 이용이 가능하도록 균형을 맞추어야 한다.

4차 산업혁명 시대의 핵심 요소인 사물인터넷, 빅데이터, 클라우드, 인공지능 등은 상호연동하면서 긍정적인 생산효과도 가져오지만, 반대로 운영체계 등의 이질성과 복잡성으로 인해 예상치 못한 결함이 발생할 가능성도 배제할 수 없다. 이를 극복할 목적으로 무결점 자율제어시스템인 CPS(Cyber Physical System. 가상물리시스템)가 등장하였다. CPS는 현실세계와 가상세계의 연결을 통하여 현실과 가상 데이터를 융합·분석하고 분석 결과 데이터를 현실세계에 환류시키는 목적의 시스템이다. 이러한 CPS를 활용하여 스마트시티를 구현할 수 있다. CPS로 사람 이동 데이터를 수집하여 교통·에너지 수요를 예측하고 기상을 관측해 최적의 에너지 생산·분배 계획을 수립하는 등 스마트도시 설계로 이어질 수 있다.

* 센싱 기술은 사물과 주변 환경으로부터 정보를 센스를 통해 얻게 되는 기술을 말한다.

** 네트워크 인프라는 인간과 사물, 서비스 등 분산된 구성 요소들 간에 인위적인 개입없이 상호 협력적으로 지능적 관계를 형성하도록 사물공간을 연결하는 초연결 기반 인프라를 말한다.

*** 서비스 인터페이스 기술은 각종 서비스와 원하는 형태로 정보를 처리하고 융합하는 기술을 의미한다.

1.2. 스마트시티

(1) 스마트시티란

▲ 스마트시티 개념도[12]

스마트시티는 사물인터넷이 스마트홈을 넘어 지역사회로 확장된 것이다. 집과 집이 연결되고 교통, 에너지 시스템과 연결되어 이른바 플랫폼을 구축하게 되면 생활권역이 하나의 스마트홈처럼 운영되는 것이다. 우리나라에서는 법으로 이 개념이 규정되어 있다. 스마트도시법(정확히는 스마트도시 조성 및 산업진흥 등에 관한 법률) 제2조는 스마트도시를 "도시의 경쟁력과 삶의 질의 향상을 위하여 건설·정보통신기술 등을 융·복합하여 건설된 도시기반시설을 바탕으로 다양한 도시서비스를 제공하는 지속가능한 도시"로 정의하고 있다.

(2) 스마트시티가 구현되면

스마트시티는 언제 어디서나 인터넷 접속이 가능해서 사물인터넷을 이용하여 필요한 일을 적시에 처리할 수 있다. 스마트시티의 구축이 늘어나면 사물인터넷의 수요도 동반상승할 것이고 이를 위한 IT산업 역시 성장할 것이다.

스마트시티에서는 건물운영시스템에 의해 보안, 화재경보, 조명, 발전, 물 등이 자동적으로 관리된다. 위급상황 대처 역시 신속하게 진행된다. 주

▲ Amazon Go[13]

차서비스도 사물인터넷을 이용해 적시적소에 주차 배정이 가능하고 콜택시를 응용한 주문형 버스on demand bus 시스템도 운영할 수 있다.

이를 이용한 새로운 형태의 비즈니스도 가능하다. 사물인터넷을 이용하여 빈 방을 찾게 해주는 Airbnb, 주차장과 콜택시 서비스를 한꺼번에 제공하는 Hotspot, 스마트폰으로 물건 결제 및 매장 관리 가능한 Amazon Go 등이 대표적인 사례이다.

도시를 관리하는 입장에서도 도시 상황을 한

눈에 파악해서 에너지 효율화, 교통 문제 해소 등을 더 쉽게 할 수 있다. 스페인의 바르셀로나는 무료 와이파이 설치, 사물인터넷을 이용한 물 관리 및 폐기물 처리 시스템, 스마트 가로등, 주차장 태그 등의 앞선 정책을 시행하여 2016년에 유럽연합으로부터 유럽에서 가장 혁신적인 도시로 지명되었다.[14] 우리나라는 인천시 송도지구가 스마트시티의 모범 사례로 꼽히고 있다. 인천에 이어 서울과 부산이 스마트시티 구현을 위해 적극적인 정책을 추진중이고, 국토정보부에서는 최근(2020년 1월 7일) 스마트시티 종합포털 (http://smartcity.go.kr)을 개설하여 관련 정보를 제공하고 있다.

□ 그림 10-3 송도 스마트시티 홍보 동영상, 인천 스마트시티 구상도[15]

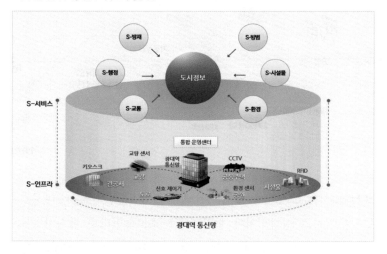

Smart-City 구성

Smart-City는 Smart-Service 제공의 기반이 되는 S-인프라, 도시의 정보를 수집/가공/제공하는 통합운영센터, 가공된 정보에 가치를 부여하는 시민에게 제공하는 S-서비스로 구성됩니다.

S-서비스
• 유비쿼터스도시 기반시설 등을 통해 도시의 주요 기능별 정보수집, 연계하여 제공하는 서비스
• 제공서비스 : S-교통, S-방범, S-방재, S-환경, 도시민 정보제공 서비스, S-교육, S-의료 등

S-인프라

통신망/기초 인프라
• 도시민에게 S-서비스 제공을 위한 유비쿼터스도시 기반시설
• 센서망, 유/무선 네트워크 및 기초 인프라(관로, IT-POLE 등)로 구성

통합운영센터 인프라
• 유비쿼터스도시 기반시설을 이용하여 도시정보 수집, 통합 모니터링, 분석 및 정보가공, 도시 운영/관리, 유관기관에 가공된 도시정보 배포/제공기능 수행
• 통합운영센터의 역할은 정보수집, 관리, 제공, 통합 및 연계

(3) 스마트시티가 제대로 구현되기 위해서는

스마트시티가 제대로 구현되기 위해서는 먼저 중요 구성요소인 스마트그리드Smart Grid가 정착되어야 한다. 스마트그리드는 기존의 전력망에 정보통신ICT 기술이 결합되어 에너지 효율은 최적화되고 보다 더 똑똑해진 지능형 전력망을 의미한다.

□ 그림 10-4 스마트 그리드 개념도[16]

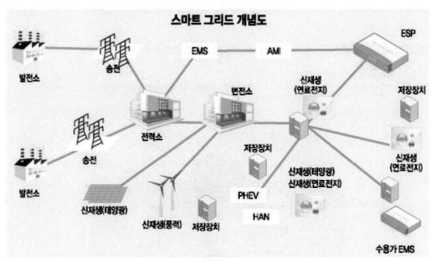

스마트도시의 교통운송체계를 위해서는 커넥티드카Connected Car 기술이 제대로 갖추어지고 정착되어야 한다. 이는 초고속인터넷 접속이 가능한 차로서 다른 차나 교통 인프라 등과의 정보 교환을 통해 안정성과 신뢰성을 높일 수 있다. 사물인터넷이 적용된 차량들이 전체 교통시스템에 적용되면 스마트교통 시스템을 구현할 수 있다. 실시간 정보교환으로 교통체증의 해소, 사고 방지 등 교통의 효율성과 안정성 개선에 크게 기여할 것이다.

2 관련 정책과 제도

2.1. 외국의 정책

미국은 Smart America Challenge라는 국민생활 밀착형 대규모 가상물리시스템CPS 융합 프로그램을 추진중이다. 각 영역에서 이루어지고 있는 전국가 차원의 CPS 연구개발 결과를 통합하여 일상생활과 경제에 미치는 영향을 측정하고 체감할 수 있는 수준에서 검증하고 제시하는 것이 이 프로그램의 목적이다.[18]

유럽연합EU의 사물인터넷 관련 협의체인 CASAGRASCoordination and support action for global RFID - related activities and standardization는 사물인터넷 활성화를

위한 'Internet of Things: A 14 - Point Action Plan'을 발표하고 공공 운송 분야를 비롯한 14개 분야의 사물인터넷 액션플랜을 제시하였다.[19]

일본은 'IT 융합에 의한 신산업 창출 전략'에 사물인터넷을 포함시켜 육성하고 있다. 사물인터넷에서는 스마트농업, 스마트커뮤니티, 헬스케어, 로봇, 차량 및 교통 시스템, 콘텐츠 및 창조 사업 등 6개 분야를 선정하였다.[20]

2.2. 우리나라의 정책

국내 사물인터넷 사업의 매출액은 2020년 13조 4,637억 원으로 조사되었다.[21] 정부에서는 사물인터넷 기본계획을 수립하고 2020년까지 생태계 참여자 간 협업 강화, 오픈 이노베이션 추진, 글로벌 시장을 겨냥한 서비스 개발 및 확산, 기업·스타트업별 맞춤형 전략 등이 포함된 계획을 수립하여 초연결 디지털 혁명의 선도국가 실현이라는 비전을 실행하였고[22], 2021년부터는 '내 삶을 바꾸는 지능형 사물인터넷AIoT 5대 전략분야(소상공인, 건강관리, 에너지, 물류, 교통, 제도) 대표 7대 과제(실내공기질 관리, 재활치료, 지역시설물 관리, 신재생에너지, 저온유통 관리, 예측정비, 비대면 공연)'를 추진하고 있다. 방송통신위원회가 2009년 10월에 사물인터넷 분야의 국가 경쟁력 강화 및 서비스 촉진을 위한 '사물지능통신 기반 구축 기본계획'을 발표한 것을 시작으로 2011년 7대 스마트 신산업 육성 전략에 사물인터넷을 포함시켰고, 2013년에 미래창조과학부가 발표한 '인터넷 신산업 육성 방안'의 주요 내용 중에 사물인터넷을 이용한 기업 육성, 인터넷 신산업 시장 확대와 일자리 창출, 기업의 기술경쟁력 강화와 해외진출 지원, R&D 지원 등의 정책과제를 추진한 바 있다. 사물인터넷에 전문화된 법령은 아직까지는 없고, 스마트시티에 대해서는 2008년 제정된 「유비쿼터스도시의 건설 등에 관한 법률」을 2017년에 「스마트도시 조성 및 산업진흥 등에 관한 법률」로 개정하여 시행하고 있다.

1단계

2008.03.
(시행 2008.09.)

U-City법 제정 (유비쿼터스도시의 건설 등에 관한 법률)
유비쿼터스도시의 효율적인 건설 및 관리 등에 관한 사항을 정하여 도시의 경쟁력을 향상시키고 지속가능한 발전을 촉진함으로써 국민의 삶의 질 향상과 국가 균형발전에 이바지하고자 법을 제정

2009.11.

제1차 U-City종합계획 수립

2012.05.
(시행 2012.11.)

U-City법 일부개정
유비쿼터스도시계획 수립, 유비쿼터스도시서비스 활성화 및 기술개발 촉진을 위한 제도적 기반을 마련하기 위해 법령 일부 개정

2단계

2013.02.

제2차 U-City종합계획 수립

2015.12.
(시행 2016.06.)

U-City법 일부개정
「도시재생 활성화 및 지원에 관한 특별법」 제정에 따라, 이 법의 적용대상 사업에 같은 법에 따른 도시재생사업을 추가하고, 유비쿼터스도시건설사업계획 수립 절차를 실시계획 수립과 통합 등의 목적으로 법령 개정

2017.03.
(시행 2017.09.)

스마트도시법 개정 (스마트도시 조성 및 산업진흥 등에 관한 법률)
"유비쿼터스"라는 용어를 국민이 이해하기 쉽게 "스마트"로 변경하여 법을 제명을 「스마트도시의 조성 및 산업진흥 등에 관한 법률」로 변경하고, 기존 법에 따른 사업의 범위를 기성시가지에도 적용하는 등 스마트도시의 효율적인 조성 및 체계적인 관리를 목적으로 법령을 개정함

3단계

2018.01.

스마트시티추진전략 발표
7대 정책 추진방향, 스마트시티 기본구상 발표

2019.04.
(시행 2019.08.)

스마트도시법 일부개정
스마트도시 건설사업에 있어 사업시행자 확대, 민간전문가 위촉, 민간제안제도 신설 등 스마트도시 건설사업의 운영 범위를 확대하고, 그 외에도 국가시범도시 추진과정 및 현행 제도의 운영상 나타난 일부 미비점을 개선하기 위해 법령을 일부개정함

2019.07.

제3차 스마트도시 종합계획(2019-2023) 수립

스마트시티는 문재인정부의 4차산업혁명 육성의 중요 과제 중 하나이기도 하다. 문재인정부의 4차산업혁명위원회는 4차 산업혁명 정책의 범정부적 추진을 위해 2017년 10월 11일 대통령 직속으로 설치되었다. 4차산업혁명위원회는 4차산업혁명에 관한 주요 정책을 심의하고 조정하는 기능을 수행하

고 있다. 2019년 10월에 위원회는 「4차산업혁명 대정부 권고안」을 발표하였는데, 그 중에는 스마트시티에 관한 내용이 상당히 비중있게 다루어졌다.

스마트시티에 대한 4차산업혁명위원회의 권고안[24]

스마트시티는 4차 산업혁명의 융복합 기술을 적용하는 종합 플랫폼이다. 스마트시티 기술과 서비스를 개발하고 이를 사람이 살고 있는 도시에 적용함으로써 새로운 문명의 시대를 선도하자는 것이 스마트시티가 추구하는 목표이다. 즉, DNA[Data, Network, AI] 등의 기술을 활용하여 현재의 도시문제 해결, 시민의 삶의 질 제고 및 지속가능한 도시를 추구한다. 세계 각국은 기후변화, 탄소배출 저감, 에너지 효율화, 교통체증 감소, 범죄예방 등 새로운 도시문제 해결의 돌파구이자 지속가능한 도시 모델 차원에서 스마트시티에 큰 관심을 두고 있는 것이다. 스마트시티의 시장 규모는 연 평균 18.4%의 가파른 성장세를 유지하고 있으며 오는 2023년에는 6,172억 달러(약 692조 원)에 달할 것으로 전망되는 등 스마트시티는 유망한 미래 산업분야이다.

우리나라는 세계 최초로 법령(U - City 법)을 제정하는 등 스마트시티 분야를 선도하였으나 공공개발 위주로 추진하여 시장 창출에 실패한 경험이 있다.

이처럼, 스마트시티의 지속성을 확보하기 위해서는 민간기업과 시민의 참여가 절대적으로 필요하며 국가시범도시사업에는 새로운 거버넌스인 PPP[Public - Private Partnership]의 구축이 필요하다.

또한 규제를 개선하여 신 산업이 태동할 수 있는 토대 마련이 시급하다.

이러한 상황에서 우리가 지향해야 할 원칙은 다음과 같다. 첫째, 민간기업 주도로 비즈니스 모델을 발굴하고, 시장을 창출하여 지속성을 확보해야 한다. 둘째, 초기 시장 창출을 위해 정부의 과감한 규제개선 노력과 선도투자가 필요하다. 셋째, 개별 부처 사업이 아닌 공공의 전방위 협력체계를 구축하여 기업의 세계 시장 진출 지원을 모색해야 한다.

이를 위해, 첫째, 민간 기업과 시민 중심의 스마트시티 혁신 생태계 조성이 필요하다. 공공주도의 정책은 예산, 행정 등의 한계로 지속성을 확보할 수 없다. 도시 서비스의 수요자인 시민이 도시 조성단계부터 참여하여 아이디어를 제안하고, 기업이 서비스를 개발하고, 제공하는 혁신 생태계 조성이 요구된다.

둘째, 국가시범도시의 성공을 위한 민관합동[PPP] 협력적 추진체계 구축이 필요하다. 사업시행과 관련된 다수의 이해 당사자와 MP[Master Planner]간의 책임소재 및 역할에 대한 협력조정이 필요하다(가칭). Korea 국가시범스마트시티 추진위원회를 설립하여 범부처 차원의 체계적인 협력적 거버넌스를 구축할 필요가 있다. 이를 뒷받침하기 위해 특별법 제정이 요구된다.

셋째, 스마트시티형 규제 샌드박스의 적용이 필요하다. 개인정보보호, 자율주행자동차, 공유경제, 드론 등 각종 4차 산업혁명의 융복합 기술들을 개발하는 데는 현재의 법제도상 한계가 있다. 국가시범도시와 기존도시의 일부 지역을 스마트 규제혁신지구로 지정하고 규제 샌드박스 및 입지규제최소 구역의 규제완화 내용을 적용해야 한다.

넷째, 기존 도시의 스마트화를 통해 저비용 고효율 도시로 탈바꿈해야 한다. 기존 도시의 인프라를 개선하고, 생활형 SOC를 공급할 때 스마트 시티 기술과 서비스를 적용하여 시민체감도를 높이고 삶의 질을 개선하는 저비용 고효율 도시로 탈바꿈해야 한다.

다섯째, 체계적인 협업체계를 구축하여 선단식 해외 진출 전략을 수립하여야 한다. 도시개발의 경험이 풍부하고 ICT 강국인 우리나라의 대표적 상품인 스마트시티를 수요가 많은 동남아, 중동, 아프리카 등에 협력사업으로 진행하여 시장을 선점할 필요가 있다. 관련 기관과 연구소, 공공과 민간기업 등 다양한 주체들의 협업체계 구축이 요구된다.

3 평가와 전망

사물인터넷과 스마트시티에 대한 평가는 우선 현재진행형이라는 것이다. 기술발전은 물론이고 그것이 구현되는 모습은 이제 막 전개되는 형국이다. 그리고 사물인터넷의 기술발전이 스마트시티의 기술발전을 선도하면서 한편으로 관련 산업의 발전을 이끌어가고 있다. 당연히 효율성과 생산성이 증가하고, 가격이 인하되고 새로운 비즈니스가 창출될 것이다. 무엇보다 삶의 질이 향상될 것이다.

그러나 부정적인 효과도 만만치 않다. IT 기술 발전의 가장 큰 그림자라고 할 수 있는 해킹과 보안 위협, 사생활 침해 문제, 시스템이 인간의 통제력을 벗어났을 때 어떤 일이 벌어질지 예측하기 어렵다는 점이다. 또한 비숙련 노동자부터 일자리가 감소할 것이다. 공유경제를 활성화하는 계기가 될 수도 있지만, 유럽 대도시의 예처럼 에어비엔비 숙박업을 하기 위해 임차인을 쫓아내는 사례는 주거안정을 침해하는 요소가 될 수도 있다는 점을 보여준다. 스마트도시에서는 에너지 시스템에 오류가 생길 경우 도시 전체가 블랙아웃될 수도 있다.

이러한 우려들을 불식시키기 위해서는 당연히 시스템에 대한 보안기술을 개발하고 잘 갖추는 것이 선행되어야 한다. 사물인터넷에 대한 기술육성은 활발히 하고 있으나 표준화는 부진한 상태이다. 혼란을 막기 위해 주파수 공동 사용 정책도 같이 추진할 필요가 있다. 기술발전 뿐만 아니라 사물인터넷 서비스의 발전 방안도 함께 모색하여야 하고, 입법도 진전되어야 한다. 스마트도시 시범지역의 조성에 대해서는 스마트도시법이 제정되어 규제완화, 지원책 등을 담고 있는데, 보편적 정책으로 가기 위한 입법이 추진되어야 한다.

무엇보다 기술발전이 유토피아를 만들어주는 것만은 아니므로 인간이 소외되지 않으면서 함께 가는 방안을 모색해야 한다.

4 학습 과제

기술발전을 위해 규제는 어느 정도로 해소되어야 하는가?
초연결사회와 자동화에 따라 모든 것이 긍정적으로 바뀔 것으로 전망하는가?
사회 전체의 생산성과 효용을 위해 나의 권리를 양보할 수 있는가?
공동체의 개념이 달라질 수 있다고 보는가?

5 더 읽어볼 만한 자료

앤서니 타운센드, 도시이론연구회 옮김, 「스마트시티, 더 나은 도시를 만들다」, MID(2019)

4차산업혁명의 총체적 모습은 우리가 생활 공간에서 스마트시티의 모습으로 구현될 것이다. 스마트도시에 대한 정확한 이해와 어렵지 않은 접근이 무엇보다도 중요할 때이다. 저자는 2002년부터 스마트시티 건설에 참여해 왔고, 무엇보다도 상암 디지털미디어시티DMC의 설계를 수행한 MIT 연구단의 일원이었다는 점에서 우리에게도 친숙하다. 스마트시티의 기술적 개념을 넘어 역사와 가치를 중시하는 접근법을 제시하고 시민참여의 중요성을 강조한 이 책은 인간 중심의 미래 도시 구현을 위한 사고의 방향을 가리키고 있다.

정동훈, 「스마트시티, 유토피아의 시작」, 넥서스BIZ(2019)

현재진행형이자 미래이기도 한 4차산업혁명은 기대와 두려움의 대상이다. 보이지 않는 기술이 우리 삶에 가져올 변화에 대해 2025년을 기준으로 그 안에 벌어질 일들을 그려보며 특히 내 생활이 어떻게 달라질 것인가를 함께 예상하며 이야기해볼 수 있도록 풀어놓은 글이다. 주거공간에서 차와 로봇, 전자기기 같은 사용 도구들 및 인공지능에 이르기까지 우리 삶의 가까운 곳에서의 미래상을 함께 그려보고, 어떻게 대처할 것인지를 고민해본다.

이종호, 「4차 산업혁명과 미래 직업」, 북카라반(2017)

4차산업혁명은 우리에게 기회이기도 하고 위기이기도 하다. 인공지능을 바탕으로 종전과는 다른 근본적 산업구조 변화에 따라 수많은 직업이 생겨나고 사라질 것이다. 특히 두려운 것은 다가올 변화를 예측하고 대비하기가 매우 어렵다는 것이다. 그럼에도 불구하고 이 책은 4차산업혁명에 대한 체계적인 접근과 이해를 통해 그 발전 방향을 예측하면서 향후 발전할 분야와 기술 및 인간이 창의력을 기반으로 직업 세계에서 살아남을 수 있는 역량을 갖추도록 안내하고 있다.

스마트팩토리와 3D 프린팅이 무엇인지 알아보자.
그들이 우리 삶에 미칠 영향을 생각해보자.
우리가 적극적으로 스마트팩토리와 3D 프린팅을 활용할 방안을 찾아보자.
관련 정책과 제도를 파악하고 의견을 제시해보자.

1

1   주요 특징과 변화동향

1.1. 3D 프린팅

(1) 3D 프린팅이란?

3D 프린팅은 3D(3 Dimension, 3차원) 도면을 바탕으로 공간상에 연속적인 계층의 물질을 뿌리면서 3차원의 물체를 만들어내는 기술로 '적층 제조 addictive manufacturing'라고도 불린다. 보통의 제조과정이 조형틀을 먼저 만들고 그 안 재료를 넣어가며 구조화시키는 것과 달리 마치 프린터가 종이에 잉크를 뿌리며 문서를 출력하듯이 다양한 재료를 분사하여 쌓아올려가면서

입체적으로 물건을 제조하는 것이 3D 프린팅의 특징이다.

3D 프린팅 기술은 1980년대부터 본격적으로 연구되기 시작하였다. 이 기술 개발의 특징은 개발자들이 서로 모른 상태에서 따로 연구한 결과가 축적되어 발전한 '무연결 집단지성unconnected collective intelligence'이라 할 수 있다. 대표적인 선구 연구자들은 척 힐Chuck Hull, 스콧 크럼프Scott Crump, 칼 데커드Carl Deckard인데, 이들은 제조업에 종사하면서 시제품Prototype을 빠르게 만들 방법을 궁리하다가 3D 프린팅 기술을 고안하기에 이르렀다. 당초 계획대로 제품이 잘 만들어지고 있는지를 검증하기 위해서는 시제품을 만들어 기능을 평가해야 하는데, 전통적인 제조 방식으로는 이 시제품의 제작에 시간과 비용을 다시 들여야 하는 문제가 있었다. 이 문제를 해결하기 위한 고민의 결과가 3D 프린팅 기술의 탄생이다.

1983년, 척 헐은 자외선을 쬐면 열 때문에 굳는 특성이 지닌 광경화성 수지photopolymer resin에 레이저를 쏘아서 원하는 부분만 교체하는 방식의 SLA(Stereolithography Apparatus, 광경화 수지 조형) 기술을 이용하여 세계 최초의 3D 프린터를 개발하였다. 그는 1986년에 3D 프린터 회사인 3D Systems를 설립하고, SLA 방식 3D 인쇄 기술에 대한 특허 출원 및 3D 프린팅 소프트웨어 STL 파일 형식도 개발하였다. 1987년, 칼 데커드Carl Deckard는 스승 조 비먼Joe Beaman은 1984년부터 개발을 시작한 SLS(Selective Laser Sintering, 선택적 레이저 소결) 방식의 3D 프린터를 생산하기 위한 회사 DTM을 설립하였고 특허를 출원하였다.

1988년에는 크럼프Crump 부부가 3D 프린터 회사 Stratasys를 설립하여 FDM(Fused Deposition Modeling, 응용 적층 조형) 기술의 특허를 출원하고 많은 종류의 3D 프린터를 개발하였다.

2010년 전후로 핵심적 특허가 만료되어 가격이 낮아지면서 개발과 생산 및 소비가 활발해지고 있다.

표 11-1 3D 프린터의 종류

SLA(Stereolithog raphy)	• 액체 기반 광경화수지 조형 방식 • 자외선 경화수지가 담긴 수조에 강한 레이저를 투사하여 경화시켜 조형을 만들어 겹겹이 쌓는 방식 • 얇고 미세한 형상 제작 가능
FDM(Fused Deposition Modeling)	• 고체 기반 응용 적층 방식 • 열가소성 재료에 열을 가하여 녹여 액체 상태로 만든 후 노즐을 거쳐 압출되는 재료를 적층하는 방식 • 크럼프가 글루건으로 장난감 개구리를 만들기 위해 시도한 것에서 출발
SLS(Selective Laser Sintering)	• 분말 기반 선택적 레이저 소결 방식 • 금속이나 플라스틱 가루 입자를 수조에 넣어 레이저로 녹인 뒤 쌓아가면서 응고시켜 입체적으로 조형하는 방식

(2) 3D 프린팅은 어디에서 쓰여지나

3D 프린팅은 모델링만 하면 빠른 시간 내 원하는 모형을 만들어낼 수 있고, 수정도 순식간에 끝나기 때문에 의료, 건축, 항공 등 모든 분야에서 혁신적 성과를 낼 수 있다.[2] 다양한 고객의 수요에 부응하기 위해 다품종소량생산이 필요한 4차 산업혁명 시대에 적합한 기술이 바로 3D 프린팅 기술이다. 초기에는 시제품 제작 용도로 사용되었으나, 기술의 발전에 따라 식품, 건설, 의류 및 부품산업과 IT 분야로까지 적용 범위가 확대되었다.

표 11-2 3D 프린팅 기술 적용 분야

개인 생산	• 개인 맞춤형 제품 • Adidas Futurecraft 3D : 맞춤형 운동화 개발 프로젝트
식품	• 각종 모양의 식품을 자유롭게 제조 • NASA의 3D Food Printer : 우주에서 먹을 음식 제조 • 3D Systems의 Chefjet : 출력 재료에 따라 초콜릿, 사과, 민트 등의 다양한 형태와 맛의 슈가 아트 출력
화장품	• 소비자 개인이 색조화장품 제조 • Mink : 소비자가 이미지 편집 프로그램으로 선호하는 색상의 고유 코드를 식별하여 프린터에 입력하면 원하는 색의 화장품을 출력
의료	• 해부실습용 인체모형 • 치아, 관절, 의수 등 인공 보철물 또는 인공장기

자동차	• Local Motors의 Crowdsourcing : 온라인으로 디자인을 공모하고 선정된 도면을 입력 후 3D 프린터로 차체 생산, 가공, 부품 조립으로 자동차 완성 저치아, 관절, 의수 등 인공 보철물 또는 인공장기 • GM의 Rapid Prototype : 3D 프린팅 신속조형기술
건축	• 건축 모형

☐ **그림 11-1** 3D 프린팅으로 만든 건물조형도[3]

(3) 3D 프린팅의 효과적인 사용

3D 프린팅을 제대로 쓰기 위해서는 적절한 프린터를 선택하고, 전체 과정을 잘 이해하여야 한다. 프린터의 선택은 용도와 예산에 맞는 것으로 필요한 출력크기, 재료 종류 및 해상도를 고려하고, 필요한 온도를 설정한다. 3D 프린팅의 과정은 ① 설계 및 모델링, ② 파링 준비, ③ 슬라이싱, ④ 프린팅으로 구성된다.

☐ **표 11-3** 3D 프린팅 과정

구분	특징
설계 및 모델링	CAD(Computer_Aided Design) 소프트웨어를 이용하여 원하는 물체의 디지털 모델을 설계
파일 준비	설계된 모델을 STL(Standard Tessellation language) 파일 형식으로 변환
슬라이싱	모델을 층별로 나누는 과정으로 프린터가 한 층씩 차례로 쌓아올려질 수 있도록 경로 생성
프린팅	슬라이싱된 파일을 3D 프린터에 전동하면 설정된 경로에 따라 재료를 쌓아올리면서 프린팅됨

3D 프린팅 기술은 다양한 소재(바이오, 고강도 합금) 개발, 대형 프린터 개발, 속도 향상, 프린터 제어 소프트웨어 개발의 방향으로 발전하고 있다. 이와 더불어 기술 표준화, 비용 절감 및 일관된 품질 보장 등이 3D 프린팅 이용 확대를 위해 해결해야 할 과제이다. 이러한 기술 발전과 도전 과제들을 해결하기 위해서는 기업의 주체적 노력만이 아니라 다양한 육성 정책이 필요하다.

중요한 육성정책으로는 연구개발 지원, 산업 인프라 구축 및 제도 정비를 우선적으로 들 수 있다. 연구개발 지원을 위해서는 연구기관 설립 및 협력 프로젝트 운영, 중소기업 연구개발 지원과 인력 교육·양성이 필요하고, 산업인프라 구축을 위해서는 우선 산업단지를 조성하여 관련 기업을 유치하고 금융과 기술 지원으로 3D프린팅 관련 장비와 소재의 국산화를 진척시키면서 기술 표준화와 제품의 안전·품질 관리 기준을 마련하는 것이 중요하다. 제도 정비 사항으로는 기술 자격과 표준 등의 필요한 규제 마련과 금융 및 세제 혜택의 근거를 수립하여야 한다.

1.2. 스마트팩토리

(1) 스마트팩토리란?

스마트팩토리(스마트공장)란 생산전략에 기반을 둔 제조여건 변화에 유연하게 대응하고, 공급망관리SCM: Supply Chain Management 통합 관점의 QCDQuality, Cost, Delivery 및 제약관리로 생산운영을 신뢰성 있게 수행하는 공장이라 할 수 있다.[4]

스마트팩토리는 생산공정, 조달물류, 서비스까지 통합을 의미하며 생산성 향상, 에너지 절감, 안전한 생산환경을 구현하여 다품종 복합생산이 가능한 유연한 생산체계 구축을 가능하게 하기 위하여 제품의 기획, 설계, 생산, 유통, 판매 등 전 과정을 IT 기술로 통합, 최소 비용 및 시간으로 고객 맞춤형 제품을 생산하는 공장을 의미한다.[5]

과거에는 하나의 공장에서 대량생산을 구축하였지만, 스마트팩토리는 ICT와 제조기술이 융합되어 제조공정의 통합을 통해 생산성 향상과 에너지

절약, 그래서 수익성 증대를 추구하는 공장으로 4차 산업혁명의 핵심으로 불리고 있다.[6]

(2) 스마트팩토리를 활용하면

스마트공장은 생산공정의 최적화, 생산품의 품질·재고관리, 생산장비의 관리, 노동생산성의 향상 등을 이룰 수 있다.[7]

☐ 표 11-4 스마트팩토리의 특징[8]

능동성	데이터에 의한 작업지시를 수행하는 특성 - 수동적 대상인 공장이 능동적 대응을 수행(일방향에서 쌍방향으로 전환) - 신규 데이터 상관성 도출, 재고감축 작업지시, 장기 재고 이적 등 판단 결과에 기반을 둔 이행 기능 수행 - 소프트웨어의 유연성에 의해 다품종 생산을 위한 제조공정의 변경이 용이
지능성	변화된 여건에 따라 스스로 판단하는 특성 - 의사결정력을 발휘하여 빅데이터 처리기술 및 인공지능기술을 활용 - 데이터 오류를 잡아내고 원하는 결과물을 도출
신뢰성	수집된 데이터의 신뢰 특성 - 생산 작업 운영에 대한 관리의 신뢰 확보 - 상태감시로 기기의 이상 예측, 실시간 데이터 기반으로 안전 문제 방지 - 작업 이상 상황에 대한 안정성, 예측가능한 작업 수행, 보장까지의 역할 수행
민첩성	실시간 처리 가능 특성 - 생산운영 체계로서의 시스템 성능(Performance) 보장 - 실시간 처리 수준의 향상, 장비와 자재의 흐름을 스스로 구성, 유연한 스케줄링 - 제조운영관리 경보조치 소요시간, 정보공유 등의 기능의 빠른 대응력 확보
연계성	유관 시스템과 연결 가능 특성 - 생산 관련 참조 데이터 영역의 확대 운영(양적·질적 확대) - 다양한 대량의 데이터를 유관 데이터 영역으로 검토해 활용 - 기능과의 연계(예: 수집·저장·가공·활용 사이클상의 CEP)

(3) 스마트팩토리가 성공하기 위해서는

스마트팩토리 추진을 가속화시키는 것으로서 다섯 가지 중요한 요인을 생각할 수 있다.[9]

① 빠르게 진화하는 기술역량

② 공급망 복잡성 증가 및 생산 수요의 글로벌 분업화

③ 예상치 못한 분야에서의 경쟁압력 증가

④ IT와 OT의 결합으로 인한

⑤ 지속적인 인재 육성

□ 표 11-5 스마트팩토리 주요 핵심기술 분야 요약[10]

IoT 및 사물통신	기존 센서에 논리, 판단, 통신, 정보저장 기능이 결합되어 데이터 처리, 자동보정, 자가진단, 의사결정기능을 수행
클라우드 기반 애플리케이션	스마트공장의 네트워크에서 취합된 데이터를 클라우드 기반 데이터 처리 및 분석을 통해 공정설계, 제조실행분석, 설비보전 등을 실행하는 애플리케이션
데이터 분석기술	제조의 전 주기를 빅데이터 심층분석을 통해 수요예측, 고객 맞춤형 설계, 심층적 피드백 반영, 라인 효율 최적화 등을 가능하게 하는 시스템. 협의로는 생산설비에서 발생하는 데이터들을 실시간 분석하여 적절한 작업이 진행될 수 있도록 하는 것
3D 프린팅	디지털 디자인 데이터를 이용, 소재를 적층하여 3차원 물체를 제도하는 기술로 사용자요구에 맞게 다종소량 제조에 적합하고, 제조사의 전체 비용 절감효과 기대
VR/AR	가상현실(VR: Virtual Reality)·증강현실(AR:Augmented Reality) 기술은 차세대 컴퓨팅 플랫폼 기술로써 기존 ICT시장을 크게 변화시키고 신규시장을 창출할 수 있는 파괴적 기술(destructive technique)임

2 관련 정책과 제도

1. 법제화

1-1. 3D 프린팅의 법제화

3D 프린터 관련 산업을 규율하는 법률로 「삼차원프린팅산업 진흥법」(약칭: 삼차원프린팅법)이 2015년 12월 22일 제정되어, 2016년 12월 23일부터 시행되고 있다. 이어서 법률 위임사항 및 시행을 위해 필요한 세부사항을 규정한 시행령, 시행규칙 및 하위 고시도 제정되어 법령체계가 완비되었다.

□ 표 11-6 삼차원프린팅법령 체계

구분	주요내용
법률	삼차원프린팅산업 진흥법(약칭 : 삼차원프린팅법)
대통령령	삼차원프린팅산업 진흥법 시행령
부령	삼차원프린팅산업 진흥법 시행규칙
고시(지침)	삼차원프린팅서비스사업의 신고 등에 관한 규정
	삼차원프린팅서비스 안전교육 위탁 및 운영 등에 관한 규정
	삼차원프린팅제품의 안전한 이용을 위한 지침

삼차원프린팅법령의 주요 내용은 삼차원프린팅산업의 진흥 추진 기반, 산업기반 및 이용자보호라는 3개 축으로 구성된다.

□ 표 11-7 삼차원프린팅법령 주요내용

구분	내용
진흥추진 기반	• 삼차원프린팅산업 진흥·육성을 위한 기본계획·시행계획의 수립·시행 • 산업진흥 정책 추진을 위한 전담기관 지정·운영
산업기반 조성	• 산업육성을 위한 전문인력 양성, 기술 개발 및 표준화 추진, 시범사업 실시 • 삼차원프린팅 기술 등에 대한 품질인증 실시, 품질인증 기관 지정 • 삼차원프린팅 관련 창업 활동 등의 효율적 추진을 위한 종합지원센터 지정
이용자 보호	• 3D프린팅 기술의 순기능 증진 및 역기능 사전예방을 위한 서비스사업자 신고제 및 불법 물품제조생산 금지의 준수의무 부과 • 안전한 작업환경 조성을 위한 안전교육 의무화, 이용자 보호 지침 마련

특히 삼차원프린팅법은 3D 프린팅에 대한 법적 정의를 규정하고 있다.

□ 표 11-8 삼차원프린팅법에 따른 주요 정의

구분	내용
삼차원프린팅	삼차원형상을 구현하기 위한 전자적 정보(이하 "삼차원 도면"이라 한다)를 자동화된 출력장치를 통하여 입체화하는 활동
삼차원프린팅산업	삼차원프린팅과 관련된 장비·소재·소프트웨어·콘텐츠 등을 개발·제작·생산 또는 유통하거나 이에 관련된 서비스를 제공하는 산업

삼차원프린팅사업	삼차원프린팅산업과 관련된 경제활동
삼차원프린팅서비스사업	삼차원프린팅사업 중 이용자와 공급계약을 체결하고 이용자를 위한 삼차원프린팅을 업으로 하는 것
이용자	차원프린팅 장비·소재·소프트웨어·콘텐츠를 사용하거나 이를 이용한 서비스를 제공받는 자

2-2. 스마트팩토리의 법제화

스마트팩토리 지원에 관한 법으로 「스마트제조혁신법」이 2023년 1월 제정되어 같은 해 7월부터 시행중이다.

이어서 법률 위임사항 및 시행을 위해 필요한 세부사항을 규정한 시행령, 시행규칙 및 고시 등 하위규범도 제정되어 법령체계가 완비되었다.

■ 표 11-9 스마트제조혁신법령

구분	주요내용
법률	중소기업 스마트제조혁신 촉진에 관한 법률(약칭 : 스마트제조혁신법)
대통령령	중소기업 스마트제조혁신 촉진에 관한 법률 시행령
부령	중소기업 스마트제조혁신 촉진에 관한 법률 시행규칙
고시	중소기업 스마트제조혁신 제원사업 등에 관한 고시

스마트제조혁신법의 입법 목적은 중소제조기업의 스마트제조혁신 촉진 지원을 위한 법적 근거를 마련하여 중소기업의 생산성을 향상하고 국가경쟁력을 강화하기 위함이다. 이 법의 주요내용은 ① 중소제조업 디지털 전환 정책 추진체계, ② "스마트공장" 구축 등 세부 지원정책 규정, ③ 부정행위자 제재 등 정책 이행관리에 관한 사항 등이다.

□ 표 11-10 스마트제조혁신법의 주요내용〉

구분	내용
스마트제조혁신의 정의	중소기업의 제조경쟁력 향상을 위하여 정보통신기술, 인공지능 등을 융합하여 제품개발, 제조공정, 유통관리, 기업경영방식 등을 개선하는 활동
스마트제조혁신 기본계획 수립	기본계획 수립·시행(5년), 추진기관 지정, 실태조사 및 통계 작성
제조 분야 디지털 전환 기반 조성	표준 보급·확산, 보안 강화, 전문인력 양성 및 공급, 교육 및 홍보, 근로환경 개선, 우수기업 선정·지원, 금융지원

스마트제조혁신법은 스마트팩토리에 관련 법적 정의를 규정하고 있다.

□ 표 11-11 스마트제조혁신법에 따른 주요 정의

구분	내용
스마트제조혁신	중소기업의 제조경쟁력 향상을 위하여 정보통신기술, 인공지능 등을 융합하여 제품개발, 제조공정, 유통관리, 기업경영방식 등을 개선하는 활동
제조데이터	제품의 기획·설계·제조 등 제조과정과 제품의 유통, 마케팅, 유지·관리 등의 과정에서 기업이 생산, 보유, 활용하는 데이터
스마트공장	제조데이터에 기반하여 제품의 제조과정을 제어하고 개선하여 나가는 지능형 공장
제조데이터 플랫폼	제조데이터의 생산·수집, 가공·분석, 공유·유통 등의 업무를 수행하기 위한 데이터베이스 및 시스템
디지털 클러스터	가치사슬이 밀접하거나 공통의 목적 또는 이해관계를 갖는 기업 등이 상호연계와 협력을 위하여 업종과 지역의 구분 없이 디지털 기술을 활용하여 형성한 협업체

2. 육성 정책

2-1. 3D 프린팅 육성 정책

☐ 표 11-12 주요국의 스마트정책 비교

구분	주요 정책	세부 내용
미국	정부지원 민간협력 프로그램	• 연구개발 및 상용화 지원 • 국방부, NASA의 프로토타입 개발 • 항공우주, 자동차, 의료 분야 활용
유럽	Horizon 2020 프로그램	• 혁신 프로젝트 자금 지원 • 지속 가능한 기술 개발 • 기술 표준화
일본	기술 융합 산업 지원	• 로봇, AI와 융합한 새로운 비즈니스 모델 창출 • 중소기업에 3D 프린팅 기술 도입 지원 및 관련 교육 프로그램 운영
중국	국가전략산업으로 지정	• 대규모 투자 및 연구 개발 지원 • 기술 상용화 촉진 위한 인센티브 제공
한국	3D 프린팅 제조혁신 실증 지원 사업 시행	• 기업 경쟁력 강화 • 인력 양성 및 기술 개발 지원

2-2. 스마트팩토리 육성 정책

☐ 표 11-13 주요국의 스마트 팩토리 정책 비교[11]

구분	주요 정책	세부 내용
독일	Industry 4.0	인공지능, 로봇공학, 센서, 빅데이터, 사물인터넷 등 혁신 기술을 기반으로 CPS 시스템 구축, 스마트 생산 체제로의 전환
	Platform Industry 4.0	• 제조 프로세스의 정교한 디지털화 전략, 데이터의 보안 및 유지 관리, 표준화, 인적자원 관리, 중고중견기업(히든 챔피언)의 활발한 참여 유도 • 법인세율 인하(39% ⇒ 29%), 고용보험료율(6.5% ⇒ 3.3%)
	Agenda 2010	제조업 관련 직업교육의 효율성 극대화
미국	국가 첨단제조업 전략 계획	• 제조업에 대한 세율 조정 및 첨단제조기업에 대한 세제지원 확대 • 통상무역정책 강화를 위한 기구 설치(범부처통상강화센터 설치)

		• '첨단제조파트너십 조정위원회', '국가제조업혁신 네트워크'구축
	제조업 확장 파트너십 구축	• 중소기업에 대한 맞춤형 서비스 제공 • 생산공정 개선 및 제품혁신 촉진
	제조업 증강법 제정	• 수출기업 지원, 아웃소싱 기업 세금 감면 혜택 • 법인세 최고세율 인하(35% ⇒ 25%) • 국내생산 공제법 제정, 미국 현지생산 제조기업 세금 공제 혜택
일본	일본제흥전략	• 국가전략특구를 지정하여 각 주요 지역을 선정, 국가 전략특구를 지정하여 성장 전략 실행 구체화 • 설비투자와 R&D, 인재 육성 등 미래 투자를 통한 생산성 혁신 실현, 지역별 아베노믹스 제시
	제조백서 발행	1999년 「제조 기반 기술 진흥 기본법」 제8조 근거, 제조 기반 기술 진흥시책 보고서 매년 발행
	과학기술 이노베이션 전략 2015	• 핵심 기술 선정, 기초연구~실용화 및 사업화까지 연계되는 로드맵 구상, 전략 시장 창출 • '전략적 혁신 창조 프로그램', '혁신적 연구개발지원 프로그램' 실행 • 새로운 혁신 제조 시스템 도입, 제품 기획-설계-생산-유지-보수의 모든 과정을 IT로 연결하여 자원 조달, 재고 관리, 사용자 정보 관리 등 모든 데이터 네트워크 플랫폼으로 구축
중국	중국제조 2025	• 1단계(2015~2025년): 제조 강국 대열 진입, 공업과 IT 융합을 통해 제조업의 디지털 고도화 추진 • 2단계(2026~2035년): 글로벌 제조 강국 내 중간 수준으로 도약 • 3단계(2036~2045년): 글로벌 제조업 선도국가 목표 • '혁신 능력','질적 성장','IT 제조업 융합','친환경 성장' 목표 설정, 구체적인 세부 목표도 설정
한국	스마트 제조 혁신 비전 2025	• 스마트공장 보급목표를 2025년 3만 개로 설정 • 2025년까지 스마트공장을 고도화, 스마트공장 기반기술 역량의 확보, 스마트공장 보급 확산을 위한 시장 창출, 해외시장 진출 위한 협의체 구축
	중소기업 스마트 제조 혁신 전략	• 공장 혁신, 산단 혁신, 일터 혁신, 혁신 기반 4개 전략 기반 제조업 전반의 스마트 혁신 추진 • 6.6만 개 일자리 창출, 18조 원의 매출 • 산재 감소, 근로시간 단축, 유연근무제 확산

3 평가와 전망

1. 평가

1.1 3D 프린팅에 대한 평가

☐ 표 11-14 3D프린팅의 주요 장·단점[12]

장점	단점
시제품의 제작비용 및 시간 절감	조형 속도가 느리고 규모가 큰 프린팅의 한계
다품종 소량생산에 유리	소재의 다양성에 한계가 있음
시제품의 제작비용 절감	재료비의 가격이 비쌈
공정간소화로 인건비와 조립비용 절감	소재와 공정에 대한 표준이 정립되어 있지 않음

2.2. 스마트팩토리에 대한 평가

☐ 표 11-15 스마트팩토리의 주요 장·단점[13]

장점	단점
생산과정 최적화로 효율성 향상	초기 투자 비용 높음
비용 절감 및 자원 낭비 최소화	기술 의존도가 높아짐에 따라 기술적 문제나 시스템 오류 발생의 위험성 증가
제품 모니터링으로 품질 향상	대기업과 중소기업 간 기술 격차
수요 변동에 신속하게 대응 및 맞춤 생산 가능	전문 운영인력 부족으로 지속적인 운영이 어려울 수도 있고, 계속적인 교육이 필요함
실시간 데이터 수집 및 분석	사이버 공격 노출 가능성

2. 전망

2.1. 3D 프린팅의 전망

2023년 전 세계 3D 프린팅 시장 규모는 223억 9천만 달러로 평가되었습니다. 시장은 2024년 275억 2천만 달러에서 2032년까지 1,502억 달러로 성장하여 예측 기간 동안 CAGR 23.6%를 나타낼 것으로 예상된다.[14] 전세계 3D 프린팅 시장은 지속적인 성장세를 보이고 있으며, 헬스케어 분야에서의 응용은 특히 두드러진 성장을 보이고 있다. 개별 환자에게 맞춤형으로 보형물, 인공관절, 임플란트 등을 제공할 수 있어 의료의 질 향상에 기여할 것으로 본다. 3D 프린팅으로 개인화된 시뮬레이터를 만들어 정밀한 수술 계획 하에 실행함으로써 정확도 향상과 시간 단축을 기대할 수 있다. 바이오 3D 프린팅은 세포가 포함된 바이오 잉크를 3D 프린터에 넣어서 조직과 기관을 제작하는 것으로, 자동화 구축이 용이하고 정밀한 조직과 장기를 제작할 수 있어 질병 모델링, 신약 발견, 재생 의학 등의 분야에 적용되는 유용한 기술이다.[15]

☐ **그림 11-2** 전세계 3D 프린팅 시장과 헬스케어 분야 사용 전망[16]

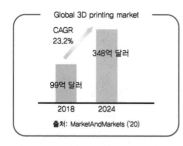

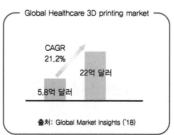

2.2. 스마트팩토리의 전망

글로벌 스마트팩토리 시장 규모는 2025년 3,845억 달러, 2035년 12,385억 달러로 성장할 것으로 전망되며, 국내 시장 규모는 2025년 21.9조 원, 2035년 68.6조 원으로 성장할 것으로 예상된다.[17] 인공지능, 빅데이터, 로봇, 디지털트윈 등과 결합하여 스마트팩토리는 더 정교해지고 효율성이 극대화될 것이다. 사람보다는 데이터에 기반한 의사결정의 비중이 높아질 것이며 더 많은 기업들이 참여하게 될 것이다. 소비자 편익이 증가하면서도 기술적 한계, 개인정보와 노동권 침해 등의 이슈 등의 난제가 끊임없이 제기될 것이며, 결국은 이것을 극복하는 기업이 최후의 승자가 될 것이다.

4 학습과제

1. 3D 프린팅은 편리함과 위험성 사이에서 우리에게 적지 않은 고민거리를 던져주고 있다. 속도와 비용절감의 편리성을 주는 한편, 일자리 감소, 안전성 및 윤리성의 문제들을 일으키고 있다. 이러한 문제점들을 종합적으로 논의한 후 과연 우리는 어떤 선택을 해야 할 것인지 이야기해보자.

2. 스마트팩토리는 대량의 정보를 수집·이용함에 따라 민감한 개인정보의 침해 가능성을 내포하고 있다. 인공지능과 빅데이터 이용이 활성화됨에 따라 그 가능성은 더 커질 수밖에 없는데, 이에 대한 우리의 대응은 어떠한 방향에서 마련되어야 할 것인가?

5 더 읽어볼 만한 자료

엘리시 코크 지음, 정이영 옮김, 「상상을 현실로 만드는 3D 프린팅」, 다른 (2019)

청소년을 대상으로 한 입문서로서 3D 프린팅의 역사, 원리 및 활용 분야를 살펴보고 향후의 영향 특히 제조업과 더 나아가 인류의 삶을 어떻게 변화시킬 것인지를 전망하였다. 또한 3D 프린팅 기술의 혁신과 부작용을 함께 살펴봄으로써 균형잡힌 시각을 갖추고자 노력하였다. 3D 프린팅이 말벌의 집짓는 방식에서 영감을 얻어 탄생했다는 점에서 출발하는 도입부터 흥미롭다.의 명과 암을 다양한 측면에서 살펴보는 데 도움을 줄 것이다. 쉬우면서도 다양한 정보를 소개한다는 점에서 접근성과 유용성이 높다고 할 수 있다.

박준희 외, 「스마트 팩토리: 미래 제조 혁신」, 율곡출판사(2023)

이 책은 디지털 제조분야의 학계, 연구계, 기업계 전문가들의 경험과 식견을 모아 우리나라 스마트 팩토리 산업 발전을 위한 방향을 제시하기 위해 한국전자통신연구원(ETRI)이 기획하였다. 제4차 산업혁명과 글로벌 공급망 위기에서 미래 제조업이 국가의 경쟁력과 지속적 성장을 견인할 것으로 전망하고, ICT와 제조 기술을 융합한 스마트 팩토리를 기반으로 미래 제조 혁신을 위한 비전과 구체적 실천 방향을 제시하였다. 총 3부로 구성되었는데, 제1부(혁신과 전략)에서는 스마트 팩토리의 발전 현황과 국내외 정책, 기술개발에 대해 살펴보고, 제2부(미래 비전과 진화 방향)에서는 인공지능과 융합된 미래 제조가 변화시킬 산업과, 인간과 로봇이 협업하는 자율공장에 대해 다루었다. 마지막 제3부(기술과 인프라)에서는 스마트 팩토리를 구성하는 기술과 인프라를 사례를 들어 설명한다 룬스마트 팩토리의 미래 비전과 진화 방향에 대하여 살펴보았다. 이론과 사례 및 미래비전이 함께 어우러져 종합적으로 고찰할 수 있다는 점이 특징이다.

김용의 · 박봉철, 「4차산업혁명시대의 사회적 변화와 대응 방안」, 박영사(2022)

4차산업혁명이라는 단어가 내포하고 있는 엄청난 기술적·사회적 변화를 화두로 하여 그 근원이 되는 이론과 실제를 과학적, 공학적, 사회학적, 경영학적 그리고 법학적 관점에서 살펴보고, 융합적 관점에서 풀어나가고자 하였다. 다양한 전공자들이 나름의 시각에서 접근할 수 있다는 장점이 있다.

생명공학의 세기는 파우스트의 거래와 같은 형태로 우리에게 다가오고 있다. 우리 앞에서 거대한 진보와 희망으로 가득 한 밝은 미래가 우리를 유혹하고 있다. 그러나 이 <놀라운 신세계>로 발걸음을 옮길 때마다 <우리가 치러야 할 대가는?>이라는 질문이 항상 괴롭히며 따라다닌다. 생명공학의 세기에 수반되는 위험 부담은 그 혜택이 매력적인 만큼이나 불길하다. 이러한 생명공학의 양면적 측면과 씨름하면서 우리는 나름대로 스스로를 시험하게 될 것이다.

제레미 리프킨^{Jeremy Rifkin}, 바이오테크 시대(The Biotech Century)

첨단생명공학에 관해서는 인간의 건강을 증진하고, 수명을 연장함으로써, 삶의 질을 드라마틱하게 개선할 수 있다는 낙관론도 있지만, 인간과 생명을 조작하는 기술이 새로운 디스토피아를 초래할 것이라는 비관론도 있다. 이 강에서는 새롭게 등장한 첨단생명공학의 주요 내용을 살펴보고, 그 윤리적, 법적 함의를 살펴보도록 한다.

1 첨단생명공학의 의의와 현황

1.1. 첨단생명공학이란 무엇인가

(1) 첨단생명공학의 의의를 알아보자

첨단생명공학^{Biotechnology}, 즉 BT는 바이오 기술, 생물공학, 의생명과학이라고도 번역되는데, 생물학^{Biology}과 기술^{Technology}이 결합된 용어이다. 이

용어는 헝가리 기술자인 칼 에레키Karl Ereky에 의해 1919년에 처음 사용되었다고 알려져 있다.[1]

생명공학은 넓은 의미로는 동물, 식물, 미생물 등 생명체에 대한 연구를 통해 얻은 지식을 바탕으로 생명체의 고유한 능력을 활용하여 인간의 삶에 유용하게 쓰일 수 있는 물품을 만드는 기술 분야라고 정의할 수 있다. 이러한 넓은 의미의 생명공학은 빵이나 맥주를 만들기 위해 미생물을 활용하거나 동물이나 식물의 품종개량을 하는 등 오랜 기간 동안 인간 문명의 한 축을 이루고 있었다.

▢ 그림 12-1 DNA와 RNA

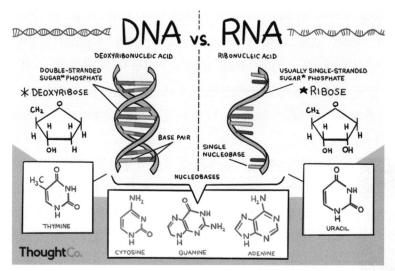

그런데 20세기 이후 유전학genetics, 분자생물학molecular biology 등의 놀라운 발달에 힘입어 과거와는 다른 새로운 첨단생명공학이 발달하게 되었다. 1953년 왓슨과 크릭이 DNA 이중나선 구조를 발견한 이후 생명과학은 놀랍게 발전했다. 2003년 인간게놈프로젝트HGP: human genome project의 완성은 새로운 첨단생명공학에 대한 사회적 기대를 높이는데 크게 기여하기도 하였다. 유전학과 분자생물학의 발달은 DNA와 RNA를 원하는 부위에서 자를 수 있는 기술, 원하는 염기 서열을 가진 DNA와 RNA를 만들 수 있는 기술,

짧은 시간 내에 방대한 유전정보를 읽어 내고 해독할 수 있는 고성능 컴퓨터와 수학적 방법론, 반도체 생산 기술을 응용하여 극소량의 검체로도 유전정보를 분석할 수 있는 DNA칩의 개발 등을 가능하게 하였고, 오늘날에는 한 생명체의 유전정보를 모두 읽어 해독해 내는 것은 물론 이를 바꾸는 것도 가능해졌다.

1970년대 등장한 '유전공학genetic engineering'은 이러한 기술을 산업적으로 응용하여 우리가 원하는 형질을 가진 생명체를 만들어 내고자 하는 시도를 의미한다. 유전공학을 통해 인간 유전자를 삽입하여 인슐린을 생산하는 효모, 줄기에는 토마토가 열리고 뿌리에는 감자가 열리는 신종 식물, 인간 유전자를 지닌 질병 모델 동물 등의 생산이 가능해졌다. 의학 영역에서 1970년대 개발된 인슐린은 유전자 재조합 기술로 만들어진 의약품으로서 당뇨병 치료를 위한 획기적인 계기를 제공함으로써 유전공학의 유용성을 널리 알리게 되었다. 1990년대에는 유전자 치료법이 개발되었고 유전자 검사를 통해 질병을 조기 진단하는 것은 물론 질병 소인을 찾아내어 예방하고, 개인의 체질에 맞는 약물을 처방하는 등 소위 '맞춤의료'를 향한 길이 열렸다.[2]

▲ 복제인간을 다룬 영화 아일랜드

1997년 복제양 돌리의 탄생은 생명과학 분야에 새로운 가능성을 열어 주었다. 어떤 동물에서 유전자 조작을 통해 유전 형질을 우리가 원하는 것으로 바꾼다고 해도, 그 형질은 해당 동물의 한 세대만으로 그친다는 단점이 있었다. 번식을 위해 이 동물을 교배한다면 그 유전 형질이 후손에게까지 전달된다는 것을 보증할 수 없었기 때문이다. 그러나 체세포 복제 기술로 돌리가 태어남으로써 교배를 하지 않고도 동일한 형질을 지닌 동물 개체를 우리가 원하는 숫자만큼 '생산'할 수 있는 길이 열린 것이다. 2010년 인공적으로 합성세포 생명체를 만드는 합성생물학 연구가 성공하여, 첨단생명공학의 새로운 지평을 열기도 하였다.

(2) 첨단생명공학의 적용 분야

첨단생명공학은 크게 레드바이오Red Bio, 그린바이오Green Bio, 화이트바이오White Bio로 구분할 수 있다. 레드바이오는 의료 및 의약품 분야를 의미하고, 그린바이오는 농업 및 식품 분야 그리고 화이트바이오는 에너지, 화학, 환경 분야에 적용되는 첨단생명공학을 의미한다. 사회적으로는 레드바이오 분야가 첨단생명공학의 대표적인 분야로 잘 알려지기는 했지만, 실제 산업이나 경제적인 측면에서는 그린바이오와 화이트바이오가 더 큰 비중을 차지하고 있다. 레드바이오가 널리 알려진 이유로는 사람의 인체와 건강을 직접 대상으로 하기 때문에, 모든 사람들의 일상적인 관심사가 될 수밖에 없고 따라서 이에 대한 사회적 민감도도 높기 때문이다.

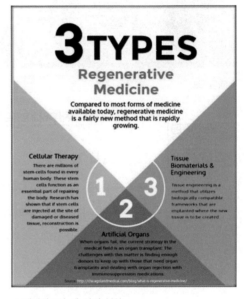

▲ 재생의료의 세 가지 분야

21세기 레드바이오 분야 즉, 의료 및 의약품 분야에서 가장 주목받는 트렌드로 들 수 있는 것은 재생의료regenerative medicine와 정밀의료precision medicine 분야이다. 재생의료는 21세기 의학의 또 다른 화두이다. 재생의료는 사람의 신체 구조 또는 기능을 재생, 회복 또는 형성하거나, 질병을 치료 또는 예방하기 위하여 시행하는 세포치료, 유전자치료, 조직공학치료를 망라하는 개념이다.[3] 이는 병이 들거나 손상된 조직이나 부위를 줄기세포 등을 가지고 재생, 또는 대치시키고자 하는 시도다. 백혈병 환자에게서 암이 된 혈액 세포를 방사선과 항암제를 이용하여 모두 제거한 다음 다른 사람의 골수 줄기세포를 이식하여 치료하는 '세포치료'가 재생의료의 시작이라고 할 수 있는데, 최근에는 이와 같은 성체 줄기세포 외에도 배아, 또는 탯줄로부터 얻은 줄기세포를 이용하여 손상을 입은 조직을 대치하고자 하는 연구, 유전자치료, 조직공학치료, 바이오 이종장기 등 다양한 재생의료가 시행되고 있다.

정밀의료는 과거에는 맞춤의료라고 불렸던 것으로, 유전자 검사 등을 통해 환자의 유전 정보과 소질을 정확하게 분석, 진단하고 그에 맞추어 치료

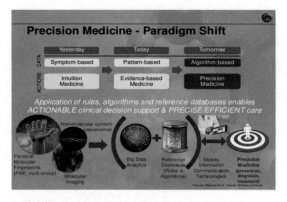

▲ 정밀의료

를 행하는 것을 의미한다.[4] 정밀의료가 실질적으로 행해지기 위해서는 환자 개인의 유전 정보를 분석, 진단하는 것을 넘어서 다른 환자나 정상인의 유전 정보와도 실질적인 비교 분석을 할 수 있어야 한다. 그래서 정밀의료는 빅데이터 분석 등 정보기술과도 밀접한 관련을 맺고 있다.

1.2. 첨단생명공학의 현재 모습은 어떨까

(1) 줄기세포

정자와 난자가 수정하여 수정란fertilized egg을 형성하면 수정란은 바로 분열을 시작하여 여러 개의 세포로 이뤄진 덩어리가 된다. 수정 후 4~5일째가 되면 상실배는 두 층으로 분리되어 내부에서 덩어리를 이루는 내세포 덩어리inner cell mass와 바깥쪽에서 이를 둘러싸는 영양세포로 나뉜다. 이 단계를 배반포blastocyst라고 부른다. 배반포 단계에서 내세포 덩어리를 꺼내어 배양 접시 위에 올려놓고 세포 배양기에서 잘 배양하면, 죽지 않고 계속 분열하는 전분화능pluri - potent을 가진 '줄기세포stem cell'가 된다. 이 줄기세포는 배아에서 유래했기 때문에 '배아 줄기세포embryonic stem cell'라고 부른다. 전분화능이라는 것은 신경, 혈관, 근육 등 인체를 이루는 거의 모든 세포와 조직으로 분화될 수 있는 가능성을 가졌다는 뜻이다.[5]

줄기세포에는 이런 전분화능을 가진 줄기세포 이외에도 특정한 세포와 조직으로만 분화 가능한 성체 줄기세포adult stem cell도 있다. 골수 이식이나 조혈모세포 이식 등은 성체 줄기세포를 이용한 치료로서 잘 알려진 것이다.

최근에는 피부 등 체세포에 유전자를 집어넣어 역분화를 일으켜 줄기세포를 만드는 유도 전분화능 줄기세포induced pluri - potent stem cell: iPSc에 대한 연구가 활발하다. 이 유도 전분화능 줄기세포는 배아를 활용하지 않고도 전분화능 줄기세포를 만들 수 있기 때문에 생명윤리 논란을 피할 수 있는 대안으로 여겨지고 있다.

□ 그림 12-2 배아줄기세포

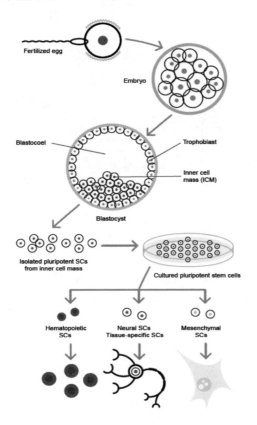

줄기세포는 먼저 미래 '재생의료regenerative medicine'의 실현 가능성을 보여 준다. 줄기세포는 원하는 세포나 조직으로 분화할 수 있기 때문에 병이들거나 죽은 조직에 투입하면 그 조직을 되살릴 수 있다. 이와 같은 치료를세포치료cell therapy라고 부른다. 예컨대 심근경색증처럼 심장 근육에 산소가제대로 공급되지 않아 죽은 조직에 심근세포로 분화되는 줄기세포를 심어주거나, 도파민 분비 세포가 못쓰게 된 파킨슨병 환자에게 이 세포로 분화되는 줄기세포를 넣어 주면 병이 치료되는 것이다.

□ 그림 12 - 3 성체줄기세포

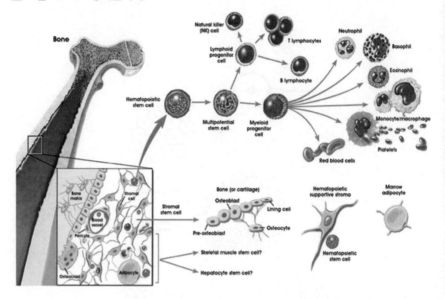

이렇게 직접 치료용으로 사용하는 것 외에도 줄기세포는 신약 후보 물
질을 시험하는 효과적인 인체 대체 모델로도 가치가 있다. 여러 갈래로 분
화할 수 있는 줄기세포에 새로운 약물 후보 물질을 넣어 그 작용을 살펴보
면 신약의 개발 기간을 대폭 단축할 수 있다. 또 줄기세포를 가지고 다양한
세포와 조직으로 어떻게 분화하는지를 살펴보면 암 등의 질병이 어떻게 발
생하는지에 대한 실마리를 찾을 수 있다.[6]

(2) 유전자 치료

만약 어떤 질병이 유전자의 변이로 인해 일어난다면 문제가 되는 유전
자를 바꿔 줌으로써 치료할 수도 있을 것이다. 1990년 미국에서는 아데노
신 디아미네이즈ADA라는 효소를 만드는 유전자의 결핍으로 심한 선천성 면
역결핍증에 걸린 소녀로부터 T림프구를 추출한 후, ADA 유전자를 이 림프
구에 넣어 환자의 혈액 속에 다시 주입한 결과 면역 기능을 회복시킬 수 있
었다. 이와 같이 질병의 예방이나 치료를 위해 유전적 변이를 일으키는 행
위를 유전자 치료gene therapy라고 한다.

유전자 치료에는 목표가 되는 세포를 추출해서 특정 유전자를 넣은 다음 이 세포를 다시 주입하는 '체외ex-vivo' 유전자 치료와 목표가 되는 조직에 특정 유전자를 바로 주입해서 치료 효과를 노리는 '체내in-vivo' 유전자 치료가 있다. 암이나 후천성 면역결핍증AIDS, 그리고 단일 유전자 질환 등이 현재 유전자 치료의 주된 목표다.[7]

최근에는 동식물 DNA부위를 자르는데 사용하는 인공 효소로 유전자의 잘못된 부분을 제거해 문제를 해결하는 유전자 편집Genome Editing 기술을 이용한 유전자치료법이 개발되고 있다. 유전자 가위라고도 불리는 이 기술은 손상된 DNA를 잘라내고 정상 DNA로 갈아 끼우는 기술을 말하는데, 최근 3세대 유전자가위인 크리스퍼CRISPER가 개발되었다. 크리스퍼 유전자 가위 기술은 유전자 편집의 대상이 되는 DNA의 상보적 염기를 지니는 RNA를 지닌 크리스퍼가 표적 유전자를 찾아가서 '카스9'라는 효소를 이용하여 DNA 염기서열을 잘라내는 방식으로 작동한다.

☐ 그림 12-4

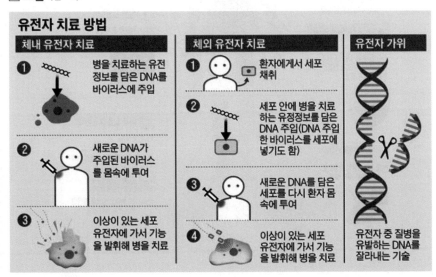

유전자 치료 방법

체내 유전자 치료	체외 유전자 치료	유전자 가위
❶ 병을 치료하는 유전정보를 담은 DNA를 바이러스에 주입	❶ 환자에게서 세포 채취	유전자 중 질병을 유발하는 DNA를 잘라내는 기술
❷ 새로운 DNA가 주입된 바이러스를 몸속에 투여	❷ 세포 안에 병을 치료하는 유정정보를 담은 DNA 주입(DNA 주입한 바이러스를 세포에 넣기도 함)	
❸ 이상이 있는 세포 유전자에 가서 기능을 발휘해 병을 치료	❸ 새로운 DNA를 담은 세포를 다시 환자 몸속에 투여	
	❹ 이상이 있는 세포 유전자에 가서 기능을 발휘해 병을 치료	

(3) 바이오 인공장기

질병으로 장기가 못쓰게 되어 장기 이식을 기다리는 사람의 수는 점점 늘어나고 있지만, 장기 기증자의 수는 생체나 사체 기증자를 막론하고 이에 비해 언제나 크게 부족하다. 그러므로 이러한 문제를 해결하기 위해 첨단생명공학을 사용하여 인공적으로 장기나 조직을 만들려는 연구 개발이 활발한데 이를 바이오 인공장기라고 한다.

□ 그림 12-5 세포 기반 인공장기 국내외 기술 동향

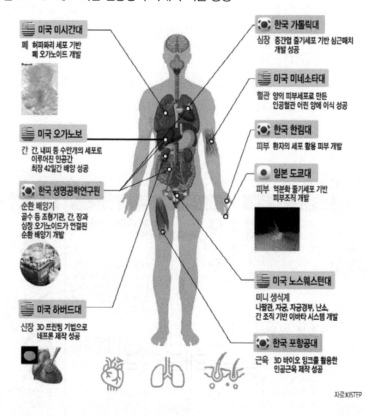

바이오 인공장기의 종류로는 줄기세포를 이용하여 인간의 특정한 장기나 조직으로 분화시키거나 세포를 3D 프린터의 잉크로 이용하여 특정한 장기나 조직을 만드는 오가노이드organoid 방식과, 동물의 장기를 변형시켜 인

간에게 거부 반응을 일으키지 않는 장기를 만들어 이식하려는 '이종이식 xenotransplantation' 방식 등이 있다. 이종이식 분야에서는 1960년대부터 바분 원숭이의 심장을 사람에게 이식하는 실험이 시도되었고, 오늘날에는 돼지가 인간에게 적합한 장기나 조직의 공여 동물로서 관심의 대상이 되고 있다.[8]

(4) 유전자 검사

유전자 검사genetic test는 질병의 진단 및 치료, 예후의 판정, 의학 연구 및 신원 확인 등의 목적으로 사람의 유전자를 검사하는 것을 의미한다. 예전에는 유전자의 이상이나 결손 여부를 알기 위해서는 염색체 검사를 해야 했지만, 요즘은 DNA 염기 서열 분석 방법이 발달하여 적은 비용으로 손쉽게 유전자 검사를 할 수 있게 되었다. 최근에는 유전자 검사 기법의 효율성이 높아지게 되어 질병 치료와는 관계없이 상업적으로 유전자 검사를 하는 기업들이 늘어나게 되었다. 이를 DTC(Direct to Consumer, 소비자 의뢰) 유전자 검사라고 부른다.

▢ 그림 12-6 DTC 유전자 검사 회사 23andMe

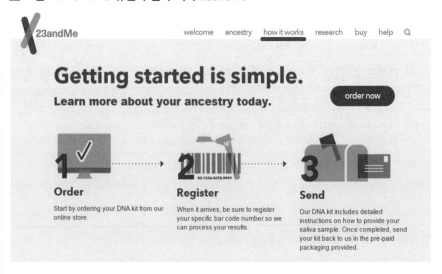

유전자 검사에는 이 외에도 자궁에 착상하기 전에 원하지 않는 유전 형질을 가진 배아를 제외하기 위해 시행하는 착상 전 유전자 검사pre-implantation genetic diagnosis: PIGD와 양수 천자 등을 사용해서 자궁에 있는 태아의 유전자 검사를 하는 산전 유전자 검사prenatal genetic diagnosis: PNGD도 있다. 착상 전 유전자 검사를 한 뒤에는 이상이 없는 배아만을 골라 자궁에 착상을 시도하게 된다. 때로는 부모가 원하는 특정 유전 형질을 가진 배아만을 선택해서 착상하기도 하는데, 그 대표적인 예가 2000년 8월 신장병의 일종인 판코니 증후군을 앓고 있는 누나에게 골수를 이식하기 위해 선별적으로 태어난 '아담'이라는 남자 아기다. 이러한 아기를 소위 '맞춤 아기designer baby'라고 부르기도 하는데, 이러한 시술은 윤리적 논란을 많이 일으켰다.

(5) 스마트 헬스케어

최근에는 급속도로 발달한 첨단생명공학과 유전공학의 성과를 정보통신 기술ICT와 결합하여 건강을 관리하고 예방하며 질병을 치료하는 새로운 형태의 헬스케어 서비스가 주목을 받고 있다. 이런 헬스케어 서비스를 통칭해서 스마트 헬스케어라고 부르는데, 이에는 정보통신 기술을 활용한 건강관리를 할 수 있는 디지털 헬스케어, 모바일 헬스케어 등과 ICT 기술을 이용하여 원격으로 질병 치료와 상담을 할 수 있는 원격 의료, 인공지능을 질병의 진단에 이용하는 인공지능 의사, 지능형 로봇을 이용한 수술과 재활을 하는 의료 로봇 분야 등 다양한 분야가 해당된다.

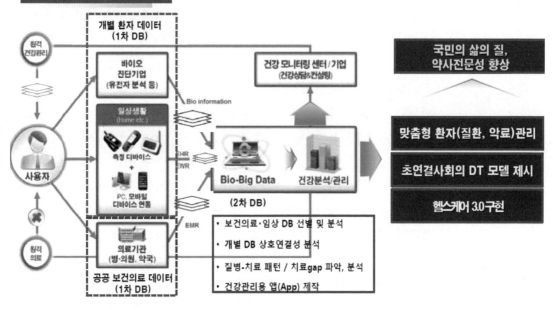

1.3. 첨단생명공학은 앞으로 어떻게 될까

첨단생명공학, 특히 레드 바이오는 과거와는 다른 새로운 패러다임을 형성하고 있다. 과거에는 외과적 질병에 걸리면 보통 수술을 통해 제거하는 방법을 사용하였기 때문에 수술 후에도 일상생활에 많은 지장이 있었고 완전한 치료라고 보기 어려웠다. 그러나 새로운 재생의료는 문제가 되는 방법을 재생하거나 대체하는 방법으로 문제를 해결하기 때문에 이런 일상생활의 지장이 최소화될 수 있을 뿐 아니라 완전한 치료에 한걸음 더 가까워졌다고 할 수 있다. 비슷하게, 과거에 질병이 걸리면 같은 질병에 사용되는 의약품을 여러 사람이 같이 복용하였지만, 이제 정밀의료 시대에는 같은 질병이라도 환자가 다르기 때문에 약이 작용하는 방식도 다르다는 전제 하에 그 환자에게 맞는 정확한 처방과 치료가 가능해 지게 되었다. 장기나 조직의 손상을 입었을 경우, 과거에는 기증자가 나타나서 자신이 혜택을 입을 때를 막연히 기다렸지만, 바이오 인공장기는 이런 어려움을 해결해 줄 수 있는 가능성을 제시하고 있다. 이처럼 첨단생명공학의 발달은 질병 치료와 건강관리에서 과거에 없었던 새롭고 효율적인 방식을 제시하고 있어서, 과거 보다 훨씬 효율적으로 자신의 삶과 건강을 관리할 수 있는 시대가 된 것이다.

그러나 이런 첨단생명공학의 발전은 반드시 순기능만을 가져오는 것은 아니다. 정밀의료는 막대한 데이터를 기반으로 하기 때문에 개인정보와 프라이버시 보호라는 문제가 사회적 쟁점이 되고, 배아줄기세포를 이용한 재생의료는 배아 파괴라는 윤리적 쟁점을 함축하게 된다. 바이오 이종장기 기술의 하나인 이종이식은 동물의 장기를 활용하기 때문에 동물에 대한 비도덕적 처우라는 윤리적 비난과 동물로부터 유래하는 심각한 전염병(인수공통감염병)이라는 공중보건상의 문제를 안고 있다. 무엇보다 첨단생명공학 기술이 상용화되기 위해서는 반드시 사람에게 시험적으로 적용하는 임상연구를 거쳐야 하는데, 이때 연구에 참여하는 연구대상자들을 어떻게 보호할 것인가 하는 문제는 반드시 고민해야 하는 문제이다. 그리고 사회적, 경제적 지위에 따라 첨단생명공학의 성과에 접근할 수 없는 사람들이 생기게 되면, 첨단생명공학의 발달은 사회적, 경제적으로 여유 있는 사람은 더 높은 삶의 질을 누릴 수 있게 되지만 사회적, 경제적으로 취약한 사람들은 상대적으로 더 많은 박탈감에 시달릴 수 있다는 정의의 문제도 제기된다.

2 첨단생명공학의 법과 정책

2.1. 첨단생명공학의 규제는 어떻게 시작되었을까

역사적으로 사람들은 새로운 의학과 생명과학 연구의 사회적·윤리적 문제점을 예견하고 대처해 오지 못했다. 오히려 상식적으로 일어나서는 안 된다고 여겨졌던 사건들이 먼저 터지고, 뒤이어 이 사건들을 사회가 수습

하는 방식으로 생명윤리의 역사는 진행되었다. 그렇기 때문에 생명윤리가
잘 정비된 사회에서는 역설적으로 그만큼의 피를 흘린 사건들이 있었던
것이다.

(1) 나치의 인체실험과 뉘른베르크 강령

인간 대상 연구의 윤리적 문제가 온 인류의 관심
사가 된 것은 제2차 세계대전 중 근대 의학이 전쟁
수행의 목적을 가지고 국가에 적극적으로 복무하게
된 이후의 일이다. 유대인과 전쟁 포로들을 대상으로
잔혹한 생체 실험을 했던 나치 독일의 의사들과, 중
국인과 한국인 등을 대상으로 세균전 연구를 했던 일
본군 731부대의 사례는 과학적 목적과 국가의 이익
을 위해 인간이 얼마나 사악한 행위를 자행할 수 있

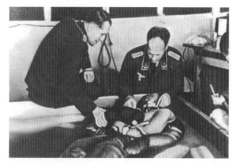
▲ 나치의 인체실험

는지를 여실히 보여 주었다. 일본군 731부대는 전승국과의 거래에 의해 아
무런 처벌을 받지 않았지만, 나치 독일의 전범과 의사들의 재판을 담당한
뉘른베르크 재판에서 만들어진 '뉘른베르크 강령Nuremberg Code'은 이후 인간
을 대상으로 하는 의생명과학 연구를 규율하는 윤리 규범의 모태가 되었다.

(2) 탈리도마이드 사건과 의약품 안전

1950년대부터 1960년대 초까지 유럽을 휩
쓴 소위 '탈리도마이드 약화藥禍 사건'은 과학적
이고 윤리적인 임상시험의 필요성을 전 세계에
깊이 각인시켰다.[9] 이는 많은 임산부가 임신안
정제로 복용한 탈리도마이드라는 약이 신생아
에게 팔다리가 없는 기형을 유발하여 그 결과
1만 여 명에 달하는 사지 기형을 가진 신생아
가 태어나게 된 사건이다. 1950년대 말 독일과

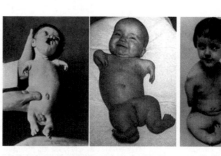
▲ 탈리도마이드 베이비

덴마크 등 나라의 의사들이 탈리도마이드의 위험성을 알리는 논문을 발표
하였으나 임신초기에 탈리도마이드를 복용한 유럽 임산부들이 사지결손 기

형아를 낳는 사례가 급증한 이후에도 계속 판매되었고, 급기야 그 사례가 1만 2천 여 건에 달하게 된 1963년에야 판매가 금지되었다.

이 사건은 약물 독성 문제의 심각성에 대한 인식을 형성하는데 중요한 계기가 되었고, 1968년 WHO가 국제 약물 모니터링 프로그램을 가동하기 시작하면서 각 나라들도 자국의 약물 감시 체제를 구축하기 시작하는 등 체계적인 약물위해관리 시스템을 강화하게 되었다. 미국 식품의약품안전청FDA 은 임상시험 시 피험자의 보호와 연구 심의를 위해 연방법으로 '의약품 임상시험 관리 기준Good Clinical Practice: GCP'을 만들었다. 우리나라에서도 신약의 임상시험이 활성화되면서 1995년 '한국 의약품 임상시험 관리 기준KGCP'을 만든 이후, 현재까지 지속적으로 개정하면서 사용하고 있다.

(3) 터스키기 매독 사건과 연구대상자 보호 제도화

▲ 터스키기 매독 사건

의학 연구에서 또 하나의 이정표가 된 사건은 소위 '터스키기 매독 연구Tuskegee Syphilis Study'다.[10] 이 연구는 1932년부터 1972년까지 미국 앨라배마 주에 있는 가난한 흑인 거주지인 터스키기 마을에서 수행된 의학 연구로서 399명의 가난하고 문맹인 흑인 매독 환자들을 대상으로 했다. 이 연구는 매독의 자연 경과를 관찰하는 연구였는데, 1947년 페니실린이 개발되어 치료가 가능하게 되었음에도 연방정부의 지원을 받는 연구진은 치료를 하지 않고 경과만을 관찰했다. 이 중 28명이 매독으로 사망했고, 100명은 매독 후유증으로 사망했으며, 이들의 부인 중 40명이 매독에 감염되었고, 19명의 신생아가 매독으로 인해 사망했다.

이 연구는 1972년 『뉴욕 타임스』에 폭로되면서 중단되었는데 비윤리적 의학 연구, 인종 차별 등 많은 문제를 드러내면서 1979년 미국의 '생의학과 행동과학 연구의 연구 대상자 보호를 위한 국가위원회'가 「벨몬트 보고서 Belmont Report」를 채택하는 계기가 되었다. 그 후 미국에서는 1981년 연구 대상자 보호 규정을 연방정부 규정45 CFR 46으로 만들게 되었다.

(4) 생명복제 기술 등 신기술 규제의 사회적 요구

의생명과학의 급속한 발전에 의해 새롭게 생겨난 문제들에 대한 사회적 관심은 이에 대한 규제 요구로 이어졌다. 1967년 남아프리카 공화국의 버나드Christiaan N. Barnard가 세계 최초로 뇌사자의 심장을 환자에게 이식한 이래, 지속적으로 뇌사 개념의 타당성과 이식의 정당성에 관한 물음이 제기되었다. 유전자 분석과 유전자 재조합 기술의 발전은 인간이 새로운 생물 종

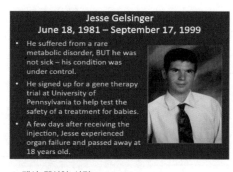

▲ 제시 젤싱어 사건

을 만들거나 인간 종의 형태를 변화시킬 수 있다는 우려를 불러일으켰고, 1997년 복제양 돌리의 탄생, 2000년 인간의 모든 유전자의 염기 서열을 해독하는 데 성공한 인간게놈 프로젝트의 완성은 이러한 우려가 기우로 끝나지 않을 수 있음을 보여 주었다. 1978년 세계 최초의 시험관 아기인 루이스 브라운Louise Brown의 탄생은 인간 생명의 시작에 관한 논의를 완전히 뒤바꿔 놓았다. 나아가 1999년 제시 젤싱어 사건은 유전자 치료의 위험성에 대해 사회적 경각심을 불러일으키게 되어, 이에 관한 규제의 필요성이 사회적으로 요청되는 중요한 계기가 되었다.[11]

2.2. 첨단생명공학 규제의 주요 쟁점은 무엇일까

이와 같은 첨단생명공학에 관한 중요한 역사적 사건들을 통해 첨단생명공학 규제의 주요 쟁점이 수렴되게 되었다. 개괄적으로 말하자면, 연구 개발을 하는 과학기술자는 생명윤리위원회를 통해 연구계획의 사회적 수용성을 검토 받는 기회를 가져야 한다는 것, 연구대상자의 자율성과 안전은 보호되어야 한다는 것, 유전정보 등 건강정보와 개인정보는 특별히 보호되어야 한다는 것, 첨단생명공학 개발 과정에서 발생할 수 있는 안전에 대해 대책을 수립하여야 한다는 것 등으로 요약할 수 있다.

(1) 기관생명윤리위원회

오늘날 의생명과학의 발전을 위해 사람에 대한 연구는 필수적이다. 의생

명과학뿐만 아니라 현대의 심리학, 사회학, 인류학, 교육학, 행동과학, 군사학 등 많은 분야에서 사람을 대상으로 하는 연구를 필요로 하며, 그 숫자는 점점 더 늘어나고 있다. 하지만 사람에 대한 연구에는 언제나 윤리와 안전의 문제가 수반되며, 이러한 문제들은 때로 치명적일 수도 있다. 인간 대상 연구의 윤리성과 안전성을 확보하기 위해 인간 대상 연구를 수행하는 연구기관이나 병원에 설치하는 심의 기구가 '기관생명윤리위원회Institutional Review Board: IRB'다. IRB는 연구계획서가 과학적으로 타당하며 연구 대상자의 건강과 안전을 확보할 수 있게끔 구성되었는지, 연구계획서를 변경할 필요성이 있을 때는 그것이 타당한지, 연구 대상자에게 동의를 얻기 위해 사용되는 '동의서 양식'은 윤리적으로 타당하게 만들어져 있는지 등을 심사하여 연구를 승인하고, 이를 지속적으로 감시함으로써 연구 대상자의 인권 및 건강을 보호하고 연구의 윤리성과 과학성을 담보하기 위한 기구다.

(2) 연구대상자의 자율성

인간 대상 연구가 윤리적으로 정당화되는 근거는 연구대상자의 자발적인 연구 참여에 있다. 연구대상자가 자발적으로 연구에 참여하기를 원했다면 연구자는 연구대상자나 기증자를 단순한 수단이 아닌, 한 인격체로 대우해야 하는 것이 당연하다. 이런 인격체로 대우하는 것의 첫걸음은 연구대상자로부터 "충분한 정보에 의한 동의informed consent"를 얻는 것이다. 이 동의의 핵심 요소는 정보information, 이해comprehension, 그리고 자발성voluntariness이다. 즉, 해당 연구와 관련하여 충분한 정보가 주어져야 하고, 대상자는 그 내용을 이해할 수 있어야 하며, 어떤 강요나 외압 없이 자신의 의사로 연구에 참여하기로 결정했을 때 비로소 충분한 정보에 의한 동의가 완성된다.

(3) 건강정보와 유전정보의 보호와 활용

유전 정보는 한 인간 존재와 떨어질 수 없는 근원적인 정보다. 물질적 존재로서의 인간의 고유성은 대개 그 유전자의 유일무이함에서 찾을 수 있다. 그리고 유전 정보는 나 자신뿐 아니라 혈연으로 맺어진 부모, 형제와 같은 가족과도 깊은 관련이 있다. 게다가 유전 정보에는 차별 가능성이 따라다닌다. 그렇지만 현대 사회는 여러 가지 이유로 유전 정보를 요청하고 이를 검사한다. 국가는 신원 확인과 범죄 예방의 필요성 때문에, 병원은 질병 진단 및 치료 목적으로, 의생명과학 연구자들은 연구 목적으로 개인의 유전 정보를 필요로 한다. 최근 해외에는 개인이 침 등의 시료를 채취하여 보내면 유전자를 분석해서 알려 주는 상업적 회사들이 등장하고 있다. 이와 같은 흐름은 개인의 유전자 프라이버시를 심각하게 침해할 수 있기 때문에 주의가 필요하다.

2.3. 첨단생명공학에 관한 법은 어떤 것들이 있을까

첨단생명공학 규제에 관한 법으로 가장 잘 알려진 것은 「생명윤리 및 안전에 관한 법률(이하 생명윤리안전법)」이다. 생명윤리안전법은 특히 의생명과학의 연구개발에 관하여 중요한 규제 요소를 규정하고 있다. 생명윤리안전법 이외에도 의약품 개발을 위해서는 「약사법」을 준수하여야 한다. 「약사법」은 약무에 관한 부분과 의약품에 관한 부분으로 나뉘어 있는데, 그 중 의약품에 관한 부분에는 레드바이오에 해당하는 의약품 품목허가에 관한 규제 내용이 포함되어 있다. 우리나라에서 의약품 품목 허가를 위해서는 다른 나라와 비슷하게, 동물을 대상으로 전임상 시험을 실시하여 일차적인 안전성 자료를 획득한 다음, 이를 토대로 연구대상자가 참여하는 임상시험을 3단계에 걸쳐 실시하여야 한다. 그리고 임상시험을 통해 안전성과 유효성이 검증되면 식품의약품안전처가 품목허가를 내리게 되고 일반 대중에게 시판할 수 있게 된다. 2019년에 「첨단재생의료 및 첨단바이오의약품 안전 및 지원에 관한 법률」이 제정되어 첨단재생의료에 관한 의생명과학연구와 첨단바이오의약품 품목허가에 대해서는 따로 규정하게 되었다. 이렇게 개발된 의약품이 환자에게 치료용으로 사용될 때에는 「의료법」이 개입하게 된다. 이런 법령들 외에도 첨단생명공학 개발을 지원하는 다양한 법률들이 있는데, 「보건의료기술진흥법」, 「의료기기산업 육성 및 혁신의료기기 지원법」 등은 그 예라고 할 수 있다.

3 평가와 전망

　역사적으로 진행된 생명과학의 사건 사고와 이에 대한 법적 접근을 살펴보면 어떤 패턴이 존재함을 알 수 있다. 그것은 거의 대부분의 첨단생명공학에 대한 법적 규제는 어떤 사고를 예측하고 예방적으로 행해진 경우가 아니라, 이미 저질러진 사건 사고에 대해 사후적으로 대책을 마련한 것이었다는 점이다. 물론 그것이 법적 접근이 태생적으로 가질 수밖에 없는 특징일 수도 있다. 이런 맥락에서 볼 때, 현재 시행되고 있는 법적 접근도 새로운 문제에 대해 늘 한계를 가질 수밖에 없고 미흡할 수밖에 없다는 점을 겸허하게 인정해야 할 것이다. 즉, 법적 접근이 가지고 있는 일반성과 경직성 때문에 첨단생명공학의 새로운 문제에 유연하고 순발력 있게 대처하기 어렵다는 것이다.

　이런 한계를 인정한다면, 첨단생명공학에 관한 법은 이 한계에 대해 어떻게 반응해야 할 것인가? 그것은 첨단생명공학에 관한 법이 실질적으로 의학과 생명과학연구 현장에서 과학기술자들에 의해 윤리적 숙고를 할 수 있도록 하기 위한 제도적 틀을 법적으로 마련해 주는 것이다. 가장 바람직한 생명윤리의 모습은 생명과학자들이 연구의 과정에서 스스로 생명윤리의 관점에서 자신의 연구를 검토하고 숙고하며 동료 과학자와 토론할 수 있는 과학문화를 형성하는 것이다. 아무리 법령이 잘 갖추어져 있다 하더라도 급속도로 변화하고 새롭게 다가오는 모든 생명과학 연구를 언제나 규율할 수는 없는 것이기 때문에, 법적 규제는 그 연구와 기술을 가장 잘 알고 있는 전문가들 사이에서 과학기술 윤리를 숙고하는 과학문화를 형성하는 것보다 더 효율적일 수는 없을 것이다. 즉, 법에 의한 타율규제는 과학현장에서 이루어지는 자율규제보다 더 효율적인 것은 아니다.

학습 과제

4.1 우리나라에서 "쌍둥이별"이라는 이름으로 번역 발간된 조디 피코의 소설 "My Sister's Keeper"는 영화로 제작되기도 하였다. 이 소설의 주인공인 13살 안나는 언니 케이트의 백혈병을 치료하기 위하여 인위적으로 태어난 이른바 맞춤아이다. 맞춤아이 시술이란 착상 전 진단 기술을 이용하여 케이트와 유전적으로 가장 일치하는 배아를 선별하여 착상시킨 다음 아이가 태어나면 그 아이의 골수를 케이트에게 이식하는 방법이다. 안나는 자기 몸에 대한 권리를 주장하며, 변호사를 찾아가 소송을 하겠다고 한다. 여러분은 이 사안에 대해 어떤 의견을 제시하겠는가?

4.2 이종이식 시술을 받은 환자는 이종이식으로 인해 혹시 인수공통감염병에 걸리지 않을지 혹은 이종이식의 부작용으로 시술받은 환자의 건강에 이상이 있지 않을지 등에 대한 우려 때문에 평생 추적관찰을 받아야 할 수 있다. 반면 이런 평생 추적관찰에 대해서는 개인의 프라이버시를 과도하게 침해할 수 있으므로, 기간을 정해서 부분적으로만 추적관찰을 하면 되고 추적관찰을 할 경우에도 프라이버시 침해가 최소화될 수 있는 방안이 고려되어야 한다는 견해도 있다. 여러분은 이 문제에 대해 어떻게 생각하는가?

5 더 읽어볼 만한 자료

힐러리 퍼트넘 외, 「유전자혁명과 생명윤리」, 아침이슬(2004)

이 책은 '유전자 혁명'이라 불릴 만큼 획기적인 생명공학의 발달이 미래 사회, 부분적으로는 지금 현재의 사회를 어떻게 바꾸어 놓을지를 윤리 문제, 특히 인권의 새로운 개념에 집중해 다룬 책이다. 필자들은 이 책을 통해 유전공학에 대한 독자들의 상상력을 확장시키는 동시에, 유전자 혁명과 인권에 대해 피상적인 도덕관을 갖다 대는 것을 경계한다.

제레미 리프킨, 「바이오테크 시대」, 민음사(1999)

이 책은 컴퓨터 기술과 유전공학 기술의 장대한 결합과 생명공학 시대로의 역사적인 전환을 다루고 있다. 이 책에서 리프킨은 산업시대가 퇴조하고 거대한 생명과학 회사들이 생명공학 산업 세계를 형성하는 시대가 도래하고 있다고 주장하면서 생명공학에 대한 윤리적인 성찰이 중요하다는 점을 강조하고 있다.

한스 요나스, 「기술 의학 윤리」, 솔(2005)

이 책은 기술 발전과 윤리의 조화에 대해 기술은 인간이 행하는 권력이므로 윤리학적 반성의 대상이 될 수밖에 없다고 말한다. 우리에게 필요한 것은 기술이 갖는 권력을 통제할 능력과 책임감이다. 그리고 그는 우리가 현재의 이익과 필요 때문에 미래 인류의 삶을 함부로 다뤄도 괜찮은지, 우리의 행위가 정당한지 묻는다.

로리 앤드류스·도로시 넬킨, 「인체시장」, 궁리(2006)

이 책은 인간의 몸이 최소한의 존엄성을 인정받지 못한 채 상품화되어

가는 전 세계의 다양한 사례들을 소개하고, 기술이 사회적·문화적 가치보다 우선될 때 생겨나는 사회적·법적·윤리적 문제를 비판한다. 골수, 피부, 정액 샘플 등 인체 조직이 최소한의 동의도 없이 과학적 연구나 상업적 이익 등을 위해 악용되는 문제를 다루고 있다.

종강

4차산업혁명의 미래

종강 4차산업혁명의 미래

4차산업혁명은 전 세계가 마주한 현실이다. 무엇보다도 단기적으로는 '인공지능'과 사물인터넷 및 빅데이터의 등장, 중장기적으로는 '과학기술'의 유례없이 빠른 발전 속도에 따른 사회 전반의 변혁을 의미한다. 전술한 것처럼 인공지능 등 4차산업혁명기술과 관련된 법제도 연구의 목표는 방향성이 없는 중립적인 지능을 개발하는 것이 아니라, 인간에게 이익을 주는 목적에 부합하도록 개발하는 것이다. 따라서 인공지능 등 4차산업혁명기술에 대한 투자에는 법과 윤리 연구 지원도 포함되어야 한다.

대표적인 예로서 인공지능을 들어 설명해 보겠다. 어떻게 미래의 인공지능 시스템을 강력하게 만들어 오작동이나 해킹 피해 없이 사람이 원하는 대로 작업을 수행하도록 할 수 있는가, 인공지능은 어떤 가치를 갖추어야 하며, 어떤 법적 또는 윤리적인 자세를 가져야 하는가에 대한 연구가 필요하다. 특히 사회혁신과 산업혁신이 촉진되기 위해서는 혁신의 기반이 되는 '기술-데이터-스타트업 생태계'라는 3박자가 잘 어우러져야 한다. 특히 4차산업혁명의 중심에는 인공지능 기술과 데이터가 자리잡고 있다. 따라서 인공지능 기술과 데이터를 주도하느냐 못하느냐는 4차산업혁명 시대의 국가의 경쟁력을 좌우하는 핵심 요소이다.

이에 2019년 12월 정부는 범정부 차원의 'AI 국가전략'을 통해 2030년까지 최대 455조원의 경제 효과를 창출하고, 현재 경제협력개발기구OECD 기준 30위인 삶의 질 영역을 10위까지 끌어올리겠다는 목표를 제시했다. 이번 전략의 주요 내용은 과기정통부 등 정부 전 부처들이 2019년 6월부터 학계와 산업계 전문가들과 수차례 논의 끝에 확정지었으며, 2019년 10월 문 대통령이 발표한 인공지능 기본구상을 바탕으로 마련됐다. 이러한 AI 국가전략에 따르면 정부는 'IT 강국을 넘어 AI 강국으로'를 비전으로 ▲ 세계를 선도하는 인공지능 생태계 구축 ▲ 인공지능을 가장 잘 활용하는 나라 ▲ 사람 중심의 인공지능 구현 등 3대 분야 아래 9개 전략과 100개 실행

과제를 마련해 추진하기로 했다. 'AI 생태계 구축'에는 AI 인프라 확충과 AI 반도체 기술 확보 방안이 담겼다. 특히 AI 반도체 핵심 기술인 차세대 지능형 반도체에 2029년까지 1조 96억원을 투자하고, 신개념 AI 반도체^{PIM} 등을 개발할 예정이다. 또한 글로벌 AI 스타트업을 육성을 위해 5조원 이상의 벤 펀드 자금을 활용해 AI 투자 펀드를 조성하였고, 'AI 올림픽'과 'AI 밋업$_{meet up}$'을 통해 전세계 AI 스타트업 교류의 장을 마련하고 있다.

한편, 윤석열 정부가 출범하면서, 대표 국정과제인 디지털플랫폼정부 구축을 위해 대통령 직속으로 디지털플랫폼정부위원회가 설치되었는데, 위원의 인적 구성과 시설 등은 문재인 정부 시절 4차산업혁명위원회와 동일하기 때문에 사실상 4차산업혁명위원회의 후신으로 평가된다.

이와 별도로 정부는 AI로 인한 윤리적 문제에 대응하기 위한 AI 윤리체계도 구상했다. 2021년부터 딥페이크*$_{Deepfakes}$와 같은 AI로 인한 역기능에 대응하고자 AI 신뢰성과 안전성을 검증하는 품질관리체계를 구축하고 있으며, 미국의 주요 빅테크도 AI의 정치적 악용을 막는 대책을 수립하고 있다. 구글은 2023년 9월 미국 대선과 관련한 콘텐츠에 AI 기술이 사용될 경우 이를 표시하도록 하는 조치를 시행했기 시작했으며, 메타 역시 2023년 11월 광고주들이 정치 광고 제작에 생성 AI를 사용하는 것을 금지했다.

2024년 1월 스위스에서 개최된 54회 다보스 포럼 역시 "신뢰의 재구축$_{Rebuilding Trust}$"이라는 주제로 총 380여 개의 공개·비공개 세션 등을 통해 진행되는데, 주요 주제로 ① 新경제 정책 ② 기후변화·에너지 ③ 인공지능 ④ 경쟁과 협력 등이 논의되었다.

문제는 생성 인공지능의 예에서 보듯이 4차산업혁명기술에 대하여 어떤 준비를 한다고 하더라도 미래세계가 어떻게 전개될 것인가는 아무도 모른다는 점이다. 다만, 정부를 포함한 특정인이나 집단이 앞에서 일방적으로 이끌어가는 방식은 더 이상 유효하지 않다는 점이다. 사이버세계와 오프라인세계가 초연결되는 세상에서 정부, 기업, 시민, 전문가들이 모두 지혜를 모으고 '함께' 방향을 정하고 내용을 규율해 가야 할 것이다. 따라서 '끊임없는 도전'과 '현명한 시행착오'를 통한 미래 개척이 더욱 효과적이라는 점을 인정하면서, 인공지능 등 4차산업혁명기술들의 능력이 어디까지 개발되어야 할 지에 대한 합의는 없으므로 그에 상응한 관심과 자원을 계획하고 관리해야 할 것이다.

4차산업혁명의 미래는 무한한 가능성으로 열려 있으니, 그만큼 고민하고 도전해 볼 가치가 있지 않을까? 이 책을 공부한 사람 모두가 4차산업혁명의 미지의 미래에서 창의적이고 혁신적인 개척자가 되어주길 당부드린다.

개강

1 World Economic Forum(https://www.weforum.org/)

2 정보통신정책연구원(KISDI, 2013)

3 세계경제포럼(2017)

4 김명자 고문 강연 자료(융합법학회 창립총회 자료집) 107면

5 KDI, 행정연구원, 한국규제학회 연구결과(2017.2)

6 성봉근, 제어국가에서의 규제, 공법연구, 제44집 제4호, 2016. 6, 240면

제1강

1 http://m.edu.donga.com/News/View.php:at_no=20190612173019296552

2 https://www.britannica.com/technology/Analytical Engine

3 Michael Woodbridge, 김의석 역, 괄호로 만든 세계, 2023, 59면

4 https://arcadiapod.com/2017/03/01/rurrossums universal robots1921/

5 https://www.themoviedb.org/movie/3103 house of frankenstein

6 "Stephen Hawking, Elon Musk, and Bill Gates Warn About Artificial Intelligence" (https://observer.com/2015/08/stephen-hawking-elon-musk-and-bill-gates-warn-abo ut-artificial-intelligence/)

7 "Israel using AI to identify human targets raising fears that innocents are being caught in the net" (https://theconversation.com/gaza-war-israel-using-ai-to-identify-human-targets -raising-fears-that-innocents-are-being-caught-in-the-net-227422); "How drone combat in Ukraine is changing warfare" (https://www.reuters.com/graphics/UKRAINE-CRISIS/DRONES/ dwpkeyjwkpm/)

8 "What if : Robots go to war?", World Economic Forum Annual Meeting, 21 Jan. 2016. (http://www.weforum.org/events/world economic forum annual meeting 2016/sessions/what if robots go to war)

9 Michael Woodbridge, 괄호로 만든 세계, 2023, 292면

10 https://edition.cnn.com/videos/world/2015/07/28/killer – robots – letter – dnt – foster wrn.cnn

11 Campaign to Stop Killer Robots, www.stopkillerrobots.org

12 Zulaikha Geer, Top 10 Real – World Artificial Intelligence Applications, 2019

13 https://camfindapp.com/

14 https://www.ibm.com/kr-ko/products/watsonx-assistant/banking?utm_content=SRCW W&p1=Search&p4=43700080400749044&p5=p&p9=58700008737315225&gclid=CjwKC Ajwp4m0BhBAEiwAsdc4aMXV68pXhaZWTkYvHqOBv8B9iAOc9q9HCVvPZtpK47Tn3HJu Aq8gExoCOKYQAvD_BwE&gclsrc=aw.ds

15 "인공지능 시대 증권사는 'AI증권사'로 탈바꿈 필요…매수·매도 의견낼 수 있어야" (매일경제 2024년 3월 13일)

16 http://smartmachines.bluerivertechnology.com

17 https://plantix.net/

18 https://nectarinehealth.com/

19 벵하민 라바투트, 송예슬 역, 매니악, 2024, 360면

20 벵하민 라바투트, 매니악, 2024, 365면

21 https://www.komando.com/tech-tips/hidden-siri-tips-to-do-even-more-with-your iphone and ipad/557555/

22 https://www.howtogeek.com/416291/how-to-delete-your-alexa-recordings-by-voice/

23 "Google is shutting down Duplex on the Web" (https://www.engadget.com/google -duplex-on-the-web-shutdown-announced-225937564.html)

24 KISTI, 인공지능 특징호, 2022, 28면

25 James Golden, AI has a bias problem. This is how we can solve it(2019.1.18) (https://www.weforum.org/agenda/2019/01/to-eliminate-human-bias-from-ai-we- need to-rethink-our-approach/)).

26 Francesco Brenna et al, Shifting toward Enterprise-grade AI, (2019.4), IBM Institute for Business Value

27 https://www.orangemantra.com

28 http://www.import.io/post/history-of-deep-learning

29 https://www.universal-robots.com/

30 "데이터 라벨러는 노동자, 첫 인정" (경향신문 2024.5.14.)

31 김한균, "고위험 인공지능에 대한 가치지향적·위험평가기반 형사정책"형사정책 34(2), 2022, 24-30.

32 "Who goes there? Samsung unveils robot sentry that can kill from two miles away" (Daily Mail.2014년 9월 15일)

33 http://www.hani.co.kr/arti/international/international_general/736937.html

34 "Former Facebook exec says social media is ripping apart society" (https://www.theverge.com/2017/12/11/16761016/former-facebook-exec ripping apart- society)

35 Eric Horvitz, One Hundred Year Study on Artificial Intelligence: Reflections and Framing, 2014, 2-6면

36 Artificial Intelligence And Life In 2030, 2016, 8면

37 "중국인 삶 속에 파고든 안면인식 기술" (동아일보 2019년 10월 2일자)

38 김한균, 인공지능 로봇이 살인을 한다면? 형사정책연구소식 137호, 2016

39 "The State of Artificial Intelligence" World Economic Forum Annual Meeting, 2016

40 김대식, 인간 vs 기계, 2016, 292면

41 "Richard Dawkins: If AI ran the world, maybe it would be a better place" (Futurism. 2017. 9. 27)

42 김대식, 인간 vs 기계, 323면.

43 김대식, 인간 vs 기계, 332면

44 김한균, "미래의 로봇과 법률의 미래-로봇 법칙은 코드가 될 수 있는가" 윤진수 외 편, 법의 미래, 2022

45 www.fatureoflife.org.

46 https://www. blog. google/technology/ai/ai-principles/

47 https://www.4th-ir.go.kr/

제2강

1 "이미지 속 장면은 따뜻하게 빛나는 네온과 애니메이션이 많은 도쿄의 거리에서 자신감 있고 여유롭게 걷는 스타일리시한 여성을 그려냈다. 그녀는 검은 가죽 재킷과 긴 빨간 드레스, 검은 부츠를 신고 검은 가방을 들고 있다. 선글라스와 빨간 립스틱을 착용하고 있으며, 거리의 습기 찬 반사면은 화려한 빛의 거울 효과를 만들어낸다. 여러명의 보행자들이 주변을 걷고 있다."라는 프롬프터를 넣어서 생성한 영상물이다. https://openai.com/index/sora/
2 가장 강력한 제재수단인 국가형벌의 무분별한 확대는 시민들의 기본권을 침해할 수 있으므로 형법은 민사제재나 행정제재 등 다른 수단으로는 법익보호가 불가능한 경우에 최후의 수단으로 동원되어야 한다는 원칙을 말한다.

제3강

1 http://jac.ac.kr/sub07/sub03.php?category=&id=22692&page=5&mode=read
2 https://www.diabetes.or.kr/new_workshop/201403/ab3.html
3 https://www.techtarget.com/searchstorage/definition/petabyte
4 https://m.blog.naver.com/jobarajob/221038370577
5 http://www.edunet.net/nedu/contsvc/viewWkstCont.do?clss_id=CLSS0000000362&menu_id=81&contents_id=1712f06a-877a-48f6-82ff-79d0fce5c506&svc_clss_id=CLSS0000018019〉
6 https://smnanum.tistory.com/384
7 https://premium.chosun.com/site/data/html_dir/2014/06/09/ 2014060900153.html〉
8 http://ecomedia.co.kr/news/newsview.php?ncode=1065593732992641
9 https://m.blog.naver.com/PostView.naver?isHttpsRedirect=true&blog Id=geovision_a&logNo=150112863298
10 https://m.post.naver.com/viewer/postView.nhn? volumeNo=19145798&memberNo=170704
11 https://pikle.io/1205
12 https://sundayjournalusa.com/2013/06/23/%E7%BE%8E-%EA%B5%AD%EA%B0%80%EC%95%88%EB%B3%B4%EA%B5%AD%EC%9D%98-%EB%B9%84%EB%B0%80-%EB%88%84%EC%84%A4-%ED%98%90%EC%9D%98%EC%8A%A4%EB%85%B8%EB%93%A0%EC%98%A8%EB%9D%BC%EC%9D%B8/
13 https://woosh33.tistory.com/45
14 http://www.tongilnews.com/news/articleView.html?idxno=82535
15 https://m.blog.naver.com/zisan02/221351097190
16 hhttps://blog.naver.com/PostView.naver?blogId=ddody11&logNo=20030290310&redirectDlog&widgetTypeCall=true&directAccess=false
17 http://www.yes24.com/Product/ goods/ 5187644?art_bl=6748680
18 https://www.diaberlin.com/single-post/2016/06/27/%EB%8F%85%EC%9D%BC-%EC%98%81%ED%99%94-%EC%9D%B4%EC%95%BC%EA%B8%B0-%ED%83%80%EC%9D%B8%EC%9D%98-%EC%82%B6-Das-Leben-der-Anderen
19 https://sedaily.com/NewsVIew/1KZ2WHVZO5

20 http://news.kbs.co.kr/news/view.do? ncd=4273218

21 http://m.news.zum.com/articles/42857260

제4강

1 https://www.zurichmeetsseoul.org/kr/events/blockchain-public-event

2 https://banksalad.com/contents/%EB%B8%94%EB%A1%9D%EC%B2%B4%EC%9D%B8
  -%EA%B0%9C%EB%85%90-%EC%99%84%EB%B2%BD-%EC%A0%95%EB%A6%AC-d
  h1do

3 https://www.etri.re.kr/webzine/20190329/sub01.html

4 https://post.naver.com/viewer/postView.nhn?volumeNo=14151698&memberNo=500992

5 http://www.ssunews.net/news/articleView.html?idxno=7496

6 과학기술정보통신부, "블록체인 공공 시범사업 추진계획", http://www.msit.go.kr.

7 https://www.blockmedia.co.kr/archives/122837

8 https://ppss.kr/archives/142651

9 http://tvccnews.co.kr/news/view.php?idx=728

10 https://news.mt.co.kr/mtview.php?no=20 15091516470910247

제5강

1 이미지 출처 http://www.kidd.co.kr/news/190122

2 이미지 출처 https://networkats.com/cybersecurity-best-practices-2024/

3 성봉근, 사이버상의 안전과 보호에 대한 독일의 입법동향과 시사점, 법과 정책연구, 제17집 제1호,
  2017.3, 97면

4 성봉근, 사이버상의 안전과 보호에 대한 독일의 입법동향과 시사점, 법과 정책연구, 제17집 제1호,
  2017.3, 97면

5 성봉근, 사이버상의 안전과 보호에 대한 독일의 입법동향과 시사점, 법과 정책연구, 제17집 제1호,
  2017.3, 101면

6 사이버 보안 -개념 및 용어-, AXIS COMMUNICATIONS, 6면

7 김남진, 위험의 방지와 리스크의 사전배려, 고시계, 2008. 3, 50면

8 성봉근, 사이버경찰활동의 최근의 헌법적, 경찰법적 문제점과 과제, 경찰법연구, 제16권 제1호, 2018,
  83면

9 http://joeuntech.kr/kor/images/sub/img_sub020201_7.png

10 사이버 보안 -개념 및 용어-, AXIS COMMUNICATIONS, 3면

11 성봉근, 제어국가에서 해킹 제어와 방식, 토지공법연구, 제77집, 2017.2, 332면

12 성봉근, 사이버상의 안전과 보호에 대한 독일의 입법동향과 시사점, 법과 정책연구, 제17집 제1호,
  2017.3, 117면

13 https://1995-dev.tistory.com/45

14 성봉근, 종이문서에서 전자문서로의 이전에 따른 법정책적 연구, 법과 정책연구, 제16집 제2호,
  2016.6, 58면-59면

15 성봉근, 제어국가에서 해킹 제어와 방식, 토지공법연구, 제77집, 2017.2, 336면

16 성봉근, 제어국가에서 해킹 제어와 방식, 토지공법연구, 제77집, 2017.2, 336면

17 성봉근, 제어국가에서 해킹 제어와 방식, 토지공법연구, 제77집, 2017.2, 334면

18 성봉근, 제어국가에서 해킹 제어와 방식, 토지공법연구, 제77집, 2017.2, 337면

19 성봉근, 종이문서에서 전자문서로의 이전에 따른 법정책적 연구, 법과 정책연구, 제16집 제2호, 2016.6, 47면

20 https://terms.naver.com/entry.nhn?docId= 2807122&cid=40942&categoryId=32843

21 성봉근, 제어국가에서 해킹 제어와 방식, 토지공법연구, 제77집, 2017.2, 338면

22 동아일보,2011.01.18 사건의 구체적인 경과와 피해 및 보상 유형에 대하여는 http://blog.naver.com/saxobank?Redirect=Log&logNo=80187444159

23 4 2011년 4월 현대캐피탈 서버를 해킹해 빼낸 개인정보로 거액을 요구한 해킹범이 검찰에 구속 기소됐다. 2011년 4월 14일 서울중앙지검은 현대캐피탈 서버를 해킹해 개인정보를 빼돌린 혐의를 적용하여 '정보통신망 이용촉진 및 정보보호 등에 관한 법률 위반'으로 기소하였다. 스포츠서울, 2013.01.14 기사; 지디넷, 2013.01.14 기사; 아이뉴스, 2013.01.14 기사 등

24 조선일보, 2013.03.21 전자정부의 정보보호를 위하여는 법적 지식과 과학적인 지식이 결합되어야 하므로 공격의 구조를 이해하기 위하여 소개한다

25 https://img.sbs.co.kr/newimg/news/20211209/201616675_1280.jpg

26 최호진, 온라임게임 계정거래와 정보훼손죄 성립여부, 한국형사판례연구회 형사판례연구[21], 박영사,; 강동범, 사이버범죄와 형사법적 대책, 형사정책연구 제11권, 2000년, 80면; 박희영, 단순해킹의 가벌성에 관한 비교법적 연구 – 독일 형법 및 사이버범죄 방지조약을 중심으로–, 인터넷법률 통권 제34조, 2006.3, 23–24면 From 이관희 3면 각주 5 6 7

27 성봉근, 제어국가에서 해킹제어와 방식, 토지공법연구, 제77집, 2017.2, 331면

28 성봉근, 사이버상의 안전과 보호에 대한 새로운 도전, 법과 정책연구, 제17집 제1호, 2017.3, 97면

29 https://media.istockphoto.com/id/911660906/ko/%EB%B2%A1%ED%84%B0/%EC%BB%B4%ED%93%A8%ED%84%B0-%ED%95%B4%EC%BB%A4-%EB%85%B8%ED%8A%B8%EB%B6%81-%EC%95%84%EC%9D%B4%EC%BD%98.jpg?s=1024x1024&w=is&k=20&c=pc0vlJywaPw7mjSmfT8fVgDn3p4Usq4r23IhRhOIGuQ=

30 성봉근, 제어국가에서 해킹제어와 방식, 토지공법연구, 제77집, 2017.2, 330면

31 https://www.yna.co.kr/view/AKR20191024058900504

32 성봉근, 사이버상의 안전과 보호에 대한 새로운 도전, 법과 정책연구, 제17집 제1호, 2017.3, 97면

33 https://img1.daumcdn.net/thumb/R1280x0/?scode=mtistory2&fname=https%3A%2F%2Ft1.daumcdn.net%2Fcfile%2Ftistory%2F151865504F8637C12C

34 두산백과

35 사이버 보안 –개념 및 용어–, AXIS COMMUNICATIONS, 4면

36 IT용어사전, 한국정보통신기술협회

37 http://terms.naver.com/entry.nhn?docId=3432462&cid=58445&categoryId=58445 최종 방문일 2016.10.19.

38 두산백과

39 성봉근, 사이버상의 안전과 보호에 대한 새로운 도전, 법과 정책연구, 제17집 제1호, 2017.3, 334면

40 성봉근, 제어국가에서 해킹제어와 방식, 토지공법연구, 제77집, 2017.2, 335면

41 성봉근, 전자정부에서 행정작용의 변화에 대한 연구, 고려대학교 박사학위논문, 2014, 71면.

42 사이버 보안 –개념 및 용어–, AXIS COMMUNICATIONS, 4–5면

43 사이버 보안 –개념 및 용어–, AXIS COMMUNICATIONS, 4–5면

44 http://img.newspim.com/news/2017/08/21/1708211807313040_w.jpg

45 ttps://terms.naver.com/entry.nhn?docId=3432079&cid=58437&categoryId=58437

46 이하 피싱의 구체적인 종류에 대한 설명들은 성봉근, 제어국가에서 해킹제어와 방식, 토지공법연구, 제
77집, 2017.2, 339면에서 인용

47 4 https://www.bing.com/images/search?view=detailV2&ccid=zeThMvwZ&id=C74455CFD
28CD895CE0362A4EA9669A15D4725D9&thid=OIP.zeThMvwZpO-8DMIBlsbv6gHaFY&m
ediaurl=https%3a%2f%2fimage.ajunews.com%2fcontent%2fimage%2f2015%2f06%2f18
%2f20150618145131551203.jpg&exph=465&expw=640&q=%ed%94%bc%ec%8b%b1%
ea%b3%b5%ea%b2%a9&simid=607986035101337460&selectedIndex=37&ajaxhist=0

48 박대우, 서정만, 박대우, 서정만, Phishing, Vishing, SMiShing 공격에서 공인인증을 통한 정보침해
방지 연구, 한국 컴퓨터정보학회 논문집 2007.5, 174면

49 https://terms.naver.com/entry.nhn?docId=859932&cid=42346&categoryId=42346

50 https://terms.naver.com/entry.nhn?docId=302040&cid=50372&categoryId=50372

51 https://img1.daumcdn.net/thumb/R1280x0/?scode=mtistory2&fname=https%3A%2F%2
Ft1.daumcdn.net%2Fcfile%2Ftistory%2F254DE6435260F09916

52 https://en.wikipedia.org/wiki/Catfishing

53 https://terms.naver.com/entry.nhn?docId=3586427&cid=59277&categoryId=59281;
https://en.wikipedia.org/wiki/Advanced_persistent_threat

54 성봉근, 행정법에서 '비용'과 '가치' 재검토, –경제적 효율성 비중에서 민주성 및 보장책임성 조화 비
중으로–, 행정법연구, 제43호, 2015.11, 51면

55 https://najeraconsulting.com/wp-content/uploads/2016/02/cost_benefit_analysis.jpg

56 3 성봉근, 사이버상의 안전과 보호에 대한 독일의 입법동향과 시시점, 법과 정책연구, 제17집 제1호,
2017.3,131면

57 성봉근, 보장국가에서의 위험에 대한 대응 –전자정부를 통한 보장국가의 관점에서 본 위험–, 법과
정책연구, 제15집 제3호, 2015.9, 1061면

58 https://image.edaily.co.kr/images/photo/files/NP/S/2021/10/PS21101600162.jpg

59 성봉근, 사이버상의 안전과 보호에 대한 독일의 입법동향과 시사점, 법과 정책, 제17집 제1호, 2017.3,
114면

60 http://www.itworld.co.kr/insight/107718

61 사이버 보안 –개념 및 용어–, AXIS COMMUNICATIONS, 7면

62 사이버 보안 –개념 및 용어–, AXIS COMMUNICATIONS, 8면

63 사이버 보안 –개념 및 용어–, AXIS COMMUNICATIONS, 8면

64 https://www.bing.com/images/search?view=detailV2&ccid=3PrrOuVS&id=19B2A531BF
55C3A384753F03648E186232E139A2&thid=OIP.3PrrOuVSXxx6SUQdVBkSQwHaCw&m
ediaurl=http%3A%2F%2Fwww.opasnet.co.kr%2Fbusiness%2Fimages%2Fb11_1.png&ex
ph=260&expw=700&q=%eb%84%a4%ed%8a%b8%ec%9b%8c%ed%81%ac+%eb%b6%
84%eb%a6%ac%2c+%ec%95%94%ed%98%b8%ed%99%94&simid=607986348631524
249&selectedindex=31&ajaxhist=0&vt=0&sim=11

65 두산백과

66 https://ko.wikipedia.org/wiki/%EA%B0%84%EC%9D%B4_%EB%A7%9D%EA%B4%80%E
B%A6%AC_%ED%94%84%EB%A1%9C%ED%86%A0%EC%BD%9C

67 네이버지식백과

68 사이버 보안 개념 및 용어, AXIS COMMUNICATIONS, 9면

69 https://www.bing.com/images/search?view=detailV2&ccid=B4bJf3er&id=779ABAE05
2BD9B29A22CC2C383393779CB0C040C&thid=OIP.B4bJf3erpK5H-KYGhXjGQAHaEH&
mediaurl=http%3a%2f%2f1.bp.blogspot.com%2f-zfdZTGXwZTw%2fVDC0Dp4ZiXI%2fAA
AAAAAAFIY%2fwfMtHFL2QRE%2fs1600%2flog%252Bon%252Btime%252B4%252Bww
w.aluth.com.jpg&exph=558&expw=1005&q=Computer+History+Log&simid=6080489348
92471566&selectedIndex=0&ajaxhist=0

70 5 https://ko.wikipedia.org/wiki/%EB%A1%9C%EA%B7%B8%ED%8C%8C%EC%9D%BC

71 8 https://www.bing.com/images/search?view=detailV2&ccid=ax45Ossi&id=1EC5156A53
1DAC87B454E8D6F5935222685717C3&thid=OIP.ax45Ossikw29rB4njcQSkgHaEw&media
url=미주 263https%3A%2F%2Ft1.daumcdn.net%2Fcfile%2Ftistory%2F99169E3359EE99352
C&exph=450&expw=700&q=%ed%81%b4%eb%9d%bc%ec%9a%b0%eb%93%9c+%eb
%b3%b4%ec%95%88&simid=607994693746101443&selectedindex=0&ajaxhist=0&vt=0
&sim=11

72 https://terms.naver.com/entry.nhn?docId=2066705&cid=50305&categoryId=50305

73 https://contents.kyobobook.co.kr/sih/fit-in/458x0/pdt/9788957271773.jpg

74 https://terms.naver.com/search.nhn?query=%EB%B4%87%EB%84%B7&search Type=&dic
Type=&subject=

75 https://www.bing.com/images/search?view=detailV2&ccid=h9rnZEcv&id=1D166F96F3B6
9FE5586048EC1A8CC3CD972AA237&thid=OIP.h9rnZEcvC_CdhNZQ_fi9zAHaEy&mediau
rl=https%3a%2f%2ft1.daumcdn.net%2fcfile%2ftistory%2f99210E3359F8222B0F&exph=
471&expw=728&q=%ec%a0%84%ec%9e%90%ec%84%9c%eb%aa%85&simid=608010
314533112383&selectedIndex=24&ajaxhist=0

76 성봉근, 종이문서에서 전자문서로의 이전에 따른 법정책적 연구, 법과 정책연구, 제16집 제2호, 2016.6,
17면

77 사이버 보안 -개념 및 용어-, AXIS COMMUNICATIONS, 8면

78 https://cdn.digitaltoday.co.kr/news/photo/202209/461491_431346_557.jpg

79 https://www.bing.com/images/search?view=detailV2&ccid=9JSuopKs&id=21BEB05E714
9EC3FFCBD1FC21086ABED9FB49058&thid=OIP.9JSuopKsT_Us8b11xx7xQwHaFS&medi
aurl=http%3A%2F%2Figloosec.co.kr%2Fimages%2Fsolution%2Fw_ai_spidertm_intro.gif&
exph=809&expw=1132&q=%ec%9d%b8%ed%94%84%eb%9d%bc+%ec%82%ac%ec%9
d%b4%eb%b2%84%eb%b3%b4%ec%95%88&simid=607990364416902912&selectedind
ex=36&ajaxhist=0&vt=0&sim=11

80 성봉근, 사이버상의 안전과 보호에 대한 새로운 도전, 법과 정책연구, 제17집 제1호, 2017.3, 94면

81 Bundesamt für Sicherheit in der Informationstechnik 정보보안에 대한 연방 사무소로 컴퓨터 및
통신 보안 관리를 담당하는 독일 연방정부 차원의 기관

82 https://www.bing.com/images/search?view=detailV2&ccid=UbAmag6m&id=07A54857
7BB67282C26ACE317B50C8CD35593E50&thid=OIP.UbAmag6mifaZIh9x3Iu2kQHaEK&
mediaurl=https%3a%2f%2fwww.euractiv.com%2fwp-content%2fuploads%2fsites%2f2
%2f2018%2f02%2fshutterstock_1017809335-800x450.jpg&exph=450&expw=800&q=e
u+cybersecurity+act&simid=607992176890350668&selectedIndex=1&ajaxhist=0

83 https://www.krcert.or.kr/data/trendView.do?bulletin_writing_sequence=22565

84 https://www.boho.or.kr/search/boardView.do?bulletin_writing_sequence=25125&ranking
_keyword=IoT&queryString=cmFua2luZ19rZXl3b3JkPUlvVA==

85 https://www.boannews.com/media/view.asp?idx=56803&page=156&kind=4

86 성봉근, 제어국가에서 해킹제어와 방식, 토지공법연구, 제77집, 2017.2, 327면

87 관계부처 합동, 정보보호산업 육성 및 전문 일자리 창출을 위한 제1차 정보보호산업 진흥계획(2016
~2020), 264 미주 2016.6.9

88 이에 대한 상세한 내용은 기태현, 5G 네트워크 시대 정보보호의 기술 동향, '19.상반기 정보보호산업
이슈분석 보고서, 7면 이하

89 https://www.bing.com/images/search?view=detailV2&ccid=TEtphaK9&id=F16FFB233B1
B93007C27CE90727FE3F6F2340DA0&thid=OIP.TEtphaK9d89jSMVEnquLtgHaC9&media
url=https%3A%2F%2Fimage.ahnlab.com%2Fcomm%2Finfo%2Farticle_090717_08.jpg&e
xph=242&expw=605&q=%ec%9d%b8ed%94%84%eb%9d%bc+%ec%82%ac%ec%9d
%b4eb%b2%84%eb%b3%b4ec%95%88&simid=607989741634390010&selectedinde
x=16&ajaxhist=0&vt=0&sim=11

90 http://www.itworld.co.kr/print/107718

91 http://www.itworld.co.kr/print/107718

92 성봉근, 사이버상의 안전과 보호에 대한 새로운 도전, 법과 정책연구, 제17집 제1호, 2017.3, 131면

93 성봉근, 사이버상의 안전과 보호에 대한 새로운 도전, 법과 정책연구, 제17집 제1호, 2017.3, 97면

94 성봉근, 사이버상의 안전과 보호에 대한 새로운 도전, 법과 정책연구, 제17집 제1호, 2017.3, 97면

제6강

1 김형균·오재환(2013). 『도시재생 소프트전략으로서 공유경제 적용방안』, 부산발전연구원

2 크라우드산업연구소, "공유경제 이야기" 교육자료(2013.07.04).

3 레이첼 보츠먼, 『위 제너레이션』, 2011

4 제러미 리프킨, 『한계비용 제로 사회』, 2014

5 http://tadatada.com/business/

6 관광진흥법 일부개정법률안(이완영·전희경 의원안)

7 [시행 2021.4.8.] [법률 제17234호, 2020.4.7., 일부개정]

제7강

1 http://gistnews.co.kr/wordpress/wp-content/uploads/2019/03/%EA%B7%B8%EB%A6%BC-1
-%EC%88%98%EC%8B%A0%ED%98%B8-%EC%9D%B8%EC%A7%80.jpg)

2 차종진·이경렬, "자율주행자동차의 등장과 교통형법적인 대응", 「형사정책연구」 제29권제1호, 한국형
사정책연구원 (2018. 03), 111-112면

3 박푸르뫼, "국내·외 동향을 통해 살펴본 국내 자율주행차 산업의 개선점", 제4차 산업혁명과 소프트파
워 이슈리포트 2017-제10호, 정보통신산업진흥원, 2017. 8, 1면

4 김규옥, "자동차와 도로의 자율협력주행을 위한 도로 운영 방안", 「월간교통」 Vol. 213, 한국교통연구
원(2015. 11), 23면

5 오현서·최현균·송유승, "협력 자율 주행을 위한 V2X 통신 기술", 「정보와 통신」 제33권제4호, 한국
통신학회지(2016. 03), 41면

6 Kiat, GT2017-EU05: 유럽의 자율주행자동차 기술 및 정책 동향, 글로벌기술협력기반육성사업(GT) 심층분석보고서(2017. 4. 25), 30면

7 AutoView 2013. 5. 31.자 기사: "미 NHTSA, 자율주행자동차 가이드라인 발표"(http://www. autoview.co.kr/content/article.asp?num_code=48577)

8 https://news.samsung.com/kr/%EC%9E%90%EC%9C%A8%EC%A3%BC%ED%96%89-%EC%9E%90%EB%8F%99%EC%B0%A8%EC%9D%98-%ED%98%84%EC%A3%BC%EC%86%8C

9 김용훈·김현구, "자율주행자동차 개발 동향", 「정보와 통신」 제34권제5호, 한국통신학회지(2017. 03), 11면

10 자율주행자동차의 종류는 다음 각 호와 같이 구분하되, 그 종류는 국토교통부령으로 정하는 바에 따라 세분할 수 있다.
   1. 부분 자율주행자동차: 자율주행시스템만으로는 운행할 수 없거나 지속적인 운전자의 주시를 필요로 하는 등 운전자 또는 승객의 개입이 필요한 자율주행자동차
   2. 완전 자율주행자동차: 자율주행시스템만으로 운행할 수 있어 운전자가 없거나 운전자 또는 승객의 개입이 필요하지 아니한 자율주행자동차

11 이현숙, "자율주행자동차 기술개발의 특징 및 정책동향", 융합연구정책센터, 융합 WeeklyTIP vol. 92, 2017.10.23., 3면

12 과학기술일자리진흥원 공식블로그(https://m.blog.naver.com/PostList.nhn?blogId=nationalrnd), "[Tech &Market] 자율주행자동차 속 과학기술의 현재와 미래, 그리고 정책방향!" 2019. 1. 4. 참조

13 과학기술일자리진흥원 공식블로그(https://m.blog.naver.com/PostList.nhn?blogId=nationalrnd), "[Tech&Market] 자율주행자동차 속 과학기술의 현재와 미래, 그리고 정책방향!" 2019. 1. 4. 참조

14 기석철, "자율주행차 센서 기술 동향", TTA Journal Vol. 173 (2017. 09/10), 20면

15 http://www.carguy.kr/news/photo/201702/9167_1811_1022.jpg

16 텍사스 인스트루먼트(TI) https://new-flowing.com/48

17 https://news.voyage.auto/an-introduction-to-lidar-the-key-self-driving-car-sensor a7e405590cff

18 http://www.hizook.com/blog/2009/01/04/velodyne-hdl-64e-laser-rangefinder-lidar-pseudo-disassembled

19 ISO/TC22/SC32 Sensing Workshop (Berlin, Germany), Mar 2017

20 https://www.hankyung.com/news/article/2016070106891

21 문용권 외, "자율주행차의 핵심: 정밀 지도", 따로 또 같이 Series 4, 2017. 4. 10., 15면

22 이문규, "[4차 산업혁명과 직업의 미래] 5. 5G통신의 현재와 미래", IT동아(2018. 07. 27.), https://it. donga.com/27994/

23 https://it.donga.com/27994/

24 이문규, "[4차 산업혁명과 직업의 미래] 5. 5G통신의 현재와 미래", IT동아(2018. 07. 27.), https://it. donga.com/27994/

25 https://it.donga.com/27994/

26 https://www.hankyung.com/economy/article/201912197942g

27 https://news.hmgjournal.com/Tech/2017CES-IONIQ-Autonomous

28 국토교통부 보도자료(2017. 11. 22.) (http://www.molit.go.kr/USR/NEWS/m_71/dtl.jsp?id= 95079964)

29 현대엠엔소프트 공식 블로그(http://blog.hyundai-mnsoft.com/1040)

30 서영희, "자율주행자동차 시장 및 정책 동향", 소프트웨어정책연구소, 2017

31 https://eiec.kdi.re.kr/policy/materialView.do?num=193401

32 "자율주행자동차의 안전운행요건 및 시험운행 등에 관한 규정" [시행 2023. 10. 31.] [국토교통부고시 제2023-610호, 2023. 10. 31., 일부개정] 개정이유(https://www.law.go.kr/LSW/admRulLsInfoP. do?chrClsCd=&admRulSeq=2100000230902) 및 동 규정 제2조 제7호, 제6조 등 참조.

33 "자율주행자동차의 안전운행요건 및 시험운행 등에 관한 규정" 제14조.

34 KDB 산업은행, "[이슈] 자율주행차 국내외 개발현황", 산은조사월보 제771호(2020.2), 33면 참조.

35 한편 판타G버스는 총 2대, 평일 오전 7시 30분부터 오후 7시까지(출발 시각 기준) 30분 간격으로 하루 24회 운행되며 판교 제2테크노밸리 경기기업성장센터에서 판교역까지 6세 이상이라면 누구든지 탑승할 수 있으며 시범기간 동안은 무료로 제공된다. (6세 미만은 안전상 이유로 탑승 제한한다.)

36 https://www.pangyotechnovalley.org/base/board/read?boardManagementNo=8&boardNo =1593&page=&searchCategory=&searchType=&searchWord=&menuLevel=2&menuNo= 53

37 연합뉴스 2016. 07. 01.자 기사: "테슬라 모델S 자동주행 중 운전자 첫 사망사고…美당국 조사착수", https://www.yna.co.kr/view/AKR20160701019000091

38 중앙일보 2016. 03. 01.자 기사: "구글 자율주행차 첫 사고…윤리문제 본격 제기된다", https:// news.joins.com/article/19655828

39 연합뉴스 2018. 3. 20.자 기사: "우버 자율주행차 첫 보행자 사망사고…안전성 논란 증폭", https://www. yna.co.kr/view/AKR20180320003951075

40 연합뉴스 2018. 3. 20.자 기사: https://www.yna.co.kr/view/AKR20180320003951075

41 연합뉴스 2018. 12. 13.자 기사: "[단독] 서울서 반자율주행중 추돌사고…'차선 인식못해'", https://www.yna. co.kr/view/MYH20181223000500038

42 차종진·이경렬, "자율주행자동차의 등장과 교통형법적인 대응", 「형사정책연구」 제29권제1호, 한국형사정책연구원 (2018. 03), 127 – 128면

43 차종진·이경렬, "자율주행자동차의 등장과 교통형법적인 대응", 「형사정책연구」 제29권제1호, 한국형사정책연구원 (2018. 03), 130 – 131면

44 안경환·한우용, "차량/운전자 협력 자율주행 기술", 「전자공학회지」 제41권제1호, 대한전자공학회 (2014. 01), 30면

45 http://img.movist.com/?img=/x00/04/90/25_p1.jpg

46 윤성현, "자율주행자동차 시대 개인정보의 보호의 공법적 과제", 「법과 사회」 제53호, 법과사회이론학회(2016. 12), 7면 이하

47 차종진·이경렬, "자율주행자동차의 등장과 교통형법적인 대응", 「형사정책연구」 제29권제1호, 한국형사정책연구원 (2018. 03), 136 – 138면

48 김예지·이영숙, "자율주행자동차의 취약점 및 보안 고려사항에 대한 연구", 「2017년 한국컴퓨터정보학회 하계학술대회 논문집」 제25권제2호, 한국컴퓨터정보학회(2017. 07), 167면

49 전예준·길한솔·정승철·심수민, 「美 연방자율주행차 가이드라인(전문번역)」, 성균관대학교 기술경영전문대학원 (2016. 10), 19면

50 차종진·이경렬, "자율주행자동차의 등장과 교통형법적인 대응", 「형사정책연구」 제29권제1호, 한국형사정책연구원 (2018. 03), 140면

제8강

1　http://www.hani.co.kr/arti/culture/book/835302.html

2　이준표, "가상/증강/혼합현실 기술의 발전과 동향", 주간기술동향 2019. 1. 30.(https://www.itfind.or.kr/ WZIN/jugidong/1881/file6770564575363792105-188101.pdf), 정보통신기획평가원(2019. 01), 4면

3　https://www.google.com/search?q=%ED%8F%AC%EC%BC%93%EB%AA%AC%EA%B3%A0&tbm=isch&source=univ&sa=X&ved=2ahUKEwjH-LLOo7_mAhX LBKYKHfjTBI0QiR56 BAgKEBA&biw=1920&bih=969#imgrc=Kc6MgB-ckwQo1M:

4　최정원, "생산성을 높이는 증강현실 기술 '증강현실 기술의 제조업 적용사례'', IT테크노로로지 2018. 09. 25. (https://www.samsungsds.com/global/ko/support/insights/augmented-reality-technology. html)

5　https://www.samsungsds.com/global/ko/support/insights/augmented-reality-technology.html

6　https://www.hankyung.com/it/article/201705188334g

7　야옹메롱, "[MR(Mixed Realtity)] 혼합현실의 특징, 시장성과 동향 및 전망", (https://m.blog.naver. com/mage7th/221633593369)

8　이준표, "가상/증강/혼합현실 기술의 발전과 동향" 주간기술동향 2019. 1. 30. 6면 (https://www.itfind.or.kr/WZIN/jugidong/1881/file6770564575363792105-188101.pdf)

9　전황수, "국내외 혼합현실(MR) 추진 동향", 주간기술동향 2019. 1. 23.(https://www.itfind.or.kr/ WZIN/ jugidong/1880/file8569989650442277319-188001.pdf), 정보통신기획평가원(2019. 01), 3-4면

10　이준표, "가상/증강/혼합현실 기술의 발전과 동향", 주간기술동향 2019. 1. 30.(https://www.itfind. or.kr/WZIN/jugidong/1881/file6770564575363792105-188101.pdf), 정보통신기획평가원(2019. 01), 6면

11　이대현, 문화기술(CT) 분야 글로벌 기술동향, 미래창조과학부(현 과학기술정보통신부), 2015. 10.

12　이준표, "가상/증강/혼합현실 기술의 발전과 동향", 주간기술동향 2019. 1. 30.(https://www.itfind. or.kr/WZIN/jugidong/1881/file6770564575363792105-188101.pdf), 정보통신기획평가원 (2019. 01), 7면

13　http://www.hellodd.com/?md=news&mt=view&pid=58890

14　과학기술정보통신부 보도자료(2019. 10. 16.) (https://www.msit.go.kr/cms/www/m_con/news/ report/icsFiles/afieldfile/2019/10/15/191016%20%EC%A1%B0%EA%B0%84%20(%EB %B3%B4%EB%8F%84)%20%EA%B3%B5%EC%A1%B4%ED%98%84%EC%8B%A4%20 %EA%B8%B0%EB%B0%98%204D%ED%94%8C%EB%9F%AC%EC%8A%A4%20SNS%2 0%ED%94%8C%EB%9E%AB%ED%8F%BC%20%EA%B0%9C%EB%B0%9C.pdf.)

15　정보통신기술진흥센터 (2017.1.18) 가상현실 소프트웨어 및 콘텐츠 기술 동향, 주간기술동향 (Weekly ICT Trends) 1779호, 17면

16　https://tv.naver.com/special/tech/vr360

17　이민식 · 김광섭, "가상 · 증강현실(VR · AR)산업의 부상과 경쟁력 확보방안", 산은조사월보 제743호, 산업은행 경제연구소(2017. 10.), 93-94면

18　http://m.etnews.com/20160812000300?obj=Tzo4OiJzdGRDbGFzcyI6Mjp7czo3OiJyZWZl cmVyIjtOO3M6NzoiZm9yd2FyZCI7czoxMzoid2VilHRvIG1vYmlsZSI7fQ%3D%3D

19　http://bizion.com/bbs/board.php?bo_table=insight&wr_id=1135&page=11&device=pc

20 충청남도 국토교통국 (토지관리과), "위치기반 증강현실(AR) 플랫폼 운영('19~'21) 계획", 2018. 9., 10면

21 http://economychosun.com/client/news/view_print.php?t_num=10647&tableName= article_2005_03&boardName=C00&t_ho=172&t_y=&t_m=)

22 https://m.post.naver.com/viewer/postView.nhn?volumeNo=21755966&memberNo=3492 0570&searchKeyword=ict&searchRank=417

23 이준표, "가상/증강/혼합현실 기술의 발전과 동향", 주간기술동향 2019. 1. 30.(https://www.itfind. or.kr/WZIN/jugidong/1881/file6770564575363792105-188101.pdf), 정보통신기획평가원(2019. 01), 11면.

24 이준표, "가상/증강/혼합현실 기술의 발전과 동향", 주간기술동향 2019. 1. 30.(https://www.itfind. or.kr/WZIN/jugidong/1881/file6770564575363792105-188101.pdf), 정보통신기획평가원 (2019. 01), 11-12면.

25 http://www.bloter.net/archives/332268

26 이준표, "가상/증강/혼합현실 기술의 발전과 동향" 주간기술동향 2019. 1. 30. 11~12면

27 http://www.denews.co.kr/news/articleView.html?idxno=1166

28 국경완, "VR/AR 시스템의 최근 동향 및 현업 적용 사례 그리고 전망", 한민족과학기술네트워크 동향 보고서(https://www.kosen21.org/info/kosenReport/reportView.do?articleSeq=REPORT_ 0000000001002), 2018. 09. 10.

29 https://www.hbrkorea.com/magazine/article/view/7_1/article_no/1064

30 백정열, "혼합현실(MR)의 기술 동향", 주간기술동향 2019. 2. 6., 정보통신기획평가원(2019. 02), 21-22면

31 백정열, "혼합현실(MR) 기술 동형", 주간기술동향 2019. 2. 6. 21~22면

32 http://www.medicaltimes.com/News/1109104?ID=1130770

33 DailyMedi 2018. 08. 28. 기사: "가상현실(VR) 접목 '정신건강 헬스케어' 부상", (http://www.dailymedi. com/detail.php?number=834085).

34 http://www.donga.com/news/article/all/20180831/91767695/2

35 국경완, "VR/AR 시스템의 최근 동향 및 현업 적용 사례 그리고 전망", 한민족과학기술네트워크 동향 보고서(https://www.kosen21.org/info/kosenReport/reportView.do?articleSeq=REPORT_ 0000000001002), 2018. 09. 10.

36 국경완, "VR/AR 시스템의 최근 동향 및 현업 적용 사례 그리고 전망", 한민족과학기술네트워크 동향 보고서(https://www.kosen21.org/info/kosenReport/reportView.do?articleSeq=REPORT_ 0000000001002), 2018. 09. 10.

37 정교래·장세경, "가상현실 기술을 활용한 과학수사 교육 개선방안 연구". 범죄수사학연구 4(1), 2018, 110면

38 https://m.police.ac.kr/pds/professor/1536035421000.pdf

39 https://m.police.ac.kr/pds/professor/1536035421000.pdf

40 https://gnews.gg.go.kr/news/news_detail.do;jsessionid=C95D0C8563102AEF9C8ED49F1A2DFC92. ajp13?number=201804110935127055C048&s_code=C048

41 경기도 뉴스포털 2018. 4. 11.기사: VR활용, 강력범죄 현장 재현‥경찰 위기 대처 능력 높인다

42 백정열, "혼합현실(MR)의 기술 동향", 주간기술동향 2019. 2. 6., 정보통신기획평가원(2019. 02), 22면

43 백정열, "혼합현실(MR) 기술 동형", 주간기술동향 2019. 2. 6. 22면

44 동아닷컴 2019. 07. 10. 기사: "[게임 질병의 시대 ②] 문화부와 복지부의 향후 계획",

(http://www. donga.com/news/article/all/20190710/96406807/1).

45 여기서는 특히 한상암·이효민, "온라인 게임중독과 청소년범죄의 관계", 「한국범죄심리연구」 제2권 제1호, 한국범죄심리학회(2006. 04.), 229~244면; 김도우, "온라인 게임중독여부에 따른 청소년비행의 차이 분석", 「한국범죄심리연구」 제8권 제3호, 한국범죄심리학회(2012. 12.), 5~33면 등 참조. 한편 한국콘텐츠진흥원의 2019년 6월 10일 자 보도자료 "'게임은 문화', 인식 확산을 위한 연구논문 모집"(http://portal. kocca.kr/cop/bbs/view/B0000138/1839398.do?menuNo=200831)를 보면, 교육이나 청소년학계에서 바라보는 게임의 부정적인 인식을 알 수 있다.

제9강

1 성봉근, 글로벌 클라우드 서비스에 대한 법적 규제 – 법적 의무와 행정의 실효성 확보수단을 중심으로 –, 토지공법연구 제90집, 2020. 5, 199면 이하

2 성봉근, 공공부문 클라우드 규제 현황과 개선과제 – 자율규제와 규제된 자기규제의 연구를 중심으로 –, 토지공법연구 제96집, 2021.11, 213면 이하

3 http://terms.naver.com/entry.nhn?docId=1350825 &cid=40942&categoryId=32828 최종 방문일 2021.10.30.

4 「클라우드컴퓨팅 발전 및 이용자 보호에 관한 법률」(이른바 「클라우드컴퓨팅법」) 제3조

5 https://m.post.naver.com/viewer/postView.nhn?volumeNo=26830021&memberNo=3185448

6 https://terms.naver.com/entry.nhn?docId=3580686&cid=59088&categoryId=59096

7 https://terms.naver.com/entry.nhn?docId=3580218&cid=59088&categoryId=59096

8 성봉근, 공공부문 클라우드 규제 현황과 개선과제 – 자율규제와 규제된 자기규제의 연구를 중심으로 –, 토지공법연구 제96집, 2021.11, 219면 이하

9 https://www.korea.kr/news/pressReleaseView.do?newsId=156292326 최종 방문 2021.10.31.

10 조용현, 공공부문 클라우드 활성화를 위한 보안 인증 연구, 고려대학교 석사학위 논문, 2020.2, 12면

11 https://slownews.kr/74015 최종 방문일 2021.10.10

12 https://terms.naver.com/entry.nhn?docId=3580218&cid=59088&categoryId=59096

13 https://www.didim365.com/AWS/Intro?gclid=Cj0KCQjw_5rtBRDxARIsAJfxvYAAaBjkB9B eSU6pz4cS-ymQreTV9gpFszTu0-7R6t7HT7r5vdv5aPsaApduEALw_wcB

14 ① 정보보호 정책 수립·이행 및 정보보호 조직 구성·운영, ② 내·외부 인력관리 및 정보보호 교육, ③ 자산 식별, 변경관리 및 위험관리, ④ 공급망 계약, 모니터링, 변경 등 공급망 관리, ⑤ 침해사고 대응 절차, 체계, 처리 및 복구, 사후관리, ⑥ 서비스 장애 대응, 성능 및 용량 관리, 백업 등 서비스 가용성 관리, ⑦ 법·정책적 요구사항 준수 및 보안감사 활동 등에 대한 의무를 지게 된다. 이들 관리적 보호조치의무들은 클라우드컴퓨팅서비스의 안전성 및 신뢰성 확보를 위하여 요구되는 것들이다. 「클라우드컴퓨팅서비스 정보보호에 관한 기준」고시 제3조 참조

15 ① 물리적 보호구역 지정, 출입 통제 등 물리적 보호구역 보안, ② 정보처리 시설의 배치, 보호설비 구비, 장비 반출·입 등 시설 및 장비보호 등에 대한 의무를 진다. 이들 물리적 보호조치의무들은 클라우드와 관련된 중요 정보와 정보처리시설 및 설비 보안을 위하여 요구된다. 「클라우드컴퓨팅서비스 정보보호에 관한 기준」 고시 제4조 참조

16 ① 가상화 인프라, 가상 환경 보호, ② 접근통제 및 사용자 식별·인증, ③ 네트워크 통제, 정보보호시스템 운영, 암호화 등 네트워크 보안, ④ 데이터 보호 및 암호화 등 중요 정보 보호, ⑤ 시스템 분석·설계·구현, 외주개발 보안, 시스템 도입 보안 등 개발 및 도입 등에 대한 의무를 이행하여야 한다. 이들 기술적 보호조치의무들은 클라우드컴퓨팅서비스의 안전성 및 신뢰성 확보를 위하여 기술적으로 요

구되는 의무들이다. 「클라우드컴퓨팅서비스 정보보호에 관한 기준」 제5조 참조

17 ① 보안 수준 협약의 이행, ② 도입 전산장비 안전성 확보, ③ 클라우드컴퓨팅서비스 운영 및 네트워크 환경 보안관리 수준준수, ④ 사고 및 장애시 대응 절차 및 협조체계 구성의 실시, ⑤ 클라우드컴퓨팅서비스의 물리적 위치 및 분리 등의 준수, ⑥ 중요장비 이중화 및 백업체계 구축, ⑦ 검증필 암호화 기술 제공, ⑧ 보안 관제를 위한 제반환경 지원, ⑨ 그 밖에 공공기관이 클라우드컴퓨팅서비스를 활용하기 위해 필요한 보호조치 등 관계기관의 장이 정하는 사항의 준수의무들을 지게 된다. 이들 공공기관용 추가보호조치의무들은 글로벌클라우드서비스업자가 「전자정부법」 제2조 제3호에 따른 공공기관에게 클라우드컴퓨팅서비스를 제공하는 경우에 그 서비스의 안전성 및 신뢰성 확보를 위하여 요구되는 의무들이다. 「클라우드컴퓨팅서비스 정보보호에 관한 기준」 제6조 참조

18 참고로 위의 사건에서 AWS가 입장을 밝힌 것은 사건 발생 후 4시간이나 경과된 뒤였다고 한다. 그러나 세계 최대 글로벌 클라우드 서비스 제공업체인 AWS는 충분한 해명 없는 짧은 멘트만 제시하였다고 한다.
https://www.mk.co.kr/news/business/view/2018/12/804521/

19 한편 위의 사건과 관련하여 글로벌 클라우드 서비스 업체들은 이후에도 사태를 수습하기는커녕 수수방관하고 피해 응대도 안한다는 국내 기업들의 원성을 사고 있다고 한다. https://www.mk.co.kr/news/business/view/2018/12/804521/

20 https://terms.naver.com/entry.nhn?docId=3580218&cid=59088&categoryId=59096

21 https://terms.naver.com/entry.nhn?docId=3580218&cid=59088&categoryId=59096

22 https://m.blog.naver.com/PostView.nhn?blogId=cososyskorea&logNo=221078891565&proxyReferer=https%3A%2F%2Fwww.google.com%2F

23 구글 클라우드는 데이터를 작은 조각으로 나눠 복제한 뒤 여러 서버에 분산해 저장한다. 여기에 이름을 붙이고 암호화한다. 보안 패치나 관리는 기존의 시스템에서는 보안이 문제되는 경우 패치를 개발하고 적용하기까지 26일여 정도가 걸린다. 그러나, 구글 클라우드는 자체 데이터 서버를 곧바로 업데이트 하기 때문에 이용자인 기업이 별도로 보안 패치를 할 필요가 없다고 한다. http://www.bloter.net/ archives/115729

24 https://m.blog.naver.com/PostView.nhn?blogId=cososyskorea&logNo=221078891565&proxyReferer=https%3A%2F%2Fwww.google.com%2F

25 http://www.bloter.net/archives/115729

26 https://m.blog.naver.com/PostView.nhn?blogId=cososyskorea&logNo=221078891565&proxyReferer=https%3A%2F%2Fwww.google.com%2F

27 https://blog.lgcns.com/2131

28 https://m.post.naver.com/viewer/postView.nhn?volumeNo=26830021&memberNo=3185448

29 https://m.post.naver.com/viewer/postView.nhn?volumeNo=26830021&memberNo=3185448

30 이러한 이유로 국정원은 정부기관과 주요 연구기관에 클라우드 서비스 이용을 차단할 것을 권고하기에 이르렀고, 서울대학교 정보화본부 정보보안팀은 학내에 클라우드 서비스 이용자제 공문을 발송하기도 하였다고 한다. http://www.bloter.net/archives/115729

31 상당수 기업들이 퍼블릭 클라우드를 도입을 주저하고 있는 이유 역시 보안으로부터 완전하게 안전하지는 않다는 것이다. http://www.bloter.net/archives/115729

32 박희영, 독일에 있어서 경찰에 의한 '예방적' 온라인 수색의 위헌여부, 경찰학연구, 제9권 제2호, 2009.8, 185면.

33 BVerfGE, 1 BvR 370/07 vom 28.2.2008 ; http://bundesverfassungsgericht.de/ents

cheidungen/rs20080227_1bvr037007 최종 방문일 2016.11.17.

34 박희영·홍선기, 독일연방헌법재판소 판례연구 Ⅰ [정보기본권], 한국학술정보(주), 2010, 39면.

35 이 판결에 대한 상세한 소개와 평석은 성봉근, 사이버상의 안전과 보호에 대한 독일의 입법동향과 시사점, 법과 정책연구, 제17집 제1호, 2017.3, 101면 이하

36 전주용, 클라우드 컴퓨팅 환경에서의 공정경쟁 이슈, KISDI Premium Report. 10권 11호, 2010.12; http://www.kisdi.re.kr/kisdi/fp/kr/publication/selectResearch.do?cmd=fpSelectResearch&sMenuType=2&controlNoSer=41&controlNo=12118&langdiv=1

37 이종화, 글로벌 통신사업자들의 클라우드 컴퓨팅 추진 전략 및 시사점, KISDI Premium Report, Premium Report 11-03, 2011.02.

38 김남진·김연태, 행정법Ⅰ, 법문사, 제23판, 423면; ; 박균성, 행정법강의, 제13판, 박영사, 2016, 367면; 정하중, 행정법개론, 제10판, 법문사, 2020, 333면; 하명호, 행정법, 제2판, 박영사, 2020, 250면; 홍정선, 행정법특강, 제15판, 박영사, 2016. 292면

39 Pannetrat/Luna, Standards for Accountability in the Cloud, in Felici/ Fernández-Gago(Eds.), Accountability and Security in the Cloud. Springer, 2014, at 276

40 이주영, 클라우드 컴퓨팅의 특징 및 사업자별 제공서비스 현황, 방송통신정책, 제22권 6호, 2010.4; 이종화, 글로벌 통신사업자들의 클라우드 컴퓨팅 추진 전략 및 시사점, KISDI Premium Report, Premium Report 11-03, 2011.02.

41 https://www.mk.co.kr/news/business/view/2018/12/804521/

42 이주영, 클라우드 컴퓨팅의 특징 및 사업자별 제공서비스 현황, 방송통신정책, 제22권 6호, 2010.4; 이종화, 글로벌 통신사업자들의 클라우드 컴퓨팅 추진 전략 및 시사점, KISDI Premium Report, Premium Report 11-03, 2011.02.

43 상세한 논의는 성봉근, 글로벌 클라우드 서비스에 대한 법적 규제 - 법적 의무와 행정의 실효성 확보 수단을 중심으로 -, 토지공법연구 제90집, 2020. 5, 199면 이하

44 상세한 논의는 성봉근, 공공부문 클라우드 규제 현황과 개선과제 - 자율규제와 규제된 자기규제의 연구를 중심으로 -, 토지공법연구 제96집, 2021.11, 213면 이하

45 조성한, 거버넌스 도구로서의 규제, 한국정책과학학회보, 제10권 제4호, 2006.12, 2면.

46 Coglianese·Mendelson, Meta-Regulation and Self-Regulation, in Baldwin·Cave·Lodge (Edited by.), The Oxford Handbook of Regulation, Oxfor University Press, Reprinted, 2013, at 146.

47 성봉근, 제어국가에서의 규제, 공법연구, 제44집 제4호, 2016.6, 239면 이하

48 따라서 자율규제를 강조하면서 다양한 규제를 활용하여야 한다고 주장해 온 저자의 입장은 고권적 규제의 활용도 필요하다는 이 글의 논리와 결코 모순되는 것이 아니다.

제10강

1 사물인터넷의 연결구조(게티이미지 코리아)

2 스마트시티 연결망(게티이미지 코리아)

3 서경환·권규규·장원규·김도현, 4차 산업혁명 시대와 초연결사회를 여는 사물인터넷 개론, 배움터, 2019, p. 35.

4 https://treasure01.tistory.com/14

5 https://treasure01.tistory.com/14

6 민경식, 사물인터넷(Internet of Things), 인터넷&시큐리티 이슈(2013.6), 한국인터넷진흥원

7 정준영, 「4차 산업혁명 대응 현황과 향후 과제」, 국회입법조사처 입법·정책보고서 제16호(2018.12), p. 8.

8 김석관 외, 「4차 산업혁명의 기술 동인과 산업 파급 전망」, 과학기술정책연구원 정책연구 2017-13, 2017.

9 정보통신산업진흥원, 「2016년도 사물인터넷 산업 실태조사」, 2017.

10 https://www.smart-factory.kr/smartFactoryIntro.

11 https://viforyou.com/

12 http://www.k-smartcity.kr/smartcity/smartcity.php.)

13 https://www.youtube.com/watch?v=NrmMk1Myrxc)

14 http://m.ufnews.co.kr/main/sub_news_detail.html?wr_id=6613#_enliple

15 http://www.incheonucity.com/03/ucity3_2.php

16 http://www.energycenter.co.kr/news/articleView.html?idxno=311

17 http://news.samsungdisplay.com/15944

18 서경환·권명규·장원규·김도현, 4차 산업혁명 시대와 초연결사회를 여는 사물인터넷 개론, 배움터, 2019, p. 64.

19 서경환·권명규·장원규·김도현, 4차 산업혁명 시대와 초연결사회를 여는 사물인터넷 개론, 배움터, 2019, p. 70.

20 서경환·권명규·장원규·김도현, 4차 산업혁명 시대와 초연결사회를 여는 사물인터넷 개론, 배움터, 2019, p. 74.

21 과학기술정보통신부, 「2020년 사물인터넷 사업 실태조사 보고서」, p. 26.

22 관계부처 합동, 초연결 디지털 혁명의 선도국가 실현을 위한 사물인터넷 기본계획, 2014.

23 국토교통부 스마트시티 종합포털

24 대통령직속 4차산업혁명위원회, 4차산업혁명 대정부 권고안, 2019, p. 67.

제11강

1 https://img.kr.news.samsung.com/

2 나형배·안예환·황인극, 「스마트공장개론」, 청람, 2020, p. 23.

3 https://mblogthumb-phinf.pstatic.net/20150127_37/3dmac_1422345593857xzeqy_PNG/noname014.png?type=w2

4 나형배·안예환·황인극, 「스마트공장개론」, 청람, 2020, p. 49.

5 나형배·안예환·황인극, 「스마트공장개론」, 청람, 2020, p. 50.

6 나형배·안예환·황인극, 「스마트공장개론」, 청람, 2020, p. 51.

7 나형배·안예환·황인극, 「스마트공장개론」, 청람, 2020, p. 52.

8 나형배·안예환·황인극, 「스마트공장개론」, 청람, 2020, p. 52-55 재구성.

9 나형배·안예환·황인극, 「스마트공장개론」, 청람, 2020, p. 56.

10 나형배·안예환·황인극, 「스마트공장개론」, 청람, 2020, p. 66.

11 박준희 외, 「스마트 팩토리: 미래 제조 혁신」, 율곡출판사, 2023.

12 나형배·안예환·황인극, 「스마트공장개론」, 청람, 2020, p. 64.

13 저자 작성

14 https://www.fortunebusinessinsights.com/ko/ko/industry-reports/3d-printing-market-101902.

15 송영두, "[주목! e기술] 의료용 3D 프린팅", 「이데일리」, 2021.4.17. 기사.

16 생물학연구정보센터

17 박준희 외, 「스마트 팩토리: 미래 제조 혁신」, 율곡출판사, 2023, p. 133.

제12강

1 "Biotechnology", Wikipedia(en.wikipedia.org/wiki/Biotechnology, 2020년 2월 9일 최종 방문)

2 권복규·김현철, 『생명윤리와 법』, 제3판, 이화출판, 2014, 15-16면

3 바이오인더스트리, "글로벌 재생의료 시장현황 및 전망", BiolNdustry No.141, 2019-9

4 바이오인더스트리, "글로벌 정밀의료 시장현황 및 전망", BiolNdustry No.131, 2018-10

5 권복규·김현철, 위의 책, 167-168면

6 권복규·김현철, 위의 책, 168-169면

7 권복규·김현철, 위의 책, 232면

8 김현철·고봉진·박준석·최경석, 『생명윤리법론』, 박영사, 2014, 168-169면

9 "Thalidomide", Wikipedia(en.wikipedia.org/wiki/Thalidomide, 2020년 2월 9일 최종 방문)

10 Gregory E. Pence(김장한·이재담 옮김), 『고전적 사례로 본 의료윤리』 제4판, 지코사이언스, 312-333면

11 Gregory E. Pence(김장한·이재담 옮김), 위의 책, 418-482면

찾아보기

저자소개

정웅석
현 한국형사·법무정책연구원 원장
현 서경대학교 인문사회과학대 학장
　　법학박사(연세대, 형사법)
현 4차산업혁명융합법학회 회장
전 형사소송법학회 회장
전 법학교수회 수석부회장

김한균
현 한국형사·법무정책연구원 선임연구위원
　　법학박사(서울대, 형사법)
현 연세대 법무대학원 겸임교수
현 동국대 AI융합대학 겸임교수
현 형사정책학회 부회장
현 대검찰청 디지털수사자문위원

김현철
현 이화여자대학교 법학전문대학원 교수
　　법학박사(서울대, 기초법학)
현 이화여자대학교 법학전문대학원 원장
현 법철학회 차기회장
현 재생의료진흥재단 이사
전 헌법재판소 헌법연구위원

성봉근
현 서경대학교 공공인적자원학부 학부장
　　법학박사(고려대, 행정법)
현 4차산업혁명융합법학회 총무이사
현 공법학회 부회장
현 환경법학회 부회장
전 행정법학회 총무이사

오승규
현 한국지방세연구원 지방재정연구실장
　　법학박사(Aix-Marseille대, 공법)
현 부동산법학회 회장
현 공법학회 부회장
전 법무부 법무자문위원회 전문위원
전 대법원 재판연구관

윤지영
현 한국형사·법무정책연구원 형사정책연구본부장
　　법학박사(이화여대, 형사법)
현 4차산업혁명융합법학회 편집위원장
현 연세대 법무대학원 겸임교수
현 형사소송법학회 부회장
현 경찰청 과학수사자문위원

이경렬
현 성균관대학교 법학전문대학원 교수
　　법학박사(성균관대·Koeln대, 형사법)
현 4차산업혁명융합법학회 연구윤리이사
현 피해자학회 회장
전 성균관대학교 대학원 과학수사학과 학과장
전 숙명여자대학교 법과대학 학장

홍선기
현 동국대학교 법학과 교수
　　법학박사(Freiburg대, 공법)
현 4차산업융합법학회 연구이사
현 독일정치경제연구소 공법 및 인권법연구원장
현 헌법학회 부회장
전 국회의정연수원 교수

제 2 판
4차산업혁명의 이해

초판발행	2020년 2월 28일
제2판발행	2024년 9월 10일
지은이	4차산업혁명 융합법학회
펴낸이	안종만 · 안상준
편 집	양수정
기획/마케팅	정연환
표지디자인	Ben Story
제 작	고철민 · 김원표
펴낸곳	(주) **박영사**
	서울특별시 금천구 가산디지털2로 53, 210호(가산동, 한라시그마밸리)
	등록 1959. 3. 11. 제300-1959-1호(倫)
전 화	02)733-6771
f a x	02)736-4818
e-mail	pys@pybook.co.kr
homepage	www.pybook.co.kr
ISBN	979-11-303-2107-3 93500

copyright©4차산업혁명 융합법학회, 2024, Printed in Korea

정 가 18,000원